系统供给水量	合法用水量	收费的合法用水量	收费计量用水量	收益水量
			收费未计量用水量	
		未收费的合法用水量	未收费已计量用水量	无收益水量
			未收费未计量用水量	
	漏损水量	表观漏损	非法用水量	
			因用户计量误差和数据处理错误造成的损失水量	
		真实漏损	输配水干管漏失水量	
			蓄水池漏失和溢流水量	
			用户支管至计量表具之间漏失水量	

水量平衡表中的无收益水量

2010年7月在郑州举办的"供水管网漏损控制国际培训研讨会"会场

2011年10月"华东六省一市供水管网漏损控制与 NRW 管理培训研讨会"

2017年译著者与 Farley 先生的合影

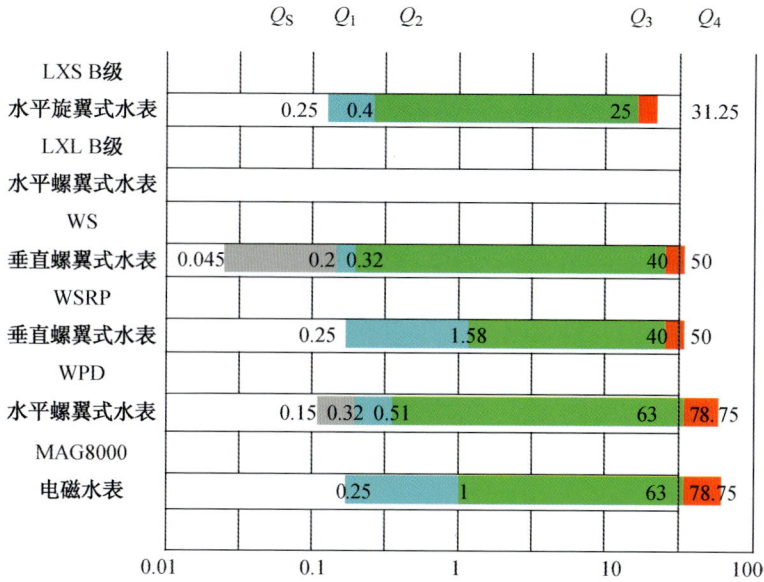

DN50水表流量性能比较(m³/h)

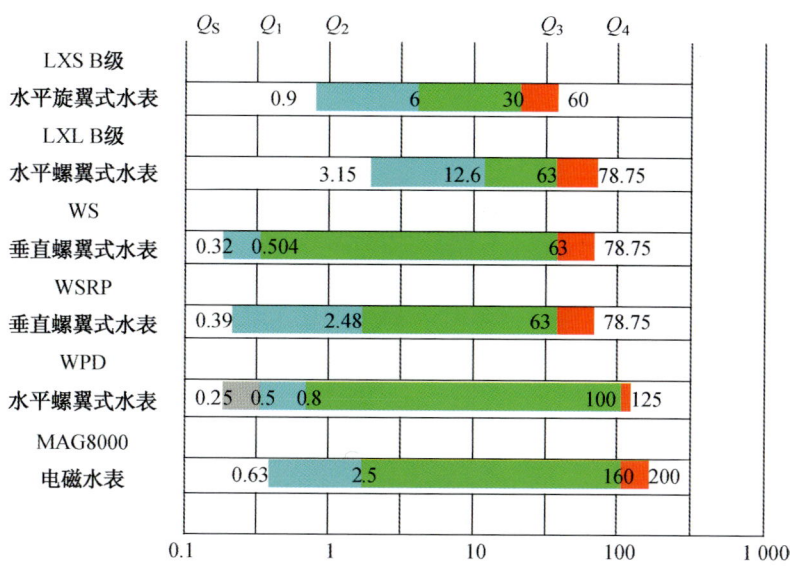

DN80水表流量性能比较(m³/h)

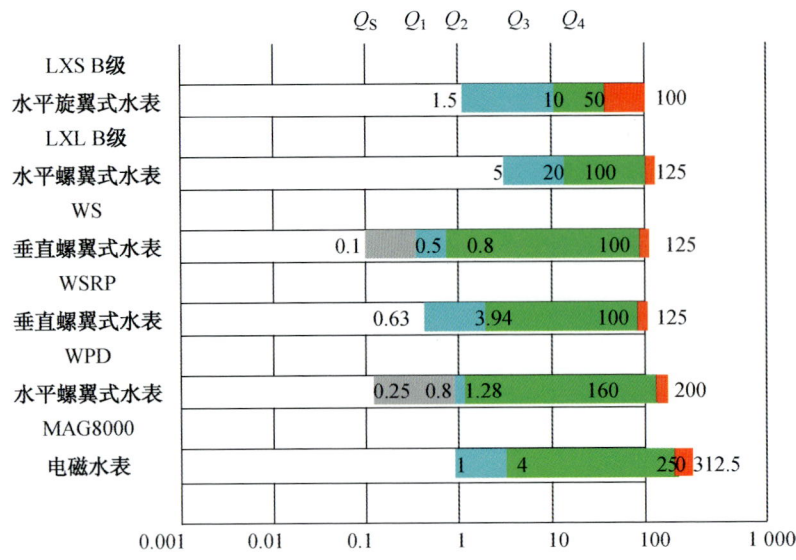

DN100水表流量性能比较(m³/h)

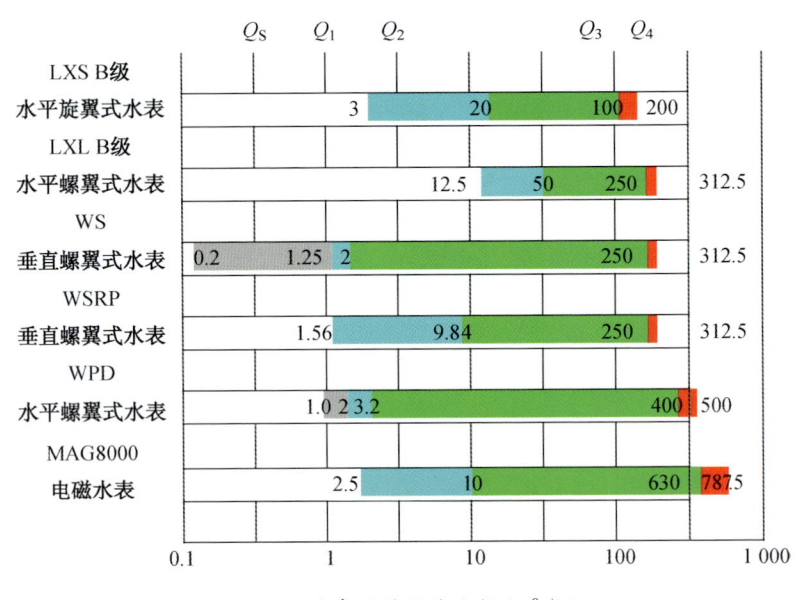

DN150水表流量性能比较(m³/h)

The Manager's Non-Revenue Water Handbook

A Guide to Understanding Water Losses

无收益水量管理手册
——供水管网漏损控制指南
（第2版）

（英）马尔科姆·法利（Malcolm Farley） 等著

侯煜堃　赵春会　胡辉　译著

内 容 提 要

本书力求通俗易懂地介绍无收益水量(NRW)的概念与控制措施,以及国际水协会(IWA)的漏控策略。全书共分9章,首先,介绍了全球无收益水量或漏损水量的概况;其次,论述了漏损的组分、水量平衡、削减和管理无收益水的策略、提升策略的认知、表观漏损、真实漏损、计量分区、无收益水量管理的绩效监管等内容。最后共享了通过供水企业间的合作伙伴关系构建无收益水量管理能力的案例研究。附录A至附录C分别为专业术语、利用IWA水量平衡表计算NRW的步骤和水审计检查表样例。实践篇为译者根据中国实际的漏损案例撰写汇编而成,对中国的漏控管理具有实际指导意义。

本书适合供水企业的管理者、技术人员和一线员工以及高等学校、科研院校相关人员参考。

图书在版编目(CIP)数据

无收益水量管理手册:供水管网漏损控制指南 /(英)马尔科姆•法利(Malcolm Farley)等著;侯煜堃,赵春会,胡辉译著. —2版. —上海:同济大学出版社,2017.7
ISBN 978-7-5608-7219-3

Ⅰ.①无… Ⅱ.①马… ②侯… ③赵… ④胡… Ⅲ.①供水管理—手册 Ⅳ.①F294.1-62

中国版本图书馆 CIP 数据核字(2017)第 183038 号

无收益水量管理手册(第2版)

(英)马尔科姆•法利(Malcolm Farley) 等著
侯煜堃 赵春会 胡 辉 译著

责任编辑 李小敏　　**责任校对** 徐春莲　　**封面设计** 潘向蓁

出版发行	同济大学出版社　www.tongjipress.com.cn	
	(地址:上海市四平路1239号 邮编:200092 电话:021-65985622)	
经　销	全国各地新华书店	
印　刷	常熟市大宏印刷有限公司	
开　本	787 mm×1 092 mm　1/16	
印　张	17　彩插2	
字　数	430 000	
版　次	2017年8月第2版　2017年8月第1次印刷	
书　号	ISBN 978-7-5608-7219-3	
定　价	68.00元	

本书若有印装质量问题,请向本社发行部调换　　版权所有　侵权必究

声 明

马来西亚 Ranhill Utilities Berhad 水务公司（Ranhill）和美国国际发展署（USAID）共同资助了本书的出版。在 USAID 合同（486-C-00-05-00010-00）框架下，AECOM 提供了协助。本书所表达的观点不代表 Ranhill 和 USAID 的观点。

再 版 序

据不同的统计口径,全世界每天因供水管网漏失而损失的水量足以供应2亿~4亿人口的每日用水。管网漏损不仅浪费了大量的水,而且给水务公司带来诸多的挑战。十多年前,国际水协会(International Water Association,IWA)的专家们提出将术语"Unaccounted For Water"(非计量水量)重新定义为"Non-Revenue Water"(无收益水量),这一改变不仅是术语定义的变化,更是全新管网漏控理念的诞生。

原版英文《无收益水量管理手册》是由IWA漏损专家组(Water Loss Specialist Group)的Malcolm Farley等人负责撰写,全面介绍了IWA的水量平衡表和漏损控制管理策略。这一系列的理论、策略和方法体系已经被全世界多数国家接受并付诸实践。

管网漏控虽在中国已不是新鲜事物,但随着"水十条"和"城镇供水管网漏损控制及评定标准"的贯彻实施,中国水业必然更加重视对漏损控制的科学管理,更加渴求学习国际先进的理念和经验。

IWA的漏损专家组非常活跃,已囊括了来自全球水务公司、学术界、咨询公司等相关单位的近1 500名专家会员。专家组每两年都会举办IWA管网漏控大会,越来越多的中国同行已积极参与该系列国际会议,与国际顶尖专家交流经验。在2016年,于印度班加罗尔举办的IWA漏控大会上,我与Malcolm Farley先生交流了中国的情况,提出了成立IWA中国专家团队的设想。该提议得到了IWA漏损专家组的大力支持,并于当年年底正式成立了"国际水协会中国漏损控制专家委员会"。我们希望以该专家委员会为平台,推动漏损控制和管理事业在中国的发展,引进和推广国际和国内漏损控制的先进技术和管理经验。

侯煜堃博士正是"国际水协会中国漏损控制专家委员会"的首批专家。欣闻煜堃博士翻译整理的《无收益水量管理手册》已在筹备再版。再版中更是补充了最新的国际技术与实践以及煜堃博士本人近些年实操项目的经验总结。期待本书能成为中国供水界了解国际经验的一扇窗,将国际水协会的理念和策略应用于中国的管网漏控的实践中。

李 涛

国际水协会

2017年4月20日

序

近年来，供水管网漏损控制问题越来越引起关注，一方面由于水资源的短缺，制水成本的上升，使得供水企业难以承受输送到管网中的自来水大量漏失；另一方面各地供水企业采取了多种漏损控制的措施，但取得显著漏控成效的却不多。多数供水企业对于漏损控制的理解局限在组建检漏队伍、配备先进检漏设备、缩短检漏周期等方面。

国际水协会（IWA）近十余年来发展并总结了一整套系统的供水管网漏损控制理论，倡导采用一些新的方法和技术手段，并在一些国家的应用中证实能有效降低无收益水量。这些经验值得国内的供水企业认真思索与借鉴。一般来讲，国际水协会的漏损控制理论使得我们在两个方面有所受益：一是把漏损控制所涉及的相关问题系统地整合成为一套行之有效的理论、策略、方法与流程；二是从水量平衡检测到绩效评估等精细化管理的理念在漏损控制方面得以充分体现。

The Manager's Non-Revenue Water Handbook——A Guide to Understanding Water Losses（《无收益水量管理手册——供水管网漏损控制指南》）由美国国际发展署（United States Agency for International Development，USAID）和马来西亚 Ranhill Utilities Berhad 水务公司（Ranhill）共同资助出版。这本书系统、全面地介绍了国际水协会在供水管网漏损控制方面倡导的基本方法和经验。在 Malcolm Farley，Gary Wyeth，Zainuddin Bin Md. Ghazali，Arie Istandar 和 Sher Singh 等作者的大力支持下，经译者半年多时间的翻译，终于呈现在读者面前。在此期间，译者与国内多家供水企业的技术人员进行了充分的沟通交流。由于他们都来自供水企业，深感出版这本书对于国内供水企业了解国际水协会漏控策略的迫切性与必要性。应该说，本书为我们快捷理解并掌握国际水协会倡导的漏损控制方法，把无收益的水量转化为收益水量，从整体上提高供水企业的绩效与精细化管理水平，提供了便利的工具。

希望国内关注供水管网漏损控制的同行们，在学习、采用国际水协会漏损控制方法时，应特别注重结合国内实际情况进行相关研究、示范与应用。例如，国际上提出的确定

"不可避免漏损水量"的经验公式和经验推荐数字等,都还需要进一步探讨在中国的适用性,提出适合于国情的确定方法。

中国城市建设研究院　宋序彤

2011 年 1 月 30 日

中 文 版 序

发展中国家供水企业面临的一个主要问题是严重的管网漏损——这种漏损来自真实漏损、从系统中窃水，或者未对水进行正确计量。系统供水量与用户收费水量之间的差值即为无收益水量(NRW)。无收益水量使收益流失、水资源浪费、运营成本增加，削弱了供水企业资助必要的延伸服务(特别是针对贫困人群)的能力，从而对其财务活力产生不利影响。

以前无收益水量的管理不被供水企业优先考虑，但在过去的十年中这种理念逐渐转变了，尤其是在发达国家。无收益水量对于供水企业的运行和财务绩效来说，是一个关键指标——这已成为广泛共识。世界上许多发达国家拥有良好的基础设施，并对无收益水量的管理和控制具有运行实践经验。然而，在发展中国家这种情形并不常见。许多发展中国家通过不完善的管网、不完善的水表记录系统和低水平的技巧与技术，努力向用户提供安全的饮用水。费率体系和收益获取政策的不完善不能反映供给水的真正价值，从而限制了供水企业成本的回收，同时也造成用户低估供水服务的价值。

在降低无收益水量方面，中国的供水企业面临相似的挑战——老化的管网、财务紧张并缺乏专业的技术。因此，中国的供水企业现在开始重视无收益水量的管理，认识到必须将相关策略、方法和技术运用到无收益水量的管理中。有效地降低无收益水量的实践已在中国的一些供水企业开展，一旦降低无收益水量的挑战被广为认知，可通过合作项目和培训的形式，把这些经验传播到其他供水企业。

无收益水量是全球性的问题，需要有能在全球应用的管理策略。产生这样的策略需要诊断方法——首先确认问题的存在，接着使用便利工具削减它。伴随分步的流程——提出一些供水企业管控政策与实践的基本问题，通过合适的项目予以回答，这是产生成功策略的基础。通过利用一些关键信息，《无收益水量管理手册》阐述了无收益水量管理的流程；首先是如何理解与定量无收益水量，其次采取怎样的削减策略。

作为一名国际咨询师,我为许多发达国家和发展中国家的供水企业工作,引入和实践了无收益水量削减的策略。我很高兴参与撰写了最初版本的 *The Manager's Non-Revenue Water Handbook*,也非常高兴这本书的中文版付梓。我希望中国供水企业的管理者使用这本手册,能够充分利用近年来国际上的漏控知识与经验。这将有助于他们打造专业的无收益水量管理团队,在企业内部正视面临的挑战与不足,制定适用的无收益水量削减计划的策略。

Malcolm Farley

国际漏损管理咨询师

2011 年 1 月 13 日

前　言

多数发达国家拥有良好的基础设施，并在管理和控制无收益水量方面拥有丰富的运行实践经验。对发展中国家而言，却并非如此，他们常常通过不完善的管网、不完善的记录系统以及低水平的技能和技术，力争向用户提供安全饮用水。他们的收费系统和获利政策通常不能反映所供给水量的真正价值，这限制了供水企业的成本回收，同时也导致用户低估了供水服务的价值。

在亚洲，发展中国家在削减无收益水量方面同样面临相似的挑战，包括基础设施的老化、财务制约、监管缺失和项目设计质量低下。因此，一旦供水企业明确提出要迎接挑战，削减无收益水量，则势必能得到员工的积极响应和全面配合。

通过一些关键信息，《无收益水量管理手册——供水管网漏损控制指南》一书逐步引出无收益水量(NRW)的概念——首先理解和定量NRW，随之产生出一种策略，从而为供水企业的管理者提供应对NRW管理这一问题的方法。本书共分9章，各章主要内容如下：

第1章考察了NRW的现状，重点讨论它给亚洲供水企业带来的挑战。企业的管理者和员工应把管理NRW和供水运行的其他诸多方面工作一样，作为一项长期的工程来对待。理解NRW的含义是供水企业的管理者(包括财务、行政、生产、输配、客服和其他部门)的责任。

供水企业必须终止这样一种"恶性循环"，即公司面临增加的NRW、财务损失、有限的投资和劣质的服务。相反，供水企业应遵循"良性循环"，以降低NRW、提高效率、保持财务良好运行、提升客户满意度和投资意愿。

第2章着重论述将理解和准确定量NRW作为供水企业运行效率的指标之一的必要性。对于供水企业的管理者而言，国际水协的水量平衡表是分析和明确NRW主要组成的一种非常好的方法。在理解整个问题的过程中，确保用于计算NRW水平的数据的准确性亦非常重要。采集从出厂流量计到用户水表所产生的准确数据有助于估量真实的NRW水平。此外，用户的收费周期必须被考虑到NRW的计算中去，以确保出厂水量测量与用水量抄表的时间周期相匹配。

第3章考虑到制定NRW消减策略的需求，供水企业需要建立一个NRW管理的团队,以制定一种策略,使所有的 NRW 组成成分明晰,并根据工作量和预算验证所提策略的可行性。在所涉及的多个策略执行部门中,选择合适的团队成员有利于增强主人翁意识,并有助于取得高层管理者的认可。在制定策略的第一阶段,团队应根据 NRW 的经济水准,设定一个初始的企业范围内的降低 NRW 的目标。当旨在减少漏损的关注阶段、定位阶段和维修阶段时,团队可利用水量平衡表的结果来平衡这个策略的财务和供水目标。NRW 的策略实施可能需要四年到七年的时间。结果是,试验项目有助于管理者掌握整体预算和实施整个策略所需的资源。

第 4 章着重强调须引起管理者所有层级的关注——引起从最高决策者到终端用户的关注——这对一个 NRW 消减项目的成功开展至关重要。来自高层管理者和所需预算的支持,使漏控策略的实施得到持续的财务保障。中层干部和员工必须明确他们各自在降低漏损上的角色和责任,因为这有赖于企业所有部门长期的共同努力。与用户充分的接触和沟通有助于加强他们对 NRW 的关注,并且如何降低漏损将关系到提升供水和水质。

第 5 章定义了表观漏损。表观漏损意味着收益的流失,甚至很小的水量流失就会在经济上带来较大的影响。表观漏损经常发生在以下情形中:调改水表、水表老化和未妥善维护、非法连接、管理失误以及在抄表和收费过程中发生的腐败行为。供水企业应对抄表员和员工进行培训,就提高表具的精确性和收费系统的可靠性进行投资,这将直接产生较高的回报。此外,还需与公众和政府有关部门进行合作以杜绝偷盗和非法用水等现象的发生。

第 6 章探讨了真实漏损的估量。真实漏损包括输配水干管漏失水量、蓄水池漏失与溢流水量以及用户支管至计量表具之间的漏失水量。输配水干管漏失事关重大,通常会造成严重后果,但通常会在第一时间被公众报漏,并得以快速抢修。其他类型的漏失则较难探测与维修。成功的真实漏损管理策略需要有压力管理、主动漏损控制、管网资产管理以及快速高质的维修。

第 7 章讨论应对分区问题。把一个开放的供水管网分割成一些较小的、较易于管理的区域或检漏区(DMA)是目前国际上公认的最好的实践方式。它使供水企业更好地了解管网,以便分析问题区域的压力与流量。建立 DMA 的准则包括区域的大小(或连接的数量)、关闭阀门的数量、流量计的数量、DMA 边界的地面情况和可见地形特性。管理者使用最小夜间流量(MNF)和合法的夜间流量(LNF)计算净夜间流量(NNF),结合表观漏损,来确定一个 DMA 区域的 NRW,从而建立有助于管理压力、改善水质、促进可持续供水的 DMA。

第 8 章在绩效指标范畴内向供水企业管理者提供表征漏失的指标。绩效指标有助于评测降低漏损的进展、制定标准以及优先投资计划。国际水协推荐管网漏失指数(ILI)作为表征真实漏损的最好的绩效指标。目前,表征表观漏损最好的绩效指标是把它们折算为合法用水量的百分数。国际水协正在制定其他表观漏损指标,如表观漏损指数(ALI)。管理者应开展并执行监管项目来确保他们 NRW 管控目标的实现。

第 9 章通过"合作伙伴"计划或企业间的合作伙伴关系,讨论由美国国际开发署(US-AID)支持的亚洲环境合作项目(Eco-Asia)中所面临的一些选择,旨在构建管理 NRW 的能力。世界范围内供水服务的提供方已明晰"结对子"计划的价值,鼓励参与者进行集中或持续的人员交换,推动改进的政策的采纳与实践,包括在人力资源和机构设置方面。合作伙伴方依靠与对方的交流,有助于加强企业改善服务的能力(例如降低 NRW)以及拓展服务和提高持续供水的能力。有效的合作伙伴关系能够驱动需求,明确伙伴的兴趣或优先事项,其结果在于一方从另一方采用或复制最好的实践或解决方案。尽管在形式和结果上好处可能有所变化,但亚洲环境合作项目(Eco-Asia)模式阐明了在多方受益过程中如何进行地区合作,以分享最好的实践。

我乐于推出《无收益水量管理手册——供水管网漏损控制指南》这本书。无收益水量是全球性的问题,解决它需要一个普遍适用的管理策略。推进这样的策略首先需要以诊断的方法明确问题,然后利用可用的工具削减它。按照分步的流程——提出一些有关水务政策与实践的基本问题,通过开展适当的项目来回答它——这构成了成功策略发展的基础。

作为一名国际咨询师,我在许多发达和发展中国家的供水企业工作过,为他们引进并实施 NRW 的削减策略。我相信本书的哲理、理念和建议能确切反映国际上最好的实践,特别是那些已被国际水协和世界银行学会所推荐的实践。我乐于认可它。如果亚洲的供水企业运用本书所推荐的方法,他们将快速地从深入理解管网运行中受益,也将拥有一个深度应对漏损的工具,从而可以确认并降低他们的漏损水平。

Malcolm Farley
国际漏损管理咨询师
2008 年 6 月 23 日

目　录

再版序

序

中文版序

前言

上篇　策略篇

1 简介 ·· 4
　　1.1 背景 ·· 4
　　1.2 亚洲供水企业的挑战 ·· 5
　　1.3 NRW 的冲击：恶性与良性循环 ······································ 7
　　1.4 认识 NRW ·· 8

2 认识漏损：水量平衡 ··· 12
　　2.1 究竟漏失多少水量 ·· 12
　　2.2 水量平衡表的组分：漏损发生在什么地方 ······················ 13
　　2.3 建立水量平衡表的关键步骤 ··· 15
　　2.4 提高水量平衡计算结果的准确度 ··································· 17

3 削减和管理 NRW 的策略 ··· 22
　　3.1 建立策略发展小组 ·· 22
　　3.2 设定合理的 NRW 削减目标的重要性 ···························· 23
　　3.3 NRW 组分削减的优先顺序 ·· 24
　　3.4 NRW 削减策略的基本前提：关注、定位与修复（ALR）理念 ······ 25
　　3.5 策略执行的预算考虑 ··· 26

4 提升策略的认知 ·· 28
　　4.1 得到高层的认可 ··· 29

4.2 取得员工的了解和认同 ··· 29
4.3 面对用户 ··· 31

5 表观漏损 ··· 34
5.1 表观漏损的定义 ··· 34
5.2 表观漏损的构成和管理策略 ·································· 35

6 真实漏损 ··· 44
6.1 真实漏损的定义 ··· 44
6.2 真实漏损的组成 ··· 45
6.3 真实漏损的特征 ··· 47
6.4 建立漏失管理策略 ··· 48

7 计量分区(DMA) ··· 56
7.1 建立 DMA 的准则和流程 ···································· 57
7.2 利用 DMA 降低无收益水量水平 ··························· 59
7.3 DMA 管理步骤 ·· 62
7.4 DMA 的附加益处 ··· 63

8 无收益水量管理的绩效监管 ······································ 68
8.1 绩效指标的特征 ··· 68
8.2 真实漏损的绩效指标 ··· 69
8.3 表观漏损的绩效指标 ··· 73
8.4 实施监督程序 ··· 73

9 案例研究:通过供水企业间的合作伙伴关系提升无收益
水量管理能力 ·· 76
9.1 合作方法 ··· 77
9.2 合作行动 ··· 79
9.3 合作伙伴成果描述 ·· 79

附录 A 专业术语 ··· 82
附录 B 利用 IWA 水量平衡表计算 NRW 的步骤 ············ 92
附录 C 水审计检查表样例 ··· 97

下篇　实践篇

1	新版《城市供水管网漏损控制及评定标准》商榷	102
2	水审计流程	105
3	水量平衡表的练习案例	109
4	基于水力模型优化供水管网 DMA 规划设计	111
5	DMA 规划原则与案例应用	117
6	DMA 管理运行和维护的流程	128
7	DMA 管理的练习案例	134
8	真实漏损控制之零压力测试	137
9	管网漏损控制之 DMA 管理：案例研究	140
10	分区管理在城中村片区的应用	151
11	供水调度压力调控：案例分析	157
12	压力管理在乌鲁木齐供水的应用	163
13	球墨铸铁管在输水管材中的优异特性	168
14	市政供水管道施工过程的漏损控制	174
15	大口径管道检漏及视频检查技术	180
16	斯里兰卡某市自来水用户调查样表	185
17	大口径水表技术及管理	189
18	电磁水表对减少表观漏损的作用	201
19	智能消火栓取水监控系统	206
20	水资源合同管理的若干关键问题	211
21	亚洲开发银行供水项目中的 NRW 管理	219
22	国际最新管网漏损控制技术掠影	223
23	非开挖的原位热塑成型技术	228
附录 D	无收益水量管理中可能发生的 12 条关键错误	237
附录 E	DMA 管理层次	238
附录 F	DMA 的 NRW 管理流程图	239
附录 G	基于 IWA 漏损控制策略的技术导则	240
后记		252

上 篇

策 略 篇

1 简 介

1.1 背景

全球范围内,无收益水量(NRW)或漏损水量之多令人难以置信。每年在供水管网中漏损的自来水水量超过 320 亿 m^3。此外,由于窃水、缺乏计量或管理腐败,造成每年 160 亿 m^3 的水输送给用户但并未产生收益。全球供水企业每年漏失水量的总成本保守估计为 140 亿美元。在一些低收入国家,漏损水量甚至占供水量的 50%～60%,全球漏损水量平均约占供水量的 35%。在不需要额外投资的情况下,节省下一半的漏损水量就意味着增加 1 亿人口的供水量。[①]

此外,削减 NRW 的益处还包括:
(1) 供水企业将得到多于 30 亿美元的自有现金流;
(2) 供水企业减少管网非法连接,使得用户之间的用水更加公平;

---

① 来源:世界银行讨论文件第 8 号,2006 年 12 月。

（3）供水企业的发展更加高效和可持续，进而使得客户服务得以改善；

（4）新的商业机会将创造成千上万的就业机会。

在亚洲，许多供水企业受市政部门、省级政府或中央政府管辖，他们经常轮换或任命供水行业外各种背景的人为供水企业高层管理者。结果，接掌这些职位的高层管理者所具备的供水运行知识很有限，尤其是在NRW有效管理和漏损控制方面，对必需的关键技术和制度规范缺乏了解。本书旨在帮助供水企业高层管理者更好地理解这一供水企业运行的关键绩效指标——NRW的定义、原因和实用的解决方法。当管理层与员工讨论NRW相关问题时，本书提供了管理者所需要的信息。在设计上，它不是工程师管理NRW的实践技术指南，而是一本供高级管理者使用的参考书。

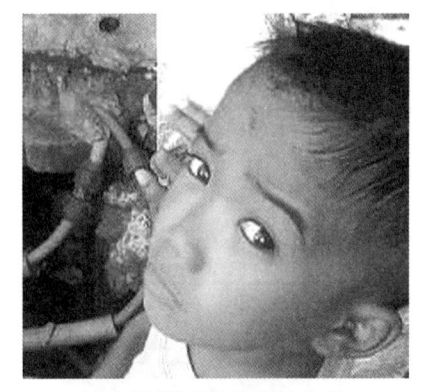

减少漏损可将节省的水量
用以增加供水范围

美国国际发展署（USAID）在亚洲环境合作（ECO-Asia）项目中示范了"合作伙伴"项目是如何帮助供水企业应对NRW管理的挑战，并调整他们的运行效率以改进城市地区的供水服务。亚洲环境合作组织正与许多成功的城市供水企业联合开发并实施与其他供水公司的合作关系，以加强其服务能力。在2006—2007年，亚洲环境合作组织促成了马来西亚在NRW管理和控制方面卓有成效的供水企业Ranhill Utilities Berhad（Ranhill）与泰国Provincial Waterworks Authority（PWA）及越南Bac Ninh Water Supply and Sewerage Company（WSSC）的合作。合作的目标是增强PWA和WSSC进一步理解和控制NRW的能力。Ranhill的经验和这些合作案例，对撰写《无收益水量管理手册》非常有借鉴意义。

1.2 亚洲供水企业的挑战

由于区域地理条件的差异以及国家对水资源珍惜程度的不同，造成亚洲有些地区水量充裕，有些地区则水量贫乏。下面的照片显示了不同国家间可利用水资源的不均衡。尽管削减NRW不能解决水量的全球性差异，但是它能改善缺水地区可利用的水量和水质。

并非所有的国家或地区——特别是亚洲一些地区——都具备建立应对NRW管控运行流程的基础设施。大量供水企业正致力于保证用户得到维持健康和生命的合理供水，因此亚洲供水企业的管理者总是面临更大的挑战，包括：

（1）快速的城市化进程；

（2）供水减少；

（3）环境污染；

水资源丰富可以提高生活质量　　　　在缺水的地区用户排队取水

（4）老化的供水设施；

（5）运行与维护策略不佳，包括无效的记录与存储系统；

（6）缺乏专业技巧与技术；

（7）较大的财务制约，包括不合理的费率结构和收益征收策略；

（8）政治、文化和社会的影响；

（9）频发的表观漏损，特别是非法连接。

然而，亚洲供水企业的管理者也有许多独特优势：

（1）高度的职业道德与勤奋程度；

（2）具有权宜可用资源与材料的能力；

（3）拥有发展高技术潜力的积极的员工。

这些因素均影响了管理漏损与用水的空间，并影响了改进的步伐。与此同时，持续的 NRW 限制了亚洲的供水企业用以应对挑战的金融资本。本书将促使该地区供水企业的管理者明晰 NRW 的限制，迎接挑战，并逐步改进当前的策略和实践。

供水企业为什么在 NRW 问题上苦苦挣扎？

- 不理解这个问题的规模、资源与成本
- 缺乏能力（员工未经充分培训）
- 没有充足的资金更新基础设施（例如管道、水表）
- 缺乏管理的使命感
- 外部环境不利，绩效激励措施不足

　　　　 Bill Kingdom，Roland Liemberger，Philippe Marin．《发展中国家削减无收益水量的挑战——私营单位如何提供帮助：基于绩效的服务契约调查》，世界银行，第 8 号文件，2006 年 12 月。

1.3　NRW 的冲击:恶性与良性循环

NRW 的"恶性循环"(图 1-1)是供水公司业绩不佳的主要原因之一,并造成真实漏损及表观漏损(第 5 章、第 6 章)。真实漏损导致珍贵的水资源白白流失,并增加了运行成本,同时也导致过多的资金白白浪费在管网更新改造上。因用户水表不准确、粗略的数据处理和非法连接造成的表观漏损,使供水企业减少了水费收入,损失了利益。

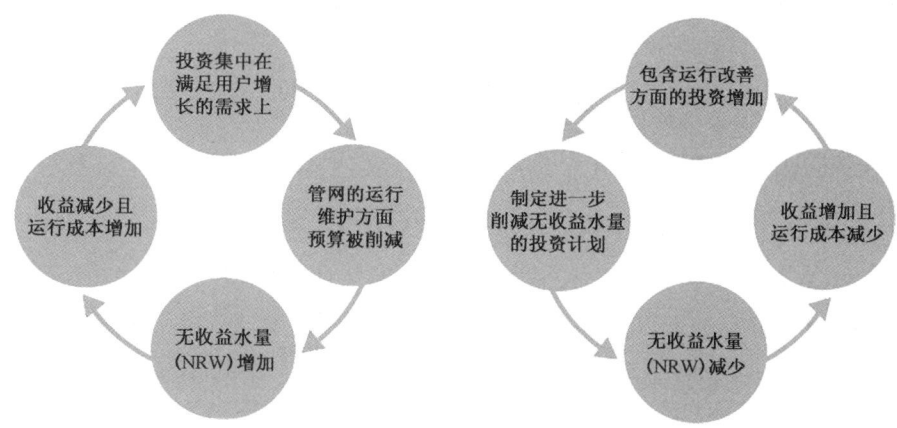

图 1-1　NRW 的"恶性循环"　　　　图 1-2　NRW 的"良性循环"

供水企业管理者所面临的挑战是把恶性循环转变成良性循环(图 1-2)。事实上,削减 NRW 可带来更多的水资源与利益。削减不必要的真实漏损将大量增加可利用的水资源,同时也延缓了对新水源的开发需求,从而降低了运行成本。同样,减少表观漏损也会产生更多收益。

通过减少 NRW,可以为老化管网的更换提供资金支持

1.4 认识NRW

世界上无论任何地方的供水企业都应首先从管网调查诊断程序着手,进而才能采用切实有效的解决方案以削减 NRW。第一步是了解管网及其运行情况,该阶段的典型问题包括:

(1) 多少水流失了?
(2) 漏损发生在什么地方?
(3) 为什么发生漏损?
(4) 采用怎样的策略可以降低漏损,并改善绩效?
(5) 我们应该如何延续策略,使已取得的控漏成果长期保持?[①]

1.4.1 失败原因和成功之路

一般来讲,尽可能缩减 NRW 是供水企业管理的首要任务,但是仍有许多企业仅仅满足于将 NRW 控制在可接受的水平。NRW 策略之所以失败,就是因为人们没能认清该问题的重要性,而且缺乏资金支持或人力资源配备等。此外,由于薄弱的内部政策和管理流程,供水企业的管理者常常对 NRW 不够重视,从而也导致企业 NRW 水平的上升。

NRW 的管理工作并非一朝一日能完成的,而是一个长期实施的过程,并涉及供水企业的所有部门。许多供水企业管理者无权拥有整个管网的信息,这将导致他们无法完全理解 NRW 的本质,以及它对供水企业运行、财务健全、用户满意度的冲击。

只有充分了解 NRW 的复杂性,并意识到削减 NRW 所带来的潜在利益,才能避免项目计划的失败。成功地削减 NRW 并非仅仅解决一个独立的技术问题,而是与全面资产管理、运行操作方法、客户支持、财务分配及其他因素紧密相关的(图 1-3)。

管理松懈也同样制约着 NRW 的削减。供水企业管理者常常缺乏自治、责任感及提供可靠服

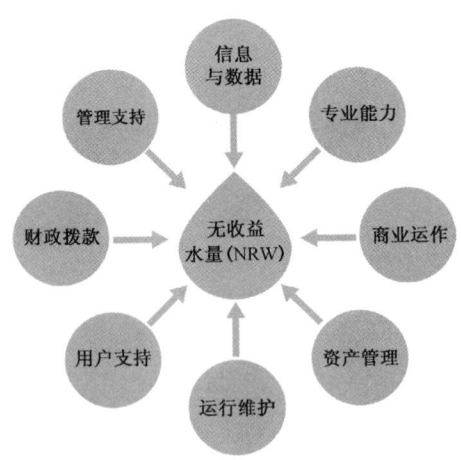

图 1-3 减少 NRW 人人有责

---

① Bill Kingdom, Roland Liemberger, Philippe Marin.《发展中国家削减无收益水量的挑战——私营单位如何提供帮助:基于绩效的服务契约调查》,世界银行,第 8 号文件,2006 年 12 月。

务所必需的技术与管理技巧。供水企业的管理也会面临组织的挑战,例如,政策壁垒、匮乏的技术能力、老化的基础设施等。最后,粗略的项目设计阻碍了NRW的削减工作,特别是对所需预算的判断。

然而,供水企业管理者对NRW制度管理层面的理解正在不断深化。此外,许多新方法的不断涌现,为NRW削减的可持续提供了支持。

(1) 真实漏损和表观漏损更精确的新定量方法;
(2) 管理漏损和降低系统压力更有效的技术方法;
(3) 吸引私营部门参与NRW管理的新政策,例如基于绩效的契约。

1.4.2 无收益水量管理手册

《无收益水量管理手册》是一本根据供水企业特定需求量身定做,通过明晰每一个问题并设计解决方案,从而执行NRW削减策略的指南。这本手册可使供水企业的管理者以崭新的视角看待NRW问题及其影响因素,并为供水企业的管理者进行NRW评估、运行优化与基础设施改造提供了一个新起点,提供所需政策并加以实践。本书涵盖以下内容:

(1) 计算水量平衡,明确有多少水量进入管网,供水企业有收益的水量和没有收益的水量(第2章);
(2) 区分NRW组分中目标的优先次序并制定实施策略(第3章);
(3) 包括利益相关者、管理者、运行员工、公众在内的各方参与的削减策略的执行(第4章);
(4) 明晰表观漏损(第5章);
(5) 明晰真实漏损(第6章);
(6) 建立计量分区(DMA),并用以管理NRW(第7章);
(7) 监督供水企业NRW管理的绩效(第8章);
(8) 供水企业通过合作伙伴措施增强能力,达到NRW挑战的典型案例研究(第9章)。

【关键信息】
- 削减NRW为供水企业带来更多的财务资源与可利用的水资源。
- 亚洲的发展中国家面临削减NRW的挑战,例如老化的基础设施、财务限制、松懈的管理等;然而供水企业可把高效的人力资源视为NRW管理的关键因素。
- 管理NRW是一个长期的过程,必须与所有参与部门密切合作。
- 降低NRW是整个供水企业管理者的责任,包括财务与行政、生产、配水、客服和其他部门。《无收益水量管理手册》可帮助供水企业的管理者判定造成NRW的原因,并制定相应的削减策略。

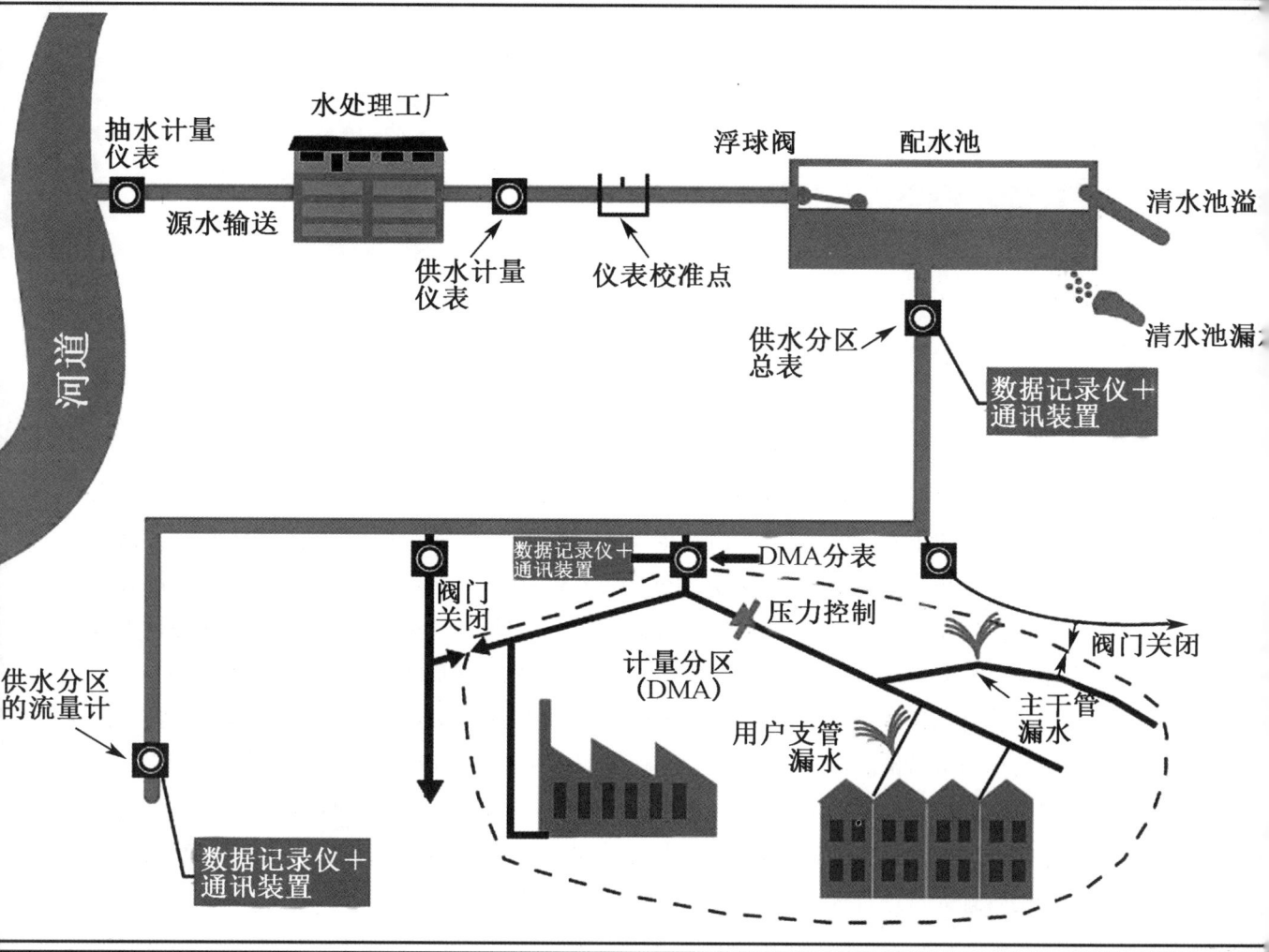

2 认识漏损:水量平衡

对大多数供水企业而言,NRW 的真实值是一个很重要的绩效指标。然而,由于体制和政治方面的压力,以及缺乏准确确定 NRW 的真实量的技术手段,使得很多供水企业往往对 NRW 估值偏低,这种估值偏低的 NRW 报告也正是高层管理人员希望看到的。但是,这些报告,其数据来源要么是蓄意瞒报,要么是缺乏足够的准确性,这并不能帮助供水企业减少成本或提高收益。相反,这会掩盖问题的真相,进而影响供水企业的经营效率。

只有对 NRW 及其构成要素进行定量分析,并计算出合理的绩效指标,同时将漏损水量折算为货币价值,供水企业才能准确了解 NRW 的状况,并采取必要措施。现在,对于供水企业管理人员来说,需要一个强有力的工具开展第一步工作,即水量平衡的计算。本章将介绍水量平衡的概念,以及水量平衡软件(WB-EasyCalc)的应用实例,该软件可以帮助管理人员进行水量平衡计算,同时计算出 NRW 水平。

2.1 究竟漏失多少水量

减少 NRW 的第一步,就是从整体上认识供水系统,这就涉及水量平衡表(在美国,也称为"水量审计")的建立。这个过程可以帮助供水企业的管理人员认识 NRW 的大小、来源和成本。国际水协制定了标准国际水量平衡表的组成要素和专业术语(表 2-1),该标准水量平衡表已经被世界上多个国家组织所采用。

表 2-1　　　　　　　　　　NRW 构成要素的水量平衡表

系统供给水量	合法用水量	收费的合法用水量	收费计量用水量	收益水量
			收费未计量用水量	
		未收费的合法用水量	未收费已计量用水量	无收益水量
			未收费未计量用水量	
	漏损水量	表观漏损	非法用水量	
			因用户计量误差和数据处理错误造成的损失水量	
		真实漏损	输配水干管漏失水量	
			蓄水池漏失和溢流水量	
			用户支管至计量表具之间漏失水量	

从净水厂流入供水管网的总水量(称为"系统供给水量"),减去已收费的合法工业和居民用水总量(称为"收费的合法用水量"),即为无收益水量。

$$无收益水量(NRW) = 系统供给水量 - 收费的合法用水量$$

这个等式的假设条件如下:
(1) 系统供给水量已对某些已知错误进行了修正;
(2) 用户抄表记录的收费计量用水量和系统供给水量的统计时间保持一致。

供水企业管理者应该用水量平衡表来计算每一个构成要素,从而查明漏失的原因(将在下一部分进行阐述)。这将决定政策调整和经营方法的优先顺序及其实施方案。

NRW 的构成要素覆盖了供水企业的整个供水系统,即从净水厂的出厂水表到用户水表,这意味着控制 NRW 是供水企业所有运营部门的责任。供水企业往往会设立一个专责的"NRW 小组",这会造成公司其他人员对 NRW 管理置身事外。减少 NRW 的策略是所有部门的共同责任,应该由所有成员全部参与,这将在第 3 章和第 4 章进行详细阐述。

2.2　水量平衡表的组分:漏损发生在什么地方

本部分将简要介绍 IWA 水量平衡表主要构成元素(组分)的缩略定义(其他专业术语的定义见附录 A)。

(1) 系统供给水量,是指整年度流入供水系统的水量。

（2）合法用水量，是指整年度，注册用户、供水单位和其他间接或明确授权部门（如政府部门或消防用水）的计量和未计量的用水量。它包括了流入用户水表后的转出、漏损和溢流水量。

（3）无收益水量等于系统供给水量减去收费的合法用水量。NRW包括未收费的合法用水量（通常是水量平衡表的次要元素）和漏损水量。

（4）漏损水量等于系统供给水量减去合法用水量。它包括表观漏损和真实漏损。

（5）商业漏损，有时被称为"表观漏损"，包括非法用水量和各种形式的计量误差。

（6）物理漏损，有时被称为"真实漏损"，是每年所有发生在主干管、蓄水池和用户管段上（用户支管和管网连接位置到用户水表的管段）的漏损、破管和溢流水量。

有时，甚至最基本的信息（如系统供给水量、平均水压、供水时间、管线长度和用户连接数量）在初期都不是很精确。在计算水量平衡表各因素和绩效指标的过程中，这些问题就会显现出来。供水企业管理者应该采取矫正措施处理这些数据差异，从而提高数据的质量。利用不完整或不准确的数据来计算水量平衡表，是不可能得到准确可用结果的。

供水企业管理人员需要对水厂出厂水量精确计量，总供给水量是水量平衡表中的一个关键输入参数

如果整个系统的输入水量都能用水表进行计量，那么，每年就可以轻易得到供水系统的水表记录数据，并计算每个独立水源的供水量，包括供水企业自己的水源以及由其他供水单位提供的水源。理想情况下，供水系统的水表应采用便携式流量测试装置进行校核。

收费计量用水量包括所有计量并收费的生活、商业、工业或行政用户的用水量，还包括计量并收费的趸售水量。在数据处理过程中应该考虑时间滞后问题，使收费计量用水量的计量周期和审计周期保持一致（见2.4.3节用户收费的周期）。通常，供水企业抄表时间滞后于用户用水时间长达30天。另外，NRW管理者应该从不同地点抽取水表作为测试样本，并用标准水表试验台进行测试，从而掌握生活和非生活用户水表在发生概率95%的置信度范围内的准确度。如果供水企业没有自己的水表测试台，可以由第三方独立公司提供测试服务。如果使用不同厂家的水表，那么在水表抽样测试时应该将每一个厂家的水表都包括在内。

确定每年收费计量用水量的同时，应留意到收费误差和数据处理误差，供水企业需要通过这些误差来估计表观漏损。未收费计量用水量的计算应该采用和收费计量用水量类似的计算过程。

未收费未计量用水量既不是收费的合法用水量,也不是计量的合法用水量。这部分用水量一般包括消防、冲刷干管和下水道、清理街道以及霜冻保护等用水。对于经营管理完善的供水企业,这部分水量很小,但经常被高估。传统意义上的未收费未计量用水量还包括供水企业的生产运行自用水量,这部分往往被严重高估。有时,为了简化计算(如采用系统供给水量的某个百分比),或者有意通过高估来"减少"NRW 水平。

2.3 建立水量平衡表的关键步骤

供水企业的管理成员需要管网的一些数据来建立水量平衡表:
(1) 系统供给水量;
(2) 收费水量;
(3) 不收费水量;
(4) 非法用水量;
(5) 用户水表误差和数据处理误差;
(6) 管网数据;
(7) 输、配水管线的长度以及用户连接数;
(8) 注册用户数量;
(9) 非法用户的估计数量;
(10) 平均水压;
(11) 历史破管数据;
(12) 供水服务水平(连续 24 h 供水或间断供水等)。

建立水量平衡表的四个基本步骤总结如下(详细描述见附录 B):
步骤 1 确定系统供给水量
步骤 2 确定合法用水量
(1) 计费水量——供水企业收费的总水量;
(2) 未计费水量——未收费的总水量。

步骤 3 估计表观漏失
(1) 偷盗水;
(2) 水表低估的水量;
(3) 数据处理误差。

步骤 4 计算真实漏失
(1) 输水干管漏失;
(2) 配水干管漏失;

（3）蓄水池漏失和溢流；
（4）用户支管漏失。

WB-EasyCalc

WB-EasyCalc 是在阐述 NRW 方面用工具来协助水量平衡计算的范例之一。此供水企业管理人员使用的试算表软件，是 Liemberger 及其团队所开发，由世界银行组织（WBI）赞助。下图显示的是按下"getting started"之后，所看到的首页。

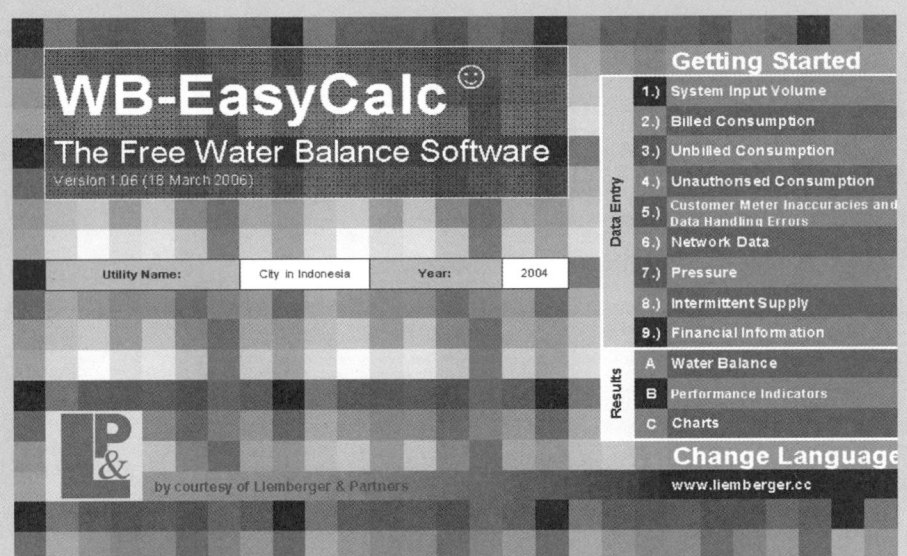

WB-EasyCalc 的优点之一是该软件不仅要求输入真实数据，而且可以对这些数据的准确度进行评估。例如，当输入出厂水量时，用户必须根据出厂水表的类型和年限，以及该水表的维护次数，来估计数据的准确度。根据这些估计值，该软件可以计算出 NRW 及其构成要素的大小。另外，还可算出这些结果的误差。例如，WB-EasyCalc 可以计算出 NRW 是 21%，误差范围是 ±66%——也就是说，实际的 NRW 范围在 7%~35%。

所有水量平衡表的计算数据都应该保证在 95% 的置信度内。以此定义数据边界，供水企业的管理人员能有 95% 的信心相信特定元素的正确值介于这一区间。尽管水量平衡表是认识供水量、用水量和漏损水量的重要工具，但是，数据的普遍缺乏会带来很多问题。数据差异使得表观漏损难以定量，也不易精确掌握真实漏损的性质与位置。不过，通过另外两种方法可以改善水量平衡表的问题。

（1）用表 2-1 所列必要的管网数据，进行真实漏损的组分分析（见第 6 章）。
（2）测量流入计量分区（DMA）（见第 7 章）的夜间流量，分析漏损水量。

2.4 提高水量平衡计算结果的准确度

出厂水表(流量计)准确度、用户水表准确度和收费准确度是影响 NRW 计算结果的主要因素。

2.4.1 出厂水表准确度

出厂水表的准确度对计算系统的 NRW 至关重要。一般情况下，出厂水表的数量相对比较少，也就是说，每个水表都分配到相当大比例的水量。这意味着一个水表的误差，就足以对整个系统供水量的测量造成很大的冲击。不同类型的水表有不同的误差范围，如表 2-2 所示。

表 2-2　　　　　　　　　水表准确度实例说明

设备/方法	大致的准确度范围
电磁流量计	<0.15%～0.5%
超声波流量计	0.5%～1%
插入式流量计	<2%
机械式水表	1.0%～2%
文丘里流量计	0.5%～3%
用明渠堰的尺寸来估计	10%～50%
根据水泵曲线计算	10%～50%

注：水表的真实误差是由许多因素所决定(如流量变化曲线、校验、安装、维护)，需要依据实际情况来确认。

上述所有类型的水表必须定期维护，以确保它们的计量准确度。随着时间的推移，这些水表会受到一系列因素的影响，包括水质、管道震动、污垢阻塞水表和电子故障。供水企业管理人员应该经常检查水表的体积计量误差，若为电子式水表，还应检查其电子功能的准确度。可用水表制造商的测试装置就地检查水表的电子功能。体积计量误差可用另外一个水表来检查，通常是一种便携式水表，仅在测试时安装即可。不过，也有一些供水企业选择长期安装两个水表，其中一个作为备用。

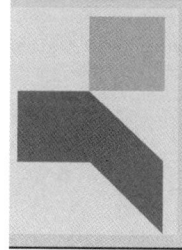

Ranhill 经验：系统供给水量的测量

在马来西亚的柔佛州，一些独立的供水企业各自经营几个水处理厂，并依据供水量来收费。因为水量需要准确计量，Ranhill 在所有供水企业的出厂干管上串联两只水表以维持不间断地准确计量。

2.4.2 用户水表的准确度

用户水表的准确度也很重要。它和出厂水表最大的不同就是,用户水表的装设数量非常多。与出厂水表相比,每个用户水表计量的流量较小。用户水表计量的准确度由以下几个因素决定:水表类型、厂家、汰换政策、水表维护和水质。供水企业应该根据这些决定因素制定准则,以确保用户用水量数据的准确度。

2.4.3 用户收费的周期

计算 NRW 时,很多供水企业简单地用出厂水量减去用户用水量,然后对偏低的 NRW 计算结果感到满意。但是,用这种方法得到的 NRW 常常是错误的。因为,出厂水表通常在每个月的同一天抄表,而用户水表的抄表时间间隔经常超过一个月。平均抄表周期或者抄表时间间隔是非常关键的因素。接下来,供水企业的管理人员应该考虑将用户用水量与出厂水量在统计时间段内进行数据同步处理。解决以上问题将大幅改善计算 NRW 的准确度,供水企业可以将此作为制定降低 NRW 策略的基准。

失效的水表需要及时更换

管网数据的现场验证对明确漏损来自哪里、设定 NRW 的基准水平至关重要

Ranhill 经验:准确的 NRW 基准

2000 年,柔佛州供水企业首次私营化时,据报告 NRW 的初始水平是 33%。为了核实这个基准水平,Ranhill 用了两年时间安装新的出厂水表,并更换了 150 000 只用户水表。另外,Ranhill 实施了一套新的用户抄表及收费系统。这些措施改善了数据准确度,结果 NRW 的基准水平为 45%。尽管这些新报告的 NRW 水平更高了,但是,现在 Ranhill 对数据的准确度很有信心,并且开始制定减少 NRW 的策略。

【关键信息】

- NRW 是供水企业经营效率的一个指标。
- 确保计算 NRW 的准确性是理解所有问题的根本。
- IWA 标准水量平衡表是一种将 NRW 分解成不同构成元素的好方法,搭配使用一些有效的工具,可以帮助供水企业计算水量平衡。
- 准确的出厂及用户计量,才能确保测量 NRW 水平的真实性。
- 在计算 NRW 时,必须考虑平均抄表周期,以确保计量的用水量与出厂水量在统计时间上保持一致。

3 削减和管理 NRW 的策略

当确定了 NRW 和它的组分,计算出合适的绩效指标,将漏失的水量转换成相应的经济价值后,面临的 NRW 的挑战才可能浮出水面。水量平衡表的产生揭示了每一个 NRW 组分的量级。本章讨论怎样确认 NRW 的主要成分,并制定一个公司范围内的策略,以削减 NRW 的目标组分。

3.1 建立策略发展小组

NRW 削减策略小组应确保考虑到所有的 NRW 组分,并依据实际应用和财务需求,确保所提策略的可行性。该小组应涵盖每一个运行部门(包括制水、配水和客服)的成员,也可吸纳来自财务、采购和人力资源部门的员工。选择合适的成员能提升涉及策略执行的各个部门的认同感,也有利于与高层管理者达成共识。

3.2 设定合理的 NRW 削减目标的重要性

策略发展小组应先设定全公司范围的 NRW 削减目标,并综合考虑公司其他目标或政策的影响。此外,供水企业可以安排一名积极的调控者,由其设定 NRW 和其他目标的绩效指标。人们经常在没有真正考虑成本因素或可行性的情况下,随意选定 NRW 目标。设定初始的 NRW 目标时,确认 NRW 的经济水平(图 3-1)尤为重要,它需要对漏失水量的成本与承担削减 NRW 行为的成本进行对比。

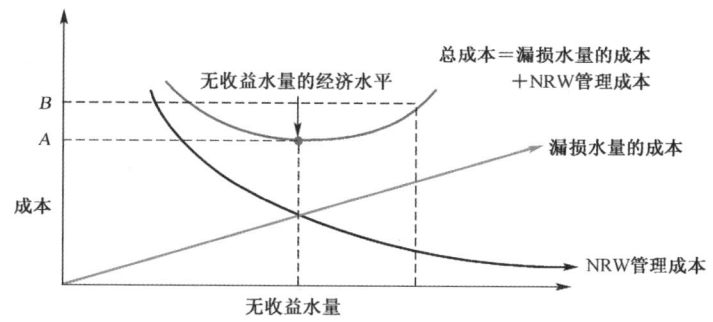

图 3-1 确定 NRW 的经济水平

图 3-1 显示了 NRW 的经济水平是如何确定的。其中必须被确定的两个组分是漏损水量成本和 NRW 的管理成本。

(1) 漏损水量的成本是由真实漏损和表观漏损造成水量流失的价值。真实漏损的水量应乘以边际成本,包括人力、药剂、电费。表观漏损的水量应乘以平均水价。当 NRW 上升的时候,漏损水量的成本将按比例增长。

(2) NRW 的管理成本即削减 NRW 的成本,包括员工成本、设备、交通和其他因素。当 NRW 下降时,NRW 的管理成本呈现上升趋势。

两个成本组分叠加在一起即为总成本。如图 3-1 所示,两个组分线条交点所对应的是最小总成本,即 NRW 的经济水平。这张图说明,当 NRW 上升超过其经济水平界限时,NRW 的管理成本会降低,但供水企业的总成本将上升。同样,当削减 NRW 到低于其经济水平界限时,所付出的成本将超过潜在的可节省的费用。然而,供水企业的管理者有时可能会让 NRW 低于经济水平,例如在原水稀缺或需要塑造低漏损形象的国家。在这些案例中,NRW 管理成本和削减漏损付出的成本之间的差额,通常由政府补贴。

NRW 的经济水平通常随着水费、电费和化学药剂的成本、员工工资,以及供水设备成本的改变而变化。管理者应以年为单位来评估 NRW 的经济水平,从而调节 NRW 目标,以确保资源的有效利用。

3.3 NRW组分削减的优先顺序

确定用户水表的精度与管道漏损定位同样重要

一旦设定了供水企业的 NRW 目标，管理者应通过比较 NRW 基准和目标水量，计算出计划节省的水量。在水量平衡表中详细列出各组分，根据如何达到最经济有效的总体削减，列出削减的优先顺序。一方面，一些组分可能包含较大的漏损水量，但由于需要付出高成本才能取得削减效果而不被列为目标。另一方面，减少同样的水量，付出成本较低的那些组分则会受到关注。水量平衡表根据水量显示了 NRW 组分的量级，供水企业的管理者可利用它确定相应的财务价值。

通常，如果真实漏损被探测到并得以修复，其节省的费用将以减少的可变运行成本来计算。当表观漏损被发现和解决后，其节省的费用将体现在收益的即刻上升，并以售水价格来计算。对于所有赢利的供水企业而言，售水价格高于制水的变动成本；在一些案例中，售水价格高达制水成本的三到四倍。少量的表观漏损可能具有较高的财务价值，因此如果以增加财务资源为目标，那么表观漏损应列为优先对象。

Ranhill 经验：改善公司财务的项目

马来西亚柔佛州供水服务私有化的一个主要原因是过去5年来，由政府运营的供水企业一直处于亏损状态。Ranhill 一投入运行，就执行了一个重要用户水表更新计划，安装新的用户收费软件，并引入现场收费以改善抄表作业。在第一年运行期间，水务公司开始实现赢利；在两年内，由于实施这些项目，让收益提高了60%。

在供水企业原水不足，导致部分用户享受不到 24 h 供水服务或供水覆盖低于 100% 的地方，削减真实漏损将有效产生额外的供水。如果增加供水是目标，那么以真实漏损控制为优先，将使用户享受一天 24 h 的供水，或使新用户连接到供水系统。

表 3-1 显示根据水量和成本分析的 NRW 控制措施，使决策者能够合理地进行 NRW 规划。

制定削减 NRW 的策略需要水量平衡结果、合理目标和成本-效益分析，从而确定投资的回报

表 3-1　　　　　　　　NRW 管理措施的水量和成本分析

水量		成本		
		高	中	低
	高	干管漏损(p) 用户支管漏损(p)	非法用水(c)	未收费已计量用水(u)
	中	用户水表更换(c)	用户计量不精确和数据获取误差(c)	压力管理(p)
	低	水池水库漏损(p)	未收费未计量用水(u)	水池溢流(p)

注：NRW 类型为：u = 未收费合法用水量，c = 表观漏损，p = 真实漏损。

3.4　NRW 削减策略的基本前提：关注、定位与修复(ALR)理念

为取得预期的结果，一旦设定了供水企业的 NRW 目标，并通过分析水量平衡表中不同组分选定优先控制目标后，接下来必须确认具体的实施措施。策略的发展基于关注、定位与修复（ALR）的理念。该理念认为，任何来自泄漏、溢流、不合格用户水表或其他因素的漏损都要经历如图 3-2 所示的三个阶段。

（1）关注阶段——供水企业关注到某漏损需要的时间；

（2）定位阶段——寻找漏损点需要的时间；

（3）修复阶段——修复漏损所需的时间。

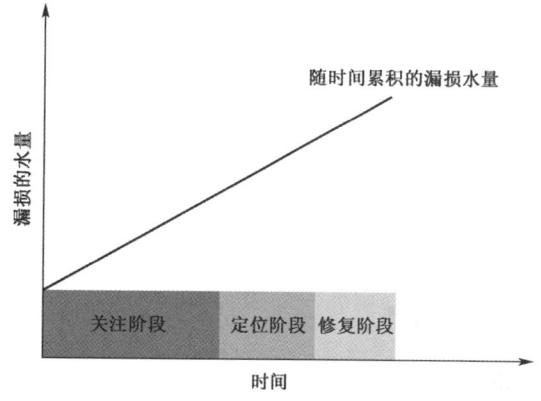

图 3-2　总漏损水量发展阶段结果图

漏损水量将持续增加，直到供水企业关注到这个问题，进行定位或定点，并最终修复或解决。地下漏损可能存在几个月甚至几年都无法察觉。因此，NRW 策略必须确保供水企业减少对所有的组分予以关注、定位与修复所需的时间。

对于许多由于维护缺乏或有限而产生的漏损，除了减少 ALR 所耗费的时间，还应将对整个系统的维护作为一种 NRW 策略。这对维持良好的资产状况，减少新的漏损、水表故障、水池泄漏和其他问题极其重要。

第 5，6，7 章将详细介绍缩短 ALR 周期需采取的措施。当制定 NRW 的管理策略时，需明确削减 NRW 并非短暂过程，特别是对于那些老旧、大规模、开放或高压的管网系统。应计划好执行每一个策略的时间表，一些措施可能延续数年而不是数月。NRW 策略持续 4~7 年是合理的——时间过短则不切实际，过长将不划算。

3.5 策略执行的预算考虑

为达成 NRW 目标,措施的制定和执行必然涉及财务成本。随着一些 NRW 策略持续数年,整体的成本应是稳定的。关键利益相关者所充分讨论的长期预算,在保证了所有关系人所关注的成本需求的同时,也保证了该策略在财务上的可行性。许多 NRW 策略开始时进展迅速,但经常随着时间的推移,因为预算削减而中途夭折。

为明晰 NRW 策略的有效性,开展试验项目是有益的。为确保所有 NRW 的组分能被现场测试,以及当措施被推广到整个管网系统时,营运的财务状况能正确反映出来,试验区应覆盖一片小的区域。试验分析结果应该被用来计算整个系统的 NRW 经济水平(ELL)。

管理人员评判实施漏损削减措施情况下成本最低、最适用的投资方案

在准备预算时,水务企业的管理者需要确认以下成本:

(1) 员工成本——包括来自直接 NRW 管理工作的员工(例如探漏工)和间接支持的员工(例如采购员)。

(2) 设备成本——包括永久安装的设备(例如 DMA 的流量计)成本和那些用于日常工作的设备(例如探漏设备)成本。

(3) 车辆成本——包括交通成本,在实现所有员工工作效率最大化过程中,它可能成为一项重要开支。承担 NRW 工作的小分队常常覆盖整个供水系统。

(4) 工程成本——包括安装所有设备的成本,例如安装流量计和减压阀;探测与修复所有的漏点工程成本。

【关键信息】

- NRW 削减策略团队保证考虑到所有的 NRW 组分,以及根据实际应用和财务需求所提的策略是可行的。在策略的执行中,选择合适的成员,将会提高供水企业各部门的主人翁意识,也易得到高级管理者的认可。
- 确认 NRW 的经济水平,是初始设定供水企业 NRW 削减目标的基础。
- 利用水量平衡表得出 NRW 组分优先削减的次序,有助于权衡 NRW 策略的财务与供水目标。
- 为使漏损最小,NRW 削减策略旨在减少关注、定位与修复时间(ALR)。
- NRW 削减是一项长期的过程,策略可能延续 4~7 年。试验计划有助于管理者理解执行整个策略所需的总预算。

4 提升策略的认知

有效地明晰 NRW 各组分,需要来自供水企业管理者与员工的共同努力。然而,对于工程师或其他在运行层面工作的人来讲,拥有良好 NRW 知识的员工通常是有限的。从首席执行官到抄表员以及所有成员,每一个人都应理解 NRW 的重要性,以及 NRW 是如何影响着他们的日常工作和供水企业。具体来讲,以下群体应理解 NRW 和他们在削减漏损中的角色。

(1) 高层决策者,包括董事会、市长和政治领导人;
(2) 供水企业所有层面的管理者与员工;
(3) 公众或消费者。

公众对 NRW 的认知途径是通过媒体所传达的信息,它通常不包括对所涉及复杂议题的完整解释。在 NRW 削减策略的初始执行阶段,当供水服务因水表安装、修复漏点或承揽其他工作而中断时,供水企业应确保公众对策略的了解,并使他们认识到服务的中断将为所有人带来长期的利益。

本章描述了在执行 NRW 削减策略时不同类型利益相关者的角色与责任。

延伸计划将有助于建立对削减措施的重要性和益处的了解与认同。

4.1 得到高层的认可

高层决策者,例如董事会、市长或政治领导人,对策略的评审和认可至关重要。对 NRW 全面的表述和讨论将有助于保证他们理解减小 NRW 的价值。决策者应被告知当前的 NRW 水平、削减 NRW 的益处、取得削减目标所采取的重要运行措施以及执行这些措施所需预算。缺少高层的认可或缺乏资金的支持已导致许多 NRW 策略失败。

Ranhill 经验:NRW 策略与行动规划

在马亚西亚柔佛州,Ranhill 制定出一个"NRW 策略与行动规划",它勾画了削减 NRW 的策略、动机与行动措施。初始的头脑风暴会议把所有层面和所有运行部门的员工集聚在一起。文本详细描述了覆盖四个领域(关注、定位、修复、维护)的所有部门的政策。当需要改变或改进时,修订的策略与行动规划提交高层管理者审批。

保证来自高层决策者对 NRW 策略的批准对全体职员非常重要。与此同时,高级管理者就取得的结果向决策者负责,并对策略改进和需要的额外预算做回复报告。

4.2 取得员工的了解和认同

供水企业的员工需要理解 NRW 本身,以及了解削减 NRW 计划会使企业得到怎样的改善。在某些情况下,削减 NRW 计划所节省的费用可通过奖金或其他方式与员工分享。

从高管到普通职员,所有员工都应理解 NRW 的削减策略以及他们在完成 NRW 目标过程中的角色。中层管理者以会议简报的方式来增进他们的了解,并对策略的强化提供支持。管理者应将即将实行的政策和实践方面的措施与变化,向运行员工加以概要说明,帮助员工认识 NRW 的组成元素(图 4-1)。各个部门的员工如何参与执行策略的一些例子如下:

(1)抄表员必须提供准确的读表数据,因为这将立刻影响 NRW 的计算。

(2)采购人员必须尽快完成设备的订购,因为延迟采购进程将阻碍系统必要的安装与更新。其导致的结果是,在削减 NRW 中的扮演关键角色的 DMA 将不能按时建立起来。

(3)财务人员不能推迟向供货商付款,因为这可能干扰将来设备和水表的供货。

(4)抢修人员必须尽快修复爆管,以使漏损和供水中断降至最小。快速修复可改善供水企业的效率,从而提升客户支付水表账单的意愿。

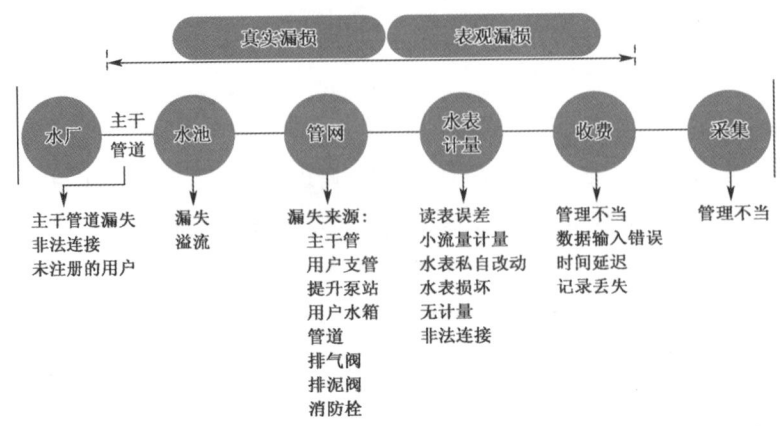

图 4-1　帮助员工认识 NRW 的组成元素

在特定情况下,是承包商而不是供水企业的员工承担了修复工作。这些承包商也应理解 NRW,并能执行任何新的修复标准与操作。

供水企业高级管理人员参加关注 NRW 的会议,以了解漏损的原因

Ranhill 经验:NRW 的宣传计划

Ranhill 的 NRW 管理团队在八个运行区域制作了 NRW 策略的路径展示牌,在总部召开两场专题会议,确保所有 1 700 名员工参与 NRW 的宣传会议。在宣传计划完成后,公司公关部门做了一项调查,评价员工对 NRW 的理解。结果表明在路径展示后,员工对 NRW 认同度显著提升。路径展示产生了一些其他好处:员工更有积极性完成他们的工作;规划更有效率;各部门内部之间的交流,管理者与职员间的交流得到改善。

4.3 面对用户

向公众提供更好更高效的服务,也是削减 NRW 的目标之一。为达到这一目标,公众必须要明白他们也能做些什么来帮助管理 NRW。诸如向供水企业报告破管、失效的阀门、漏水或其他供水企业有限的员工难以发现的问题等。破管或漏水现象越早关注,被修复得就越快,从而也就减少了漏损(见图 3-2 介绍的关注、定位与修复时间和漏损的关系)。

鼓励用户帮助供水企业找到漏损的原因,
例如用户支管漏失、偷盗水和水表破坏

宣传计划的成员应由来自公众的广泛利益相关者组成,包括政治家、社区负责人和家庭与工业用户。宣传计划通常聚焦于 NRW 的基本概念,以及削减 NRW 是如何确保公众得到更好的供水与服务的。

Ranhill 经验:用户宣传

Ranhill 在整个柔佛州每年 8~10 次组织项目 "Mesra Pelanggan"(或称"吸引用户"),以增强社区负责人与用户间的沟通、交流。在这个计划中,首先由 NRW 部门的领导解释 NRW 及其对供水的影响,以及 Ranhill 针对 NRW 采取的措施。之后是互动式的问答。参与者也可浏览海报或视频,着重关注他们社区的 NRW 行动。

宣传计划在每个社区开展之后,所有的员工应努力增强公众对供水企业服务的信心。其中一个关键因素就是公开的交流。例如公众应能方便联系供水企业,以投诉破管、漏水或其他他们关心的问题。供水企业应建立一个系统,以接受这些信息或用户投诉,并分派给相关的运行部门,这样就能快速采取行动。

由于漏损导致的供水服务质量不合格，可能被用户误认为管道连接质量问题而遭投诉

呼叫中心可从公众得到信息

Ranhill 经验：呼叫中心

Ranhill 运行着全天工作的免费呼叫中心，它鼓励公众提供有关供水的任何问题信息。呼叫中心每月平均接到约 550 件破管、3 600 件漏损投诉电话。

【关键信息】

- 来自高层决策者到终端消费者的所有层面的了解是改善 NRW 的关键。
- 建立高层管理者对 NRW 的理解，以及削减 NRW 策略所需预算的财务支持。
- 中层管理者和员工必须理解他们在削减 NRW 中的角色和责任，因为削减 NRW 需要供水企业所有部门长期的共同的努力。
- 面对用户有助于提升他们对 NRW 的了解，以及削减漏损如何导致供水与水质的改善。

5 表观漏损

5.1 表观漏损的定义

表观漏损,也叫做"商业漏损",是指已被用户使用但未付费的水量。多数情况下,这些水已经通过了水表,但未被准确计量。与管网漏失和蓄水池溢流不同,表观漏损是不可见的,这就导致了很多供水企业往往会忽视其存在,只重视真实漏损。

与真实漏损相比,表观漏损所漏失的水量更大,造成的损失也更多。减少表观漏损可以直接增加收益,而减少真实漏损只能降低生产成本。对于任何一个营利的供水企业而言,水费收入应高于变动的生产成本(有时高达 4 倍)。因此,即使是少量的表观漏损也会对经济效益产生巨大影响。

减少表观漏损的另一个优点是可以快速高效地完成本项工作。本章阐述了表观漏损的四个主要构成元素,并提出了解决这些漏损的方法。

5.2 表观漏损的构成和管理策略

表观漏损由以下四个基本要素构成(图5-1)：

(1) 用户水表误差；

(2) 非法用水量；

(3) 抄表错误；

(4) 数据处理和收费错误。

供水企业应该将表观漏损控制在合法用水量的4%～6%。减少表观漏损所需投资小且回报快。但它需要有持续的管理承诺、政治意愿和社会支持。由于这项工作可在公司内部开展，且投资小、见效快，故供水企业应在减少NRW计划的初期阶段重视减少表观漏损的工作。

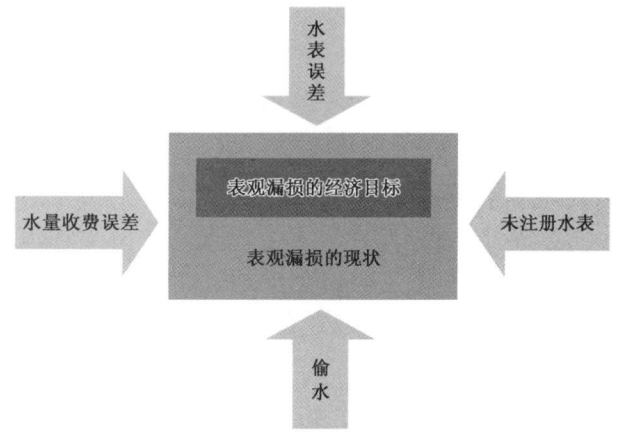

图5-1 表观漏损的四个构成要素

5.2.1 怎样处理用户水表误差

水表计量的不准确往往会低估用户用水量，导致售水量的减少，从而减少收益。只有极少数的水表会造成对用水量的高估。供水企业应首先重视大型用户，如工业或者商业用户，因为他们的用水量较大且支付的水费更高。用户的水费是根据水表的准确计量所得出的数据进行收费的，而不是按假定的人均水平收费。这将使得用户按实际用水量支付水费，并鼓励用户节约用水。下面讨论的是用户水表精度常见的问题及解决方案。

不正确的水表安装会导致数据不准确和收费误差，图中所示的这种情形，抄表员将很难判断水表属于哪个用户

1. 正确安装水表

水表应根据厂家说明书正确安装。例如，一些水表需要在它的上游或者下游预留一定长度的直管段。因此水表安装的标准位置应通过现场设计和勘察来确定。供水企业应根据用户利益统一购买水表，以保证水表的精度和品质。水表应安装在抄表员方便读数和分辨水表属于哪一用户的地方。另外，负责水表安装的管理人员和工作人员还应受过水表正确安装的培训。

Ranhill 经验:用户水表标准

Ranhill 通过标准水表安装位置的设计,并把设计图纸给所有管道工传看,以保证用户水表安装的质量。当所有的内部管道工程根据标准要求建造完成和水表安装位置确定后,才可以安装水表。最后,由 Ranhill 技术人员对该安装工程进行检查并批准安装。

2. 水质监测

原水水质差、处理工艺不完善以及由于管道关闭而引起的污染物渗透等原因造成的水质恶化,会导致管道内沉淀物的形成。这些沉淀物也会依附在水表(尤其是机械水表)的内部零件上。这些沉淀物的摩擦损耗会造成水表转动偏慢,从而导致水表计量水量低于实际值。供水企业必须定期监测水质,并清理机械水表,以减少沉淀物的堆积,提高水表计量精度。

3. 间歇供水的监测

间歇供水,即用户一天仅用水几个小时。重新供水时,水表会计量管道内一定的空气量。另外,突然增大的压力会损坏水表零件。由于间歇供水会对用户水表精度产生负面影响等原因,我们应避免这种供水方式。

沉淀物是造成抄表不准确的一个重要原因

参见第 7 章利用计量分区(DMA)来实现 24 h 连续供水方式。

4. 选定适当口径的水表

用户水表在特定的流量范围内才能正常运行。每个水表厂都规定了水表的最大流量和最小流量。当用户的实际流量低于所用水表的最小流量时,大口径水表将无法计量。因此,供水企业应充分了解每一用户的需水量和他们可能的用水量。这可以帮助居民和商业用户选用合适口径的水表。对那些大水量用户,要注意检查他们的用水模式,并核实其最新安装的水表口径是否正确。

当用户家中安装了水箱,并用球阀或浮标阀来控制水流时,就会产生低流量问题。随着水箱液位的上升,这些阀门会逐渐关闭,从而减少通过水表的流量,且经常低于规定的最小流量。当水箱相对于用户用水量偏大时,因为球阀或浮标阀将永远不能全开,通过水表的流量将持续走低,这个问题就更加严重。

5. 选用适当度量等级和类型的水表

选择合适的水表有助于提高用户用水量数据的准确性。在水质差的地方选用 B 级水表是一个很好的选择,因为沉淀物不会对 B 级水表产生太大影响。对于那些使用屋顶水箱且水质好的地方，优选 D 级水表，因为 D 级水表具有较低的最小流量，且能更准确地计量流入屋顶水箱的水量。对大多数地方而言，C 级水表是不错的选择，因为它们对低流量的计量优于 B 级，且比 D 级水表便宜。

常见的水表类型有正位移式、多流束、单流束、螺翼式和电磁式。居民用户和小型的商业用户常用的水表是 15 mm 和 20 mm 口径的正位移式水表。对小型商业和工业用户而言，选择 20 mm 至 50 mm 口径的单流束和多流束水表，会增加计量的准确性。对于 100 mm 及以上口径的水表用户，电磁流量计是最好的选择。

Ranhill 经验：更换大用户水表

2007 年，Ranhill 将 30 个大口径机械水表更换为电磁流量计，这使一些地方的用水量增加了 20%。电磁流量计对高流量和低流量都有较高的计量精度，并且水流通过电磁流量计不产生水头损失。Ranhill 对柔佛州最大的用户安装了电磁流量计后，抄表准确性得以大幅提高，从而使用户多交付了 8% 的水费。而新水表的投资回收期仅为半个月。

6. 定期的维护和更换水表

所有水表均应采用地上式安装，并选择抄表员在例行抄表周期内易于检查的地方。供水企业应该从使用年限最长和环境最差的水表开始，有计划地进行水表更换。水表维护不好不仅会造成计量误差，还会缩短水表的使用寿命。水表的定期维护和更换可以解决以上问题。

定期检查水表可以使供水企业及时发现需要
校核和更换的水表，并取得用户的信任

水表的维修工作必不可少，尤其在水质差的地方。机械水表的轴承随着时间的推移被磨损，其摩擦阻力增大，计量精度也随之改变，进而导致对用水量的低估。当然，这些问题发生在水表使用数年之后，主要取决于水表的生产质量。供水企业应该定期抽取不同品牌及使用年限的用户水表作为样本,用标准的水表校验台对它们进行测试,再依据测试结果来决定更换用户水表的最佳年限。

Ranhill 经验:用户水表的检修

根据地区水质的不同,Ranhill 每隔 6 个月至 1 年对所有 50mm 口径的用户水表进行一次检修。另外,对一个计量分区(DMA)内的小口径用户水表进行分析,如果显示水质影响了水表精度,Ranhill 就会对该 DMA 内所有的用户水表进行检修。

7. 处理水表破坏问题

尽管亚洲的水价相对较低,但仍会有用户蓄意破坏水表以降低用水量。有的用户将针状物或者其他物体插入水表以干扰水表的转动;有的用户试图用强磁铁来影响金属水表的读数;还有用户拿热水浇烫塑料水表,试图融化水表内部的塑料零件。

现在,大部分信誉好的水表厂生产的水表一般都具有非金属零件、坚固而清晰的塑料窗口和无法侵入的外壳,抗破坏能力十分强。尽管这些水表价格高一些,但其强大的抗破坏能力有助于减少表观漏损水量。由于那些较为老旧的水表抗破坏性能都不强,供水企业管理人员应根据居民人数或者商业区的商业性质,评估其预期用水量。将用水量的预期值和实测值进行比较,就能找出可能被破坏的水表。

用户破坏了水表的转动部件

5.2.2 非法用水量

非法用水包括非法连接、在水表旁加设旁通管、非法使用消防栓和低效的抄表收费系统。以下章节描述了非法用水常见的问题和可能的解决方法。

1. 找到并减少非法连接

非法连接是指在未经供水企业同意的情况下,擅自在配水管网上连接用户支管。在新供水用户安装期间往往会出现非法连接。或者,由于用户未付水费、付不起水费或者不想付费等原因造成停水时,也会出现非法连接。

在用户宣传计划中,应鼓励用户举报非法连接,并制定相应规定对偷水行为进行惩罚。抄表

在大管径供水管道中,居民用户非法连接管道发生的偷水现象

员在抄表过程中也应该对未装表的非法连接用户进行举报。

Ranhill 经验：阻止非法连接

上锁的阀门可以帮助阻止非法连接事件的发生。供水企业应该掌握开启阀门的唯一钥匙。在用户因为欠费停水后，如果在一周之内用户没有要求通水，供水企业应检查该户是否有非法连接现象。

2. 解决加设旁通管问题

一些用户在水表旁加设旁通管来减少水费，即绕过水表在旁边安装一条管道。旁通管往往是埋在地下的，很难被发现。这种类型的非法用水量常被工业和商业用户所采用，这样仅有一小部分通过了水表计量，其余都从旁通管流过，从而减少用水量。

由于大型用户偷盗的水量比较大，当供水企业对其进行水量平衡分析时，用水量的不一致问题就会暴露出来。供水企业应该对用户进行调查和漏损量分步测试，从而查明消失水的去向。

3. 阻止非法使用消火栓

尽管消火栓唯一的合法用途是消防救火，但是，仍有一些用户非法利用它们向水车注水（通常在晚上），或者向建筑工地供水。供水企业工作人员可以通过 DMA 水表的流量测试数据发现这些非法用水，因为它们常常在很短时间内就产生很大的流量。如此大的偷水流量不仅会产生恶劣的影响，同时也会对管网和水质造成破坏，从而影响对用户的供水服务质量。

通过用户宣导计划，供水企业工作人员还应鼓励用户举报非法使用消火栓事件。另外，供水企业管理人员需要和地方相关机构或部门合作，来确认存在疑问的水车接水事件是否非法和未经许可。和地方机构联合，制定并强制执行惩治偷水行为的法规，亦能有效减少非法用水量。

Ranhill 经验：破坏消火栓

Ranhill 会对那些肆意破坏消火栓者造成的水量漏失进行收费，如果公众提供了准确信息来指认他们，柔佛州消防部门也会以蓄意破坏消火栓为由，对他们提出控诉。

4. 主动检查用户收费系统

有时，尽管用户接管是合法的，但是收费部门没有对这些新用户进行注册登记，因而这些用户从未交过水费。在例行的抄表周期,细心的抄表员会发现一些没有记录在抄表本上的水表,这样就可以发现这些没有注册的用户。然而,这个过程并不能识别出收费系统中所有的错误。

供水企业派代表对计量区域内所有用户(不管他们是否在收费系统注册)进行完整的调查,是全面查找收费系统错误的最好方法。调查工作应该包括以下信息:用户住址、业主姓名以及水表厂家和编号。代表者们也应该对水表进行测试以确保水量数据的准确性。

主动核实用户信息和水费账单可以将营业收费错误最小化,这是表现漏损的一个重要组成部分

在计量区域内,供水企业应该重视大用户,可以通过频繁拜访来促进良好的客户关系。检查大用户的月账单有助于发现用水量异常情况。在可能发生较大表观漏损的区域内,可以建立临时计量分区,并通过标准监测措施(如分步测试和水量平衡分析)对流量进行分析,从而定位有问题的区域。

5. 避免抄表员贪污

抄表员的贪污对一个供水企业每月的收费水量有着极大的影响。例如,一个抄表员长期沿着相同的抄表路线抄表,可逐渐了解用户及其每月的用水账单,就可能被用户用金钱贿赂,从而对该户记录较低用水量。为了减少这种情况的发生,供水企业管理人员需要定期调整抄表员的抄表路线。

Ranhill 经验:抄表工作

在柔佛州,Ranhill 对抄表员抄表路线施行轮调制度。所以,每个人在每 4 个抄表周期(或大约每 4 个月)中,抄同一个水表的次数不会超过 1 次。

5.2.3 抄表误差

由于工作疏忽、水表老旧、抄表和对用户收费过程中的腐败现象等原因,误差极易发生。不称职或缺乏经验的抄表员可能会发生读数错误或是犯更简单的错误,例如小数点放错位置。不干净的刻度盘、有故障的水表和阻塞的水表也会产生抄表误差。抄表员发现这些问题后应该立即报告,维修队应立即对这些问题进行处理。如果问题处理太慢,可能会降低抄表员的积极性和上报问题的意愿。

因为抄表员是供水企业联系用户的前锋人员,他们的工作对公司现金流转具有直接影响。因此,供水企业管理人员应该投资抄表员的培训工作,以提高他们对信息记录及汇报的效力及效率。管理人员也应该建立系统和流程来避免抄表误差;并通过对抄表员的监督、实施抄表路线轮调制度和经常现场抽查,来改善抄表及收费流程。

5.2.4 数据处理和收费误差

抄表员拜访每个用户并进行抄表,是数据处理和收费的典型方法。抄表员将数据手工记录在表格上,带回办公室并转给收费部门,然后输入收费系统,一张收费账单就会被打印出来并邮寄给用户。在这个过程中的不同阶段可能会发生多种错误:抄表员记录数据错误、收费部门的收费系统输入数据错误、账单邮寄地址错误等。

一个可靠的收费系统是减少这些错误的关键因素之一,如果一个供水企业想提高供水效益,就应首先购买这个收费系统。最新的收费软件还内嵌分析功能,可以识别潜在的数据处理错误,并产生报告,从而进行核实。另外,收费软件将上报每月的预测用水量和零用水量,这两项报告可以指出用户水表的问题。现场调研可以确认水表是否需要更换。

对抄表员进行培训能督促他们细心工作,加强对用户水表的良好维护,以及减少抄表误差。如果财政情况允许,供水企业应该考虑采用电子抄表装置,因为所有数据通过电子化手段传输到收费系统,这可将数据处理误差降到最低。

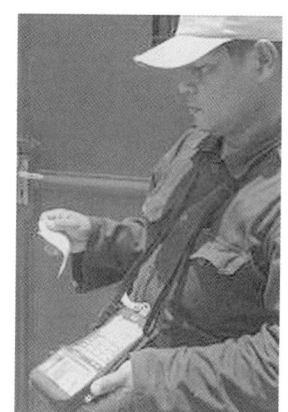

现场收费可以减少数据处理误差

【关键信息】

- 对任何一个盈利的供水企业来说,水价高于可变的生产运行成本(有时高达4倍)。因此,即使是减少少量的表观漏损,也会产生巨大的经济效益。
- 表观漏损主要发生于故障或被破坏水表,以及抄表过程和数据处理过程所产生的误差。
- 水表作为计量用水量的重要工具,应该尽可能地准确。
- 打击非法用水,必须与公众和当地相关部门相互合作。
- 对抄表员、管理人员和工作人员的培训工作,是一个持续的过程,可以确保良好的用户服务质量。
- 对高品质水表和高效收费系统的投资,可以得到更高的回报。

6 真实漏损

6.1 真实漏损的定义

所有的配水管网(即使是新铺管道)均存在真实漏损现象。真实漏损,有时也称为"物理漏损"或"漏失",它是总漏损水量与表观漏损水量的差值。但是,正如 2.3 节所述的水量平衡过程中,表观漏损只是个估算值,由此算出的真实漏损水量可能是不准确的。因此,供水企业管理人员必须利用组分分析法(自上而下的方法)或者真实漏损评估法(自下而上的方法,参见第 7 章计量分区中夜间流量的计量方法)对结果进行验证。

真实漏损的三类主要漏失类型如下:
(1) 输配水主干管漏失水量;
(2) 水库或蓄水池的漏失和溢流水量;
(3) 用户支管至用户水表之间的漏失水量。

无论对于公众或是供水企业工作人员,第一类和第二类漏失通常都是显而易见的,所以它们易于检测并能得到较快的维修。第三类漏失难以检测,因此占了真实漏损水量的很大一部分。本章主要介绍这三类漏损及其减少方案。

6.2 真实漏损的组成

6.2.1 输配水主干管漏失水量

输配水主干管的漏失通常都是比较大的,甚至是灾难性的事故,可能会造成交通基础设施及车辆的损坏。尽管破管漏失会造成供水中断,但因其规模大且易于发现而能被迅速报漏,供水企业便可立即对其进行维修或实行停水措施,因此大多不会造成太严重的事故。

供水企业管理人员可通过管道维修记录数据计算出报表周期(通常为 12 个月)内主干管漏失修复的次数,并估算出平均漏失水量。这里给出了主干管每年总漏失水量的计算方法:

主干管每年总漏失水量 = 破管漏失报表次数 × 平均漏失流量 × 平均漏失持续时间

如果没有可靠的详细数据,可根据表 6-1 中所列的漏失流量作为近似参考值。

"灾难性"的主干管破管漏失

表 6-1　　　　明漏和暗漏流量估算

破管漏失位置	明漏漏失流量 /[L/(h·m*)]	暗漏漏失流量 /[L/(h·m*)]
主干管	240	120
用户支管	32	32

表格数据来源:国际水协漏控专责小组。
注*:m 表示以米水头计的压力。

然后,供水企业管理人员可对背景漏失及潜在漏损(目前未被发现的漏失)进行估算。背景漏损属于个别事件(例如小的渗漏和接头滴水),其漏失水量很小,采用主动漏损检测方法难以检测到。不管是被偶然发现或是漏点恶化后采用主动漏损检测方法进行检漏,最终它们都会被检测到。表 6-2 列出的是一般基础设施条件下,管网各不同组分的背景漏失估算参考值。

潜在漏损是指在目前的漏损控制策略下未被检测到及未被维修的漏失水量:

潜在漏损水量 = 水量平衡中的真实漏损水量 − 已知的真实漏损水量

表 6-2　　　　　　　　　　　背景漏失的计算

漏 水 位 置	漏损量/L	单　　位
主干管	9.6	L/(km·d·m)①
用户支管——主干管至用户边界	0.6	L/(c②·d·m)
用户支管——用户边界至用户水表	16.0	L/(km·d·m)

表格数据来源：国际水协漏控专责小组。
L/(km·d·m)表示每千米主干管内每米压力每天所产生的以升计的漏损量。
c 表示每用户支管。L/(c·d·m)表示每用户支管每米压力每天所产生的以升计的漏损量。

如果通过公式计算出来的潜在漏损水量是负值，则要复核真实漏损组分分析所做的假定（如漏失持续时间值），并在必要时予以修正。如果复查后结果仍为负值，则表明在水量平衡计算中使用的数据是有错误的。例如，供水企业管理人员可能低估了系统供给水量或者高估了表观漏损水量，这时应检查水量平衡中的所有组分。

6.2.2　水库或蓄水池的漏失和溢流水量

水库或蓄水池的漏失和溢流水量较易量化。通过对溢流情况的观察，供水企业管理人员可以估算出漏失平均持续时间及漏失水量。大多数溢流发生在需水量较低的夜间，因此有必要对每个水库实施定期的夜间监测。监测方法有：值班人员巡检、安装数据记录仪在预设的时间间隔自动记录水库水位等。

蓄水池漏失水量可采用跌水实验来计算，即供水企业关闭蓄水池所有的进出水阀门，通过测量水位下降速度计算蓄水池漏失水量。诚然，修复这些漏失是项大工程，需要排干蓄水池内所有的水，并制定好备用供水方案。

Ranhill 水库监测经验

Ranhill 的水库监测专责小组在所有的 456 个水库的溢流管内都放置一个塑料瓶，并每月定期检查这些塑料瓶的位置。如果瓶子在溢流管外，说明可能发生了溢流。监测小组再利用数据记录仪进行更深入的调查。

6.2.3　用户支管至用户水表之间的漏失水量

这种类型的漏失往往难以检测因此占了真实漏损水量的最主要部分。供水企业管理人员应该利用真实漏损总水量减去主干管和蓄水池的漏失及溢流水量，近似估算用户支管的漏失水量。

用户支管的漏失检测通常比较困难，
易于造成严重的漏损

6.3 真实漏损的特征

在确定输配水管网发生漏失的位置后，供水企业管理人员应该熟悉不同类型的漏失，并了解其对漏失持续时间的影响，以及时掌握在 ALR 时间段内的真实漏损总水量（如图6-1 所示，并参见3.4节对 ALR 概念的论述）。

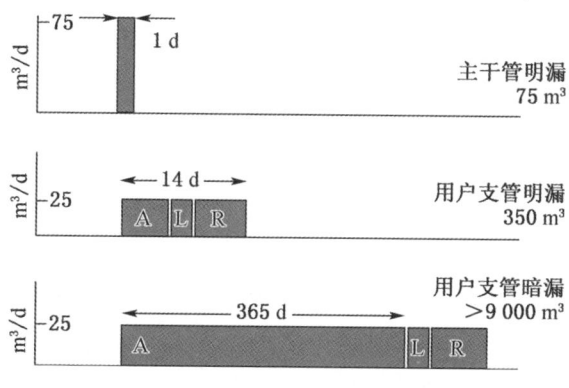

图 6-1 漏失持续时间及各时间段漏损的水量

破管漏失的类型及发生漏失的位置（如主干管或用户支管）影响总的漏失持续时间：

（1）明漏——显而易见且通常很快被公众上报或被供水企业工作人员发现的漏失。这类漏失引起关注的时间较短。

（2）暗漏——发生在地面以下，且在地面上不容易观察到。这类漏失通常是在检漏时才被发现，因此引起关注的时间较长。

（3）背景漏失——小漏失的总和。这类漏失的检测和维修较难且不产生成本效益。

关于漏失的特征总结如下：

（1）绝大部分漏失是不可见的；

(2) 大多数漏失不会显现在地面上；
(3) 管理者必须清楚地认识到绝大多数漏失发生在用户支管；
(4) 对不可见的漏失不采取主动的检测措施，可引起大规模的漏失。

6.4 建立漏失管理策略

漏失管理主要有四大策略：压力管理、维修、主动漏损控制策略及资产管理（图6-2）。这些因素会对供水企业对配水管网漏失管理产生影响，包括漏失水量及其经济价值。

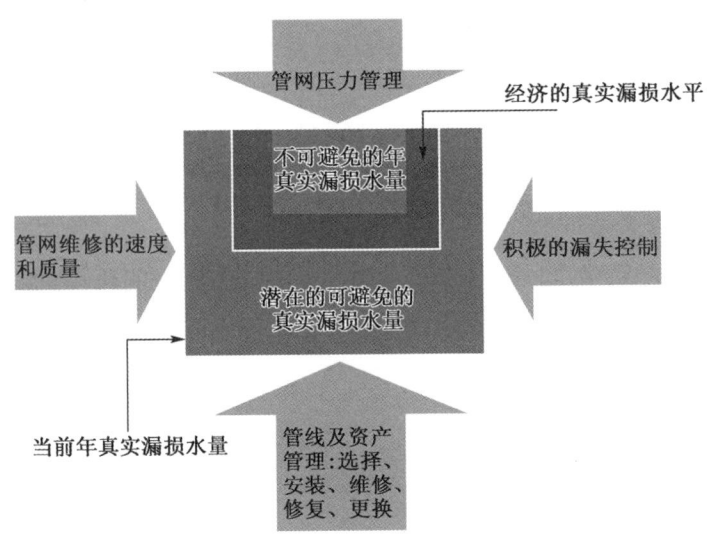

图 6-2　成功漏失管理的四个策略

图6-2中最大的方框代表当前的年真实漏损水量（CAPL），这部分水量往往随着配水管网使用年限的增加而增大。但通过成功漏失管理四个策略的适当组合，可以控制其增长率。较小的黑色方框代表可达到的年最小真实漏损水量（MAAPL），即在当前管网压力不变的情况下，采用成功漏失管理策略后，仍存在的真实漏损。引进或加强四种策略中的任何一种，都会对潜在可避免的漏损产生影响。

6.4.1 积极的漏失控制策略（ALC）

主动漏损控制策略是经济有效且高效率漏失管理的必备条件。即便对某区域的破管位置或漏失水量一无所知，仍可采用监测流入该区域或计量分区（DMA）总流量的方法，来决定是否需要对该区域实施主动漏损控制。该方法目前是国际上公认的完善的方法。作业人员越快分析DMA的流量数据，破管或漏失发生的位置就越快被定位。此方法与快速抢修相结合，可减少总漏失水量。

在配水管网中存在很多漏点，因而需要监控它们的位置（图6-3）。DMA的概念和相关技术,以及漏失监测、检测和定位设备将在第7章中详细论述。

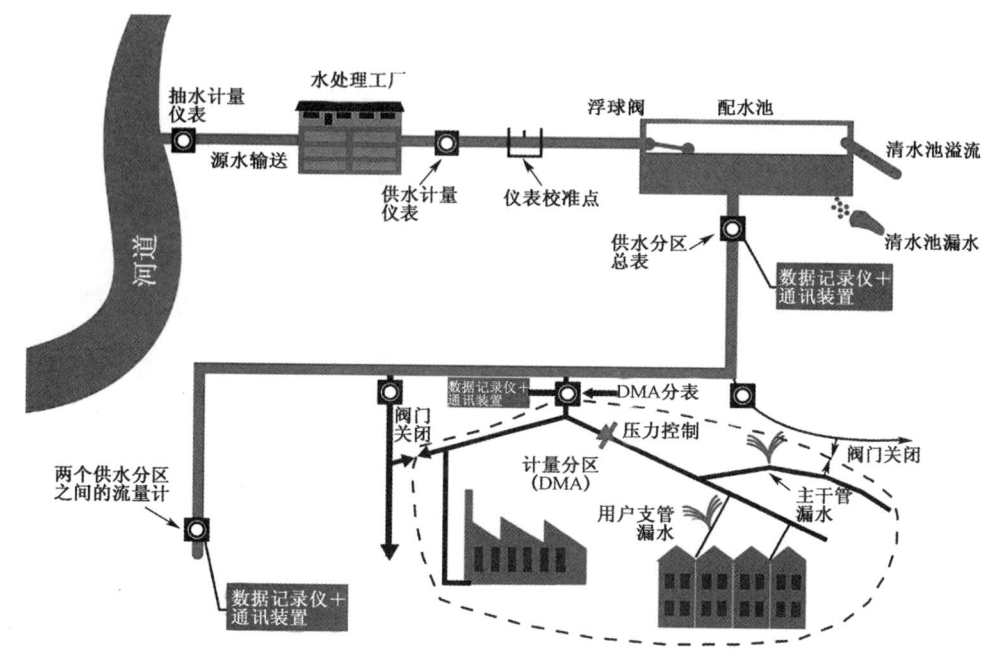

图6-3 一个典型的配水管网

1) 流量计量

现代流量计量和数据采集技术在快速鉴别破管漏失和估算小渗漏的总量上发挥了很重要的作用。许多供水企业借助遥测技术将DMA监控数据整合到它们的数据采集与监控(SCADA)系统中。该系统结合数据分析软件包,能有效帮助供水企业管理人员确认需要漏失定位的DMA。

2) 漏失位置的区划、定位及定点

供水企业管理人员需要制定一个详细的漏失定位流程:

(1) 通过分析水表数据来确认DMA是否存在暗漏或者累积渗漏;

(2) 缩小DMA的漏失范围;

(3) 确定准确(近似准确)的漏点位置。

该流程要求每个步骤都合理准确,以避免高的开挖成本及"干洞"现象(对疑似漏点开挖后却发现没有明显的漏失)的发生。检测和定位漏失的最基本方法是听取管线中水流在压力的影响下产生的噪声。这种方法的有效性取决于管网系统的压力、漏水点的尺寸和形状以及管道的材质。

为了确保渗漏或破管漏失定位的准确性,供水企业需要各种声振测量仪器,例如噪声记录仪、漏失噪声相关器、地面麦克风及听音杆。这些设备都对主动漏损控制非常有用,但供水企业管理人员必须了解这些设备的正确使用及维护保养方法,以最大限度地使用每个设备。

1. 噪声记录仪

噪声记录仪可缩小 DMA 中疑似破管或漏点的范围。通常在检测区域内布设 6 个、12 个或 18 个记录仪，每个记录仪分别安装在消火栓、水表或者其他地面装置上。如果因管道发生漏水而产生了疑似噪音记录，则可用下述的定位仪器对漏点进行定位。有些噪声记录仪系统还可通过合并不同记录点记录的数据立即找出漏点位置。

噪声记录仪现场检测

2. 漏失噪声相关器

该设备将两个麦克风分别安装在疑似漏水点的两侧，利用漏水声音通过管壁的传递速度来定位漏失，而不是根据噪声音量。这种检测方法的有效性取决于漏水噪声的强度及管材对声波的传导性。在塑料管、大口径管道及其他噪声传导率比较低的管道中放置听音器也能加强漏水噪声。这些水中听音器是通过听取水传递的漏水噪声来工作，而水的传递效果比多数的管材更好。

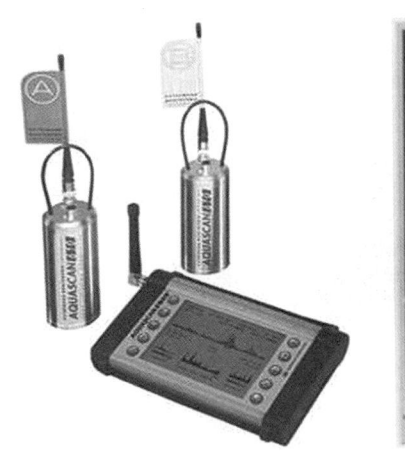
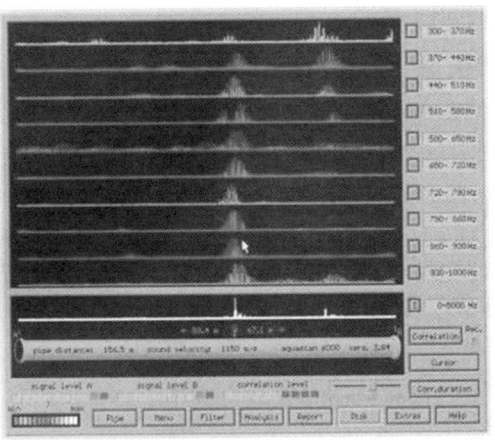

一个"高级的"漏失噪声相关器，显示了不同频率的相关系数峰值

最新款的相关器具有频率选择和滤波功能，在主干管沿线安置足够多的接触点，就能快速定位漏水的位置，多数管径定位的误差在 0.5 m 以内。多数情况下，可选用低成本的相关器。

3. 地面麦克风

地面麦克风是通过放大漏水噪声来工作。它可以与接触模式和勘察模式相结合。接触模式类似于一个电子听音杆，用于探测管线装置的声音。勘察模式用于搜索装置之间管线的漏水。该方法是在管线间隔处的地面上安置麦克风,观察靠近漏水地点时麦克风放大的声音信号所产生的变化。当利用噪声记录仪或漏失噪声相关器检测到管网漏失后,供水企业管理人员可选用任意一种模式来进行漏点定位。

4. 听音杆

听音杆,也叫"听诊器",它是由既便宜又简单的木头或者金属制成,具有增强声音的效果。一般在公路的路面或直接在暴露于外面的管道及装置上听取漏水声音时,供水企业管理人员会使用这种设备。听音杆还经常用来验证已被漏失噪声相关器确认过的漏失地点。

上述所有设备不仅能够检测出漏失产生的噪声,还能检测出管网系统中的其他任何噪声,比如水泵、水龙头、排气阀等产生的噪声。因此拥有一个经验丰富的检漏团队是非常重要的,这个团队的成员要求不仅能够正确使用检测设备,还应具备高效鉴别漏失的技能。

听音杆的使用

6.4.2 管网压力管理

管网压力管理是完善漏失管理策略的基本要素之一。配水管网的漏量与管网压力是一个函数关系,管网压力由水泵或重力所提供。漏失流量与压力之间也存在物理关系(图6-4),破管的发生频率与管网压力之间存在以下函数关系:

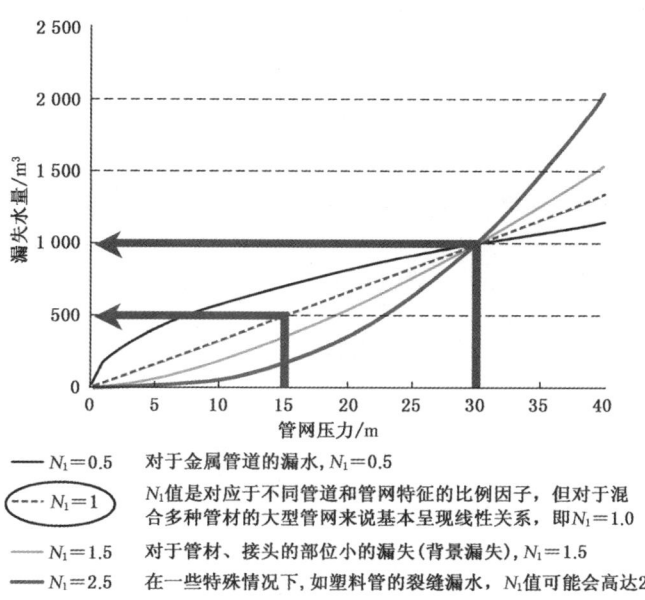

— $N_1=0.5$ 对于金属管道的漏水,$N_1=0.5$
--- $N_1=1$ N_1值是对应于不同管道和管网特征的比例因子,但对于混合多种管材的大型管网来说基本呈线性关系,即$N_1=1.0$
— $N_1=1.5$ 对于管材、接头的部位小的漏失(背景漏失),$N_1=1.5$
— $N_1=2.5$ 在一些特殊情况下,如塑料管的裂缝漏水,N_1值可能会高达2.5

图片来源:世界银行组织

图6-4 压力与漏失流量的关系图

(1) 管网压力越高(或越低),漏失流量越高(或越低);

(2) 管网压力与漏量间的关系是复杂的,但是供水企业管理人员最初可假设它们之间存在一个线性关系(假设管网压力降低10%,漏失量也会降低10%);

(3) 管网压力高低和管网压力循环强度影响破管频率。

为了评估管网压力管理在特定管网系统中的适用性,供水企业首先应完成以下工作:

(1) 通过现场调研,确定可进行管网压力管理的区域、安装位置以及用户资料;

(2) 通过用水量分析确定用户类型及管网压力控制范围;

(3) 确定流量及管网压力的测量位置(后者通常在区域入水口、平均压力点以及供水临界点);

(4) 利用专业模型模拟潜在效益;

(5) 确定适宜的控制阀门及控制策略;

(6) 建立合适的控制模式,以达到预期的结果;

(7) 进行成本效益分析。

系统有很多种降低压力的方法,包括使用变速泵控制器及调压罐。其中,使用最普遍且最符合成本效益的设备是自动减压阀(或称为PRV)。

减压阀是安装在管网关键点的一种设备,用来降低或维持管网压力在某一特定的压力值。此阀门可维持先前设定的下游压力,而不考虑上游压力及流量波动情况。减压阀通常安装在DMA小区水表的附近。为了避免阀门带来的水流扰动影响水表的准确性,减压阀必须安装在水表的下游。最好的方法是将减压阀安装在旁通管上,这样也不会对将来进行较大规模的管网维修工作带来不必要的影响。

水表井室里安装的自动减压阀(PRV)

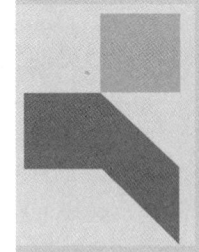

Ranhill 压力管理经验

Ranhill 安装了大约 200 台自动减压阀(PRV),分布在 25%的 DMA 中。减压阀用来固定出口压力,Ranhill 目前正在研究通过在低流量需求时段安定时调节器以进一步降低压力的可行性。

6.4.3 维修速度和质量

漏损时间的长短会影响真实漏损的水量,因此,一旦检测到漏损就应尽快完成维修工作。维修质量对维修结果的持久性也会产生影响。制定维修措施所应考虑的关键因素包括:

(1) 从最初报警到进行维修的整个过程中,高效的组织方法和规程;
(2) 设备和材料的可用性;
(3) 充足的资金;
(4) 适宜的材料和工艺标准;
(5) 有较强责任感的管理人员和员工;
(6) 高质量的用户支管——用户支管通常是最薄弱的环节。

6.4.4 资产管理

资产管理是良好的工程及商业实践,它包括了供水企业管理及运行的所有方面。良好的资产管理是持久而经济的漏失管理的必要条件,目的是以最具成本效益的方式来控制漏失。当实施压力管理、提高作业水平及制定维护计划表并存时,需要确定维修、更换、修复或暂不处置的优先级资产管理的决定因素主要有:

(1) 了解目前的资产运营情况;
(2) 收集数据并将之转换成对制定资产管理计划有用的信息;
(3) 良好的信息系统。

管网的使用年份及何时替换或更新管网基础设施,与拟定 NRW 削减策略息息相关。这需要了解资产状况及其恶化率。利用记录的破管数据进行破管频率模拟,有助于确定管道修复、更换和更新的优先次序。此外,主动漏损控制可确认管网中连续发生破管和维修的管线。

若采取以上措施,管网漏失仍没有明显降低,供水企业管理人员就应进行状态评估,以决定是更换管道还是继续进行维修。在决策过程中,供水企业管理人员应当提出以下问题:

（1）进行管网维修、更换或更新时，应该使用什么材质？

（2）管网应立即进行更换，还是以后为了满足未来需水量而扩建管网时再进行更换？

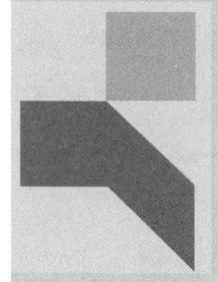
Ranhill 资产更换经验

马来西亚柔佛州有超过 10 000 km 的老化的石棉水泥管道需要更换。Ranhill 是根据每千米管道破管的次数来确定管道是否需要更新。此外，对于一个单独的计量分区（DMA），实施三次漏失检测行动后若漏失水量仍没有明显减少，则对这些管道进行更换。

【关键信息】

- 真实漏损包括：输配水主干管漏失、蓄水池漏失和溢流及用户支管至用户水表之间的漏失。
- 输配水主干管漏失量通常比较大，因此能被公众迅速上报。如果不进行及时的维修，将产生非常严重的危害。漏失不显著的管网，其检测和维修则更加困难。
- 一个成功的漏失管理策略需要管网压力管理、主动漏损控制、管线和资产管理及快速高质的管网维修。

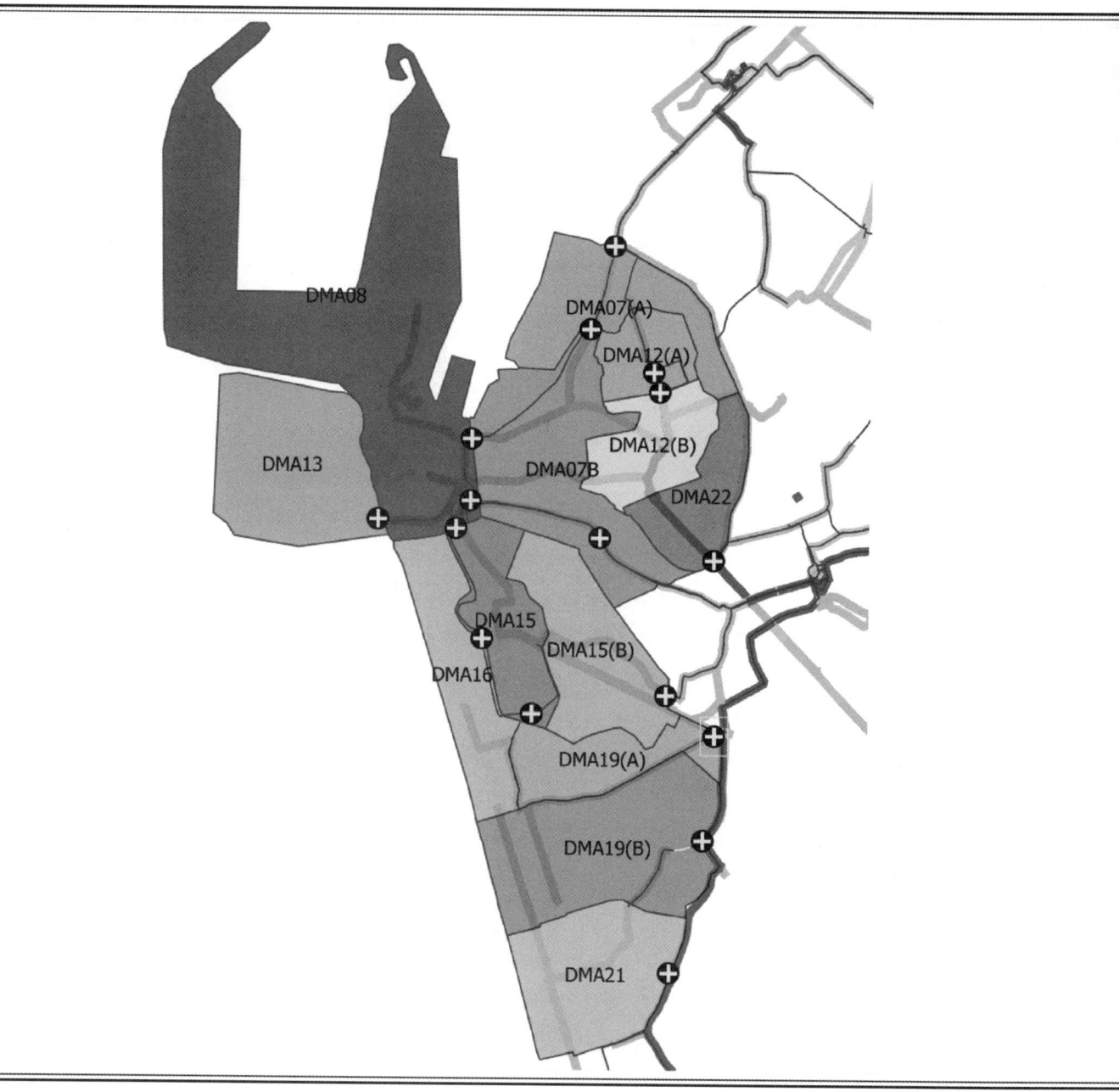

7　计量分区(DMA)

　　许多供水企业是在一个开放的系统中运作的,即由多个水厂向一个互相连通的管网系统供水。来自每个水厂的供水在管网内混合,并不断影响着管网系统的压力和水质。在一个开放的系统中,无收益水量只能按整个管网系统来计算,体现的是整个系统的平均水平。因此,确认无收益水量的发生位置(亦即确定采取减少无收益水量措施的地点),是一个相当大的挑战,尤其对于大型管网系统。

　　一般来说,对一个开放系统的无收益水量的管理方式是被动的,因为只有当漏损变得显而易见或者被公众报告后才能进行相关的漏控工作。一个更有效的方法是采取积极的无收益水量管理策略,成立专责小组主动去寻找管网漏失点,如泄漏、蓄水池溢流及非法接管等。

　　只有采取分区的概念,积极的无收益水量管理才可行。亦即将整体的系统划分成若干较小的子系统,单独计算出每个子系统(即每个分区)的无收益水量。这些小的子系统即是计量分区(DMA),各分区应该是水力独立的,这样供水企业管理人员才能计算出每个计量分区的漏损水量。将一个供水系统划分为若干个更小的、更易管理的分区后,供水企业能够更好地采取无收益水量降低措施,解决水质问题,并更好地管理整个管网系统的压力,为管网系统提供全天候不间断的供水服务。

将开放的管网系统划分成更小的、更易于管理的计量分区,还使作业人员在管网系统压力控制、水质及无收益水量等方面的管理更为有效。本章主要讲述供水企业应该如何建立 DMA,然后如何利用流量和压力信息更好地管理无收益水量。同时还论述了DMA 对于改善用户水质及提高供水服务的益处。

7.1 建立 DMA 的准则和流程

DMA 的设计主观因素较大,同一个管网由不同的工程师所做出的设计方案并不见得相同。工程师通常使用一套准则来建立一个初步的 DMA 设计方案,且该方案必须经过现场实测或利用管网建模进行验证。

这套准则包括:

(1) DMA 的大小(例如,支管(用户连接)的数量——通常在 1 000~2 500);

(2) 为隔离 DMA 而必须关闭的阀门数量;

(3) 用来计量 DMA 流入和流出水量的流量计数量(流量计需求数量越少,DMA 建立的成本就越低);

(4) DMA 内地面高程及压力的变化情况(区域地面越平坦,压力越稳定,压力控制越容易);

(5) 利用明显的地形特征作为 DMA 的边界,如河流、排水渠、铁路、公路等。

将一个开放的系统划分成一系列 DMA,必须采取关阀措施或者加装流量计来隔离某一区域。这个过程可能会影响 DMA 本身及其周边地区系统的压力。因此供水企业必须确保所有用户的供水压力和用水时间不受到影响。

管网建模

管网建模是利用专门的计算机软件对一个管网进行计算机模拟的过程。供水企业管理人员通过对比模拟的与现场实测的流量和压力值来验证模型。对模型进行校验可以确保模拟结果与实测结果相接近,从而形成一个经过校验的管网水力模型。

利用一个经过校验的供水管网水力模型模拟拟定的 DMA 设计,可以在不影响用户用水的情况下,对系统压力和流量进行分析。然而,许多供水企业并没有现成的经过校验的供水管网水力模型。与其花费一年甚至更久的时间来等待水力模型的构建,还不如现在就开始把管网中一些易于隔离的区域(如独立的供水区域)建成 DMA。

在建立 DMA 时,供水企业应该限制进水口的数量,这样有助于减少流量计的安装费用。要做到这一点,就必须永久关闭一个或多个边界阀门,才能确保流量计的数据准确反映 DMA 的总进水量。

供水企业管理人员要确保进出 DMA 的所有管道要么关闭，要么安装流量计，可实施如下隔离实验：

(1) 第一步：关闭 DMA 所有安装流量计的进水口；

(2) 第二步：检查 DMA 内部的水压是否降为零，因为此时应该没有任何水源流入该区。如果压力没有降为零，说明可能有其他管道水流流入该区，需要进行排查。

如果预算受限，供水企业应该首先建立 5 000 个以上支管的面积较大的计量分区。随后再将这些分区中无收益水量较大或管道工程较长的分区细分成 1 000 个或更少支管的 DMA，如图 7-1 所示。

对于每个 DMA，供水企业管理人员都应该制定一个详细的操作手册，用来指导将来 DMA 管理团队的供水管理。该操作手册包含：DMA 管网图；水表、压力控制阀及边界阀门的定位图；DMA 计费数据库的副本。该手册是一个工作文件，操作数据要不断更新，包括如下信息：

(1) 流量和压力曲线图；

(2) 漏失分步测试数据；

(3) 漏失位置；

(4) 非法接管位置；

(5) 合法夜间流量（LNF）的测试数据；

(6) 压力约束 T 因子测试数据。

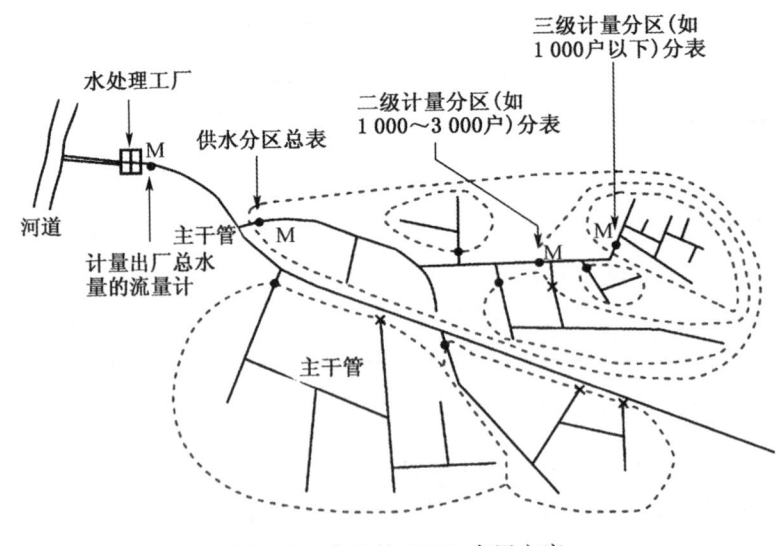

图 7-1　典型的 DMA 布置方案

7.2 利用DMA降低无收益水量水平

DMA一旦建立，就成了监测和管理无收益水量的两大组成部分（真实漏损和表观漏损）的工具。DMA的无收益水量计算方式如下：

DMA 无收益水量 = DMA 的总进水量 − DMA 总收费水量

在DMA的所有进水口都安装流量计后，DMA的总进水量可利用累加器的数据增加值，或流量计计数器所计量的在测量周期内的总水量进行估量。

DMA总收费水量取决于用户水表覆盖率。如果DMA住宅水表覆盖率为100%，意味着该区内所有用户都安装了水表，则DMA总收费水量可通过对计算周期内所有水表测得的水量数据进行简单的相加得到。

Ranhill DMA 建立经验

马来西亚的柔佛州供水系统有大约865 000个用户。作为无收益水量削减计划的一部分，Ranhill建立了820个DMA，每个DMA平均有1 055个用户。Ranhill的供水系统中有100%用户水表覆盖率，所有用户都被分配到820个DMA中的某一个区内。为了判别高到难以接受的无收益水量水平，DMA总收费水量和无收益水量的计算是通过在收费系统数据库中进行简单的月累计加和得到的。

如果DMA内住宅水表覆盖率不足100%，则DMA总收费水量可按人均消费水量来估算。第一步要调查DMA内所有的用户，该调查可能仅限于计算所有用户数量和估算每户的平均居住人数。如果要进行更精确地估算，调查人员就要登门拜访所有用户，并一一询问每户的居住人数。

7.2.1 估算真实漏损水量

多数DMA不包含任何水库或主干管，因此在分析DMA的真实漏损水量时，这些组件通常不考虑在内。DMA的真实漏损水量实际上是指该区内干管和用户支管的管道漏损水量。漏失如果发生在干管或管道接头的小孔或裂缝处，则会24 h持续漏水。相反，若漏失发生在用户支管处，则漏失水量随着用户全天需水量的变化而变化。在早晚供水高峰时漏失水量最多，在夜间大多用户都在睡觉没有用水的时候漏失则最少。

因为夜间是用户用水量最小的时候，而干管的漏失是连续的，供水作业人员应该在夜间时段监测漏失水量。图7-2显示的是一个典型的以居民生活用水为主的DMA的流量变化曲线图。

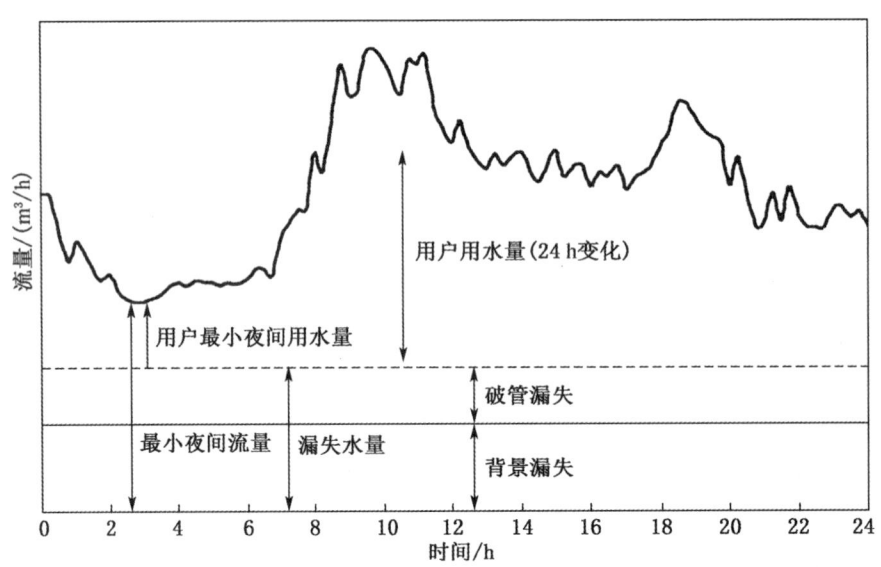

图 7-2　典型的 DMA 24 h 流量变化曲线图

为了估算 DMA 的漏失水平，经营者应计算出系统的净夜间流量(NNF)，其值是用最小夜间流量(MNF)减去合法夜间流量(LNF)得到的。

最小夜间流量是指一个周期(以 24 h 为一个周期)内的最小流量，通常发生在大多用户都不用水的夜间。最小夜间流量可通过数据记录装置或用流量曲线图直接测得。尽管在夜间用户需水量是最小的，但是供水作业人员仍然需要考虑到少量的合法夜间流量，也就是夜间用户需水量，如冲厕、洗衣机用水等。

如果一个系统有 100% 的水表安装率，则合法夜间流量的计算是通过测量 DMA 内每小时所有非住宅的夜间流量和一小部分(如 10%)住宅水表记录水量得到的。然后按照 L/h 或 L/s 的单位来估算总合法夜间流量。

Ranhill 经验：合法夜间流量(LNF)

Ranhill 选取凌晨 2:00—4:00 的时间段，进行合法夜间流量测试。具体做法是通过测量该时间段每个 DMA 内所有的非住宅用户以及 10% 住宅用户水表在 2 h 内的用水量，计算出平均的合法夜间流量。

如果系统没有实现 100% 的用户水表安装率，供水作业人员可依据人均夜间用水量估算合法夜间流量。供水企业管理人员应该对 DMA 内的所有住宅和非住宅用户进行调查，然后确定每个用户类型(住宅、工业、商业及其他类型用水)连接的支管总数量。根据其他有 100% 用户水表安装率区域的数据，估算出每个用户类型的夜间流量系数，然后乘以每个类型的支管数量，得到总的合法夜间流量。

为了确定净夜间流量水平,也就是计算夜间流量中直接归结于漏失的部分,需要用记录的最小夜间流量减去合法夜间流量。即:

净夜间流量(NNF) = 最小夜间流量(MNF) − 合法的夜间流量(LNF)

系统中的漏失水量与管网压力成正比。在 24 h 内,DMA 的平均压力与进入 DMA 的流量一样,随时在改变。由于系统中沿程水头损失的存在,使压力与流量成直接的比例关系,因此当 DMA 内流入流量最低时,系统内压力最高(图 7-3)。这是因为沿程水头损失与流速成正比,因此当流量较低时,管道内的流速也较低,产生的水头损失也较小。

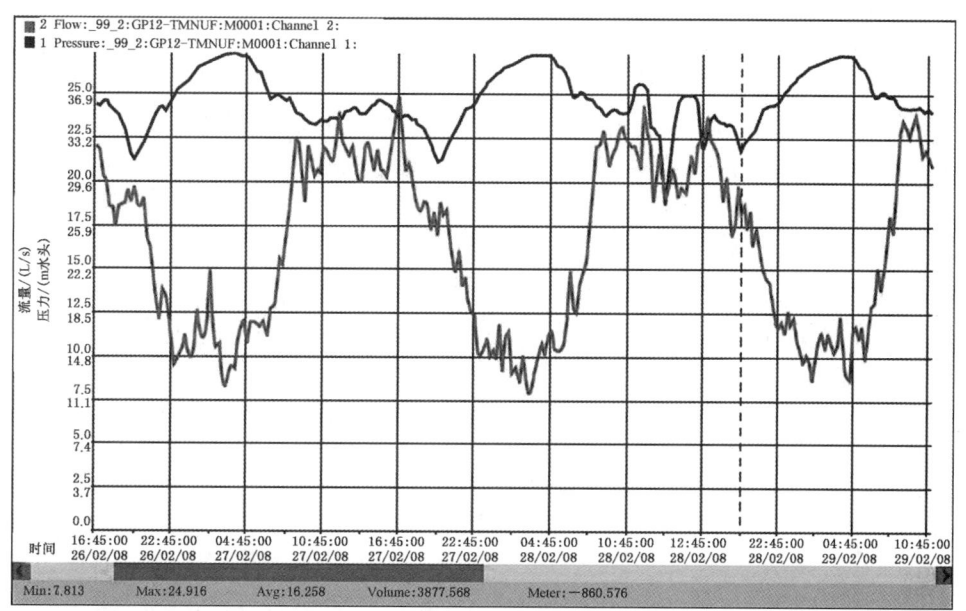

图 7-3　72 h 周期的 DMA 流量与压力关系图

因此,在最小夜间流量期间计算出来的净夜间流量或漏失水量不能代表 24 h 周期内的真正漏失水量。供水企业管理人员还必须确定一个压力因子,即 T 因子,然后运用净夜间流量得到一个真实的 24 h 平均漏失水量。T 因子的计算方法是利用数据记录仪记录一个周期(24 h)的压力值,然后利用这些测量数据计算出 24 h 的平均压力值,将这个平均压力值与最小夜间流量时段内的系统压力值相比,就得到 T 因子的值。

7.2.2　确定表观漏损水量

DMA 的无收益水量可以用进水量减去记录的用水量来得到。7.2.1 节讲述了如何利用最小夜间流量确定每个 DMA 的漏失量或净夜间流量。本节讨论如何通过一个简单的减法,以无收益水量减去漏失量来计算表观漏损水量,计算式如下:

表观漏损水量 = 无收益水量(NRW) − 净夜间流量(NNF)

一旦确定 DMA 具有显著的表观漏损，供水企业管理人员应该调查水表是否出现故障或被破坏，以及是否存在非法接管。管理人员也可以对 DMA 的每个用户进行一系列的调查以确定所有用户都包含在计费数据库内，拜访所有用户并逐一检查每户的水表。

7.3 DMA 管理步骤

DMA 初步建成后，供水企业管理人员应该对无收益水量、净夜间流量以及表观漏损水量进行初步的计算，并确认主要影响项目。如果 DMA 有较严重的真实漏损或表观漏损，应该先实施第 5 章和第 6 章所讨论的无收益水量减少措施。

一旦无收益水量减低到可接受的水平，运营人员就应该建立 DMA 进水量的监控体制。最简单的形式是每月抄收一次流量计的累积流量值。安装数据记录仪来记录流量数据可以反映出更详细的数据，包括每天的净夜间流量，从而能对系统进行更精确的修正。最后，当表观漏损水量达到最低水平时，净夜间流量实际上已相当于无收益水量。每天的净夜间流量可绘制成对时间的变化曲线图，来监控 DMA 的无收益水量（图 7-4）。

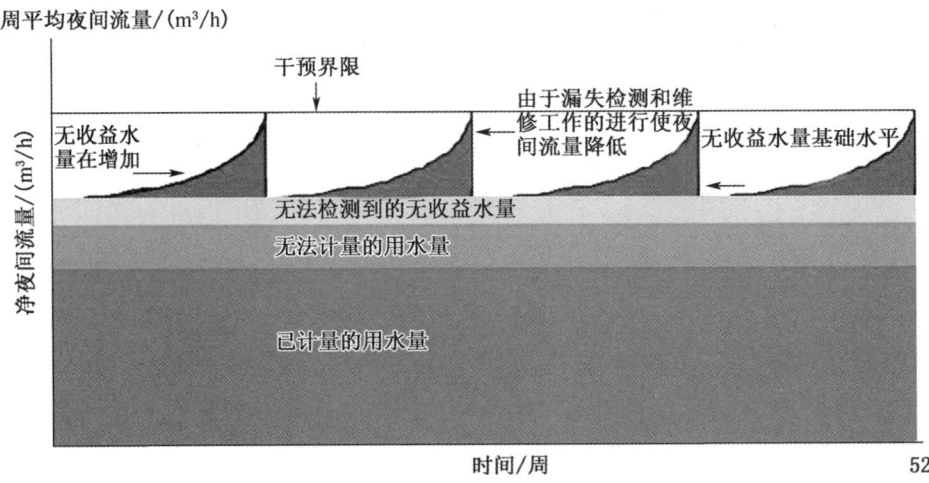

图 7-4　净夜间流量（NNF）对时间的曲线图

图 7-4 显示出 DMA 的无收益水量持续增长，其增长速率的主要取决因素包括管网使用年份和状况、系统压力以及非法接水和被破坏流量计的数量。对多数供水企业而言，对 DMA 不断进行漏失检测和用户调查工作的团队工作效率不佳。因此，监测团队应该设置一个"干预界限"，即无收益水量达到什么水平是不可接受的。一旦达到干预界限，就应该出动团队执行检测和解决漏损。通常来说，一旦供水企业管理人员调派工作团队进入 DMA，就能在 2~4 周内降低无收益水量水平。然后，管理人员应该确保对无收益水量水平进行监测，直到再次达到干预水平。这种程序是对现有 DMA 的最佳管理模式。

供水企业应该对每次使无收益水量返回到干预水平所需时间进行持续的记录。如果检测活动的时间间隔在减少,表明该 DMA 内的漏损频率在增加,也就意味着系统的资产状况在恶化。对于这种情况,供水企业管理人员应该考虑进行资产的修复工作,比如管道的修复、重新衬里或者更换,而不是不断地进行检漏修漏工作(图 7-5)。

当资产的修复工作完成后,随着漏失水量尤其是背景漏失或者先前未检测到的漏失水量的减少,无收益水量的水平通常也会降低。监测团队应该还会发现,随着资产状况的大幅改善,无收益水量水平的增长速度会明显减慢,此时干预水平应该重新设置在更低的水平值(图 7-5)。

管理人员正在监控 DMA

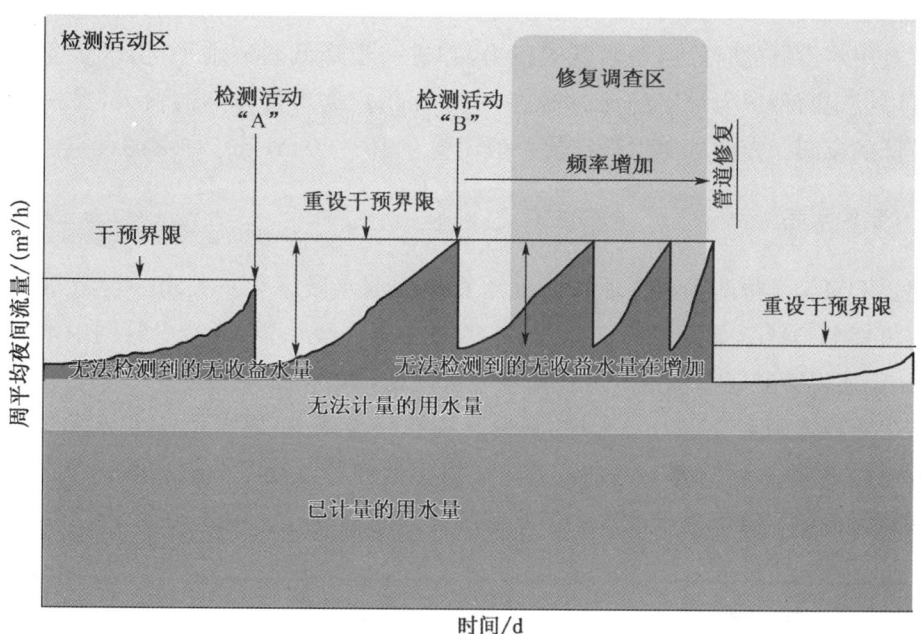

图 7-5 从检漏修漏转向管道的修复

7.4 DMA 的附加益处

建立一系列的 DMA 不仅能减少无收益水量,也能改善资产状况,提高供水服务水平,如:

(1) 通过管网压力管理能延长资产使用寿命；

(2) 保护水质；

(3) 能提供不间断供水服务。

7.4.1 改善供水压力管理

建立 DMA，随着无收益水量的减少将改善 DMA 的供水压力。随着漏失的修复，DMA 的流量将减少，因而沿程水头损失会降低，将造成 DMA 的系统压力升高。尤其是在用水量需求很低、沿程水头损失很小的夜间，这种压力的增加将更加突出。

改善供水压力控制体现了双重收益，一方面可以减少漏失，另一方面也可以稳定系统压力，从而增加资产的使用寿命。绝大多数破管的发生不是因为供水压力过高，而是由于持续的压力波动迫使管道不断膨胀和收缩，最终造成管道应力集中而破裂。安装一个压力控制装置如减压阀，可全天候帮助降低压力、稳定压力波动及减少管道应力。

利用 PRV 减少系统压力，可设定白天和夜间的压力控制水平。30 m 的压力足够满足绝大多用户的需求。然而，在夜间用户用水量很小时，重力系统压力会很高。为了在夜间以及用水量低的时段启动较低的压力，并进一步降低漏失水平，供水企业应该安装一个可以设定两种压力水平的计时器，一个设在用户需水量较高的白天，另一个设在需水量较低的夜间。夜间的压力设定值一般调整在 15～20 m，低于白天的设定值。

7.4.2 保护水质

建立 DMA 可帮助供水企业预防配水管网中的水质恶化。关闭一定数量的边界阀门来隔离每个 DMA，如同每一个标准 DMA 的建立规程一样，可减少管网中水流的起伏波动，从而使得管道底部积累的沉积物不易被扰动，减少水质污染。

有了更稳定的系统压力，管道的漏失及维修就会减少，供水企业也会因此受益。供水企业可以更准确地定位漏失，这些管道破损通常容易导致泥土和潜在受到污染的地下水渗漏到管道中。维修需求减少会带来系统停水的减少，从而保持沉积物不被扰动。

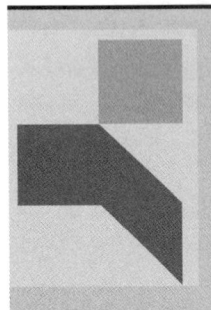

Ranhill 经验：末端管道

Ranhill 确保系统中末端管道的数量降到最少，使死水区减到最少。在凡是有末端管道存在的地方，Ranhill 制定了定期冲刷制度，以确保管道中的水保持新鲜。

每个 DMA 都应该包含一个水质采样点。定期进行采样和测试将有助于分析水质问题,并可协助资产修复团队辨别需要更换或维修的管道。

7.4.3　提供不间断(一天 24 h 一周 7 d)的供水服务

有些系统并非 24 h 持续向用户供水,因此用户更倾向于将水贮存起来,以备供水延误时的用水需求。他们经常贮存比停水期间用水需求更多的水量。当重新恢复供水时,他们又将原来贮存的水排掉重新贮存新鲜水。

因此,间歇供水系统相对连续供水系统而言,通常人均日用水量要高得多。若将间歇供水系统转换成 24 h 连续供水,则会降低用户用水量,从而降低对水厂的供水需求。但是,将整个管网都转换成 24 h 连续供水仍然是个很大的挑战。因为将用水量降低到正常(或者实际用水量)水平,通常需要 5～7 d 的时间。在此期间,水量需求将会非常高,系统压力将会大大降低,致使用户继续贮存水。

将间歇供水系统转换为连续供水系统,可以应用到 DMA 的原理。首先,供水企业应该考虑将一小部分 DMA 逐渐转换成连续供水,引导这些 DMA 内的用户适应新的连续供水系统,减少过度的水量贮存。一旦用水量稳定,这些 DMA 的进水量应该在 5～7 d 内降下来。然后供水企业应该实施漏失检测和用户调查活动使漏损水量降低到一个可接受的水平,为水厂创造出额外的水量。此额外水量可以用来供给其他用水区域。一旦这些试点 DMA 能成功地实现连续供水并能有效降低漏损水量,则可以将下一组 DMA 转换成连续供水。

实现 24 h 连续供水的另一个好处是管网的水压会持续保持稳定,这就意味着污染物从外部渗透到管道中的几率微乎其微。这将确保水质安全,用户可以喝到放心水。

【关键信息】

- 将开放的管网划分成更小的、更易于管理的 DMA,可以使供水企业管理人员在压力控制、水质及无收益水量等方面进行更有效的系统管理。
- 建立 DMA 的准则包括:大小(或者支管的数量)、需要关闭阀门的数量、需要安装水表的数量、地面高程情况,以及可作为 DMA 边界的清晰可见的地形特征等。
- 供水企业管理人员可利用最小夜间流量(MNF)和合法夜间流量(LNF)来计算净夜间流量(NNF),连同表观漏损,来确定 DMA 的无收益水量。
- 建立 DMA 可帮助管理压力、改善水质以及提供不间断的供水服务。

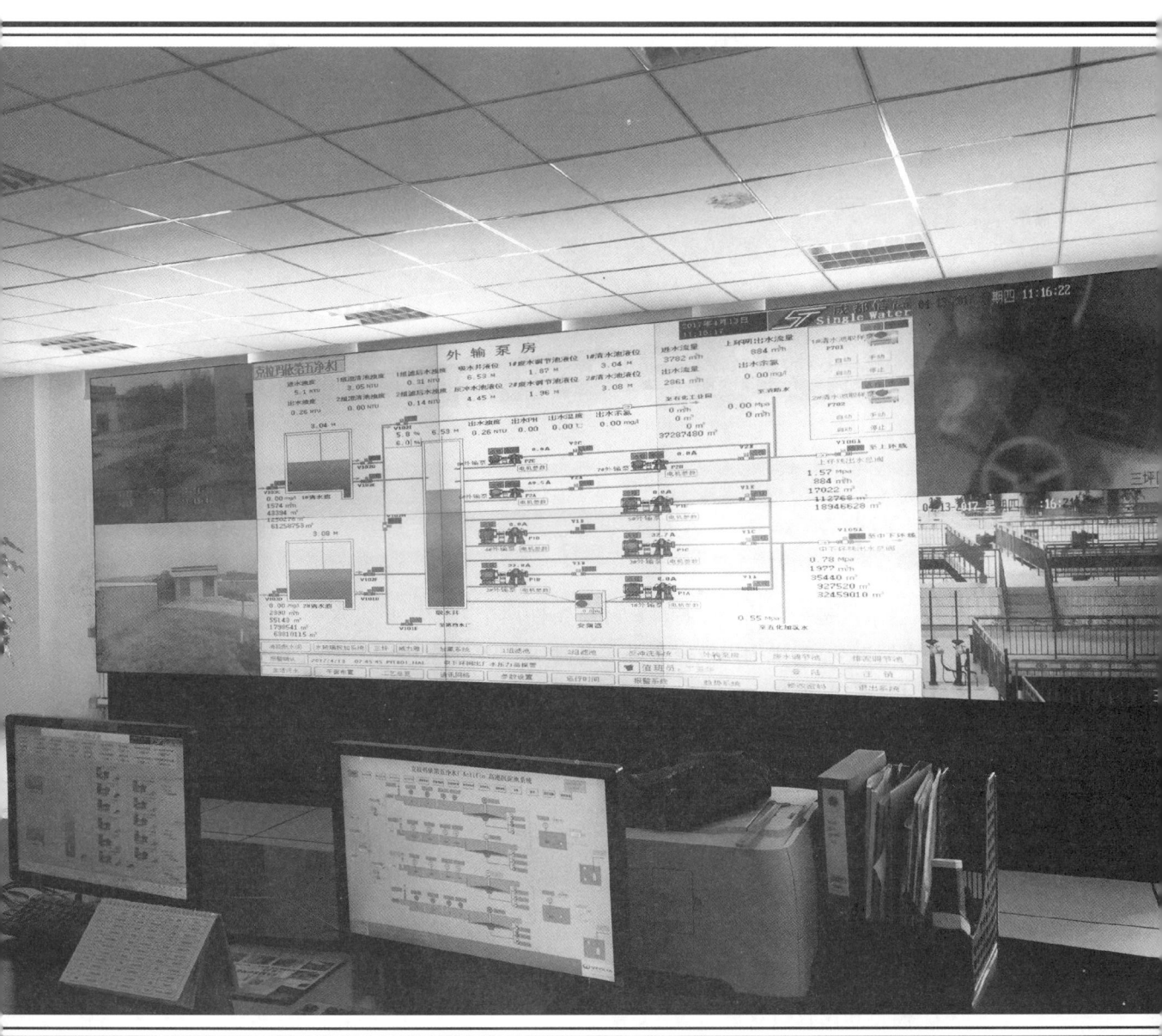

8 无收益水量管理的绩效监管

无收益水量是一种从操作特性和经济特性两个方面衡量供水企业运行效率的标准。管理者、决策者、监管机构以及财务部门通常以行业标准和其他企业为参照,根据无收益水量绩效指标(PI)对供水企业的效益进行分级。本章主要讨论真实漏损和表观漏损的一些常用绩效指标,并对监管方案做简单描述。

8.1 绩效指标的特征

绩效指标为供水企业所能提供的帮助:
(1) 更好地理解漏损水量;
(2) 定义和制定改进目标;
(3) 衡量和比较绩效;
(4) 修订标准;
(5) 监督执行情况;
(6) 投资排序。

一个好的无收益水量绩效指标应该便于理解并且数据来源合理,同时也应能实现对企业定期收集的数据进行快捷的计算和统计。供水企业建立标准的绩效考核指标的最终目的是衡量企业的业绩,以便与其他供水企业进行对比。图 8-1 中的决策树可以有效地帮助管理者根据企业需求和操作环境选择适当的绩效指标。

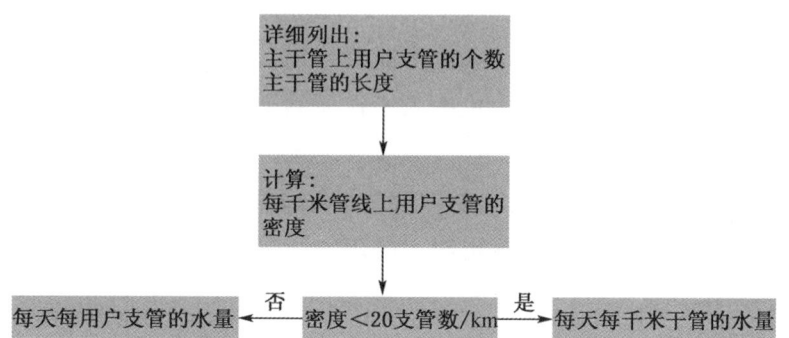

来源：Malcolm Farley and Stuart Trow,《供水管网中的漏失》IWA 出版，2003

图 8-1　选择绩效指标的决策树

供水企业的管理者可以参照图 8-1 为供水管网选择绩效指标。例如,在某个房屋密度大于 20 用户支管/千米干管的城市管网中,这个问题的答案通常是中间底部的方框中沿着"否"的箭头,绩效指标则是每用户支管每天的水量(L/(c·d))。考虑到管网压力的变化,供水企业可以强化绩效指标,用每天每米压力下每用户支管的水量(L/(c·d·m))来表达漏损。

8.2　真实漏损的绩效指标

8.2.1　用百分率表示 NRW

无收益水量传统上用系统供水量的百分率表示,作为绩效指标的一种,它常常使人迷惑,因为它更适用于那些高耗能、低压力、间歇供水的企业,另外,它不能区分真实漏损和表观漏损。即便如此,用系统供水量的百分率表示的无收益水量有时也存在"冲击"的功效 —— 一个最显著的功效就是激励供水企业去学习管网的运营管理绩效和进行水量平衡计算。只要衡量标准始终如一,它同样可用于衡量供水企业逐年的财务绩效。在这种情况下,它应该用价值而不是漏损水量来表示。

8.2.2　真实漏损的其他绩效指标

适用于真实漏损的指标包括:

(1) 每用户支管每天的水量（L/(c·d)）；
(2) 每用户支管每天每米压力下的升水量（L/(c·d·m)）；
(3) 每千米管线每天的升水量（L/(km·d)）；
(4) 供水管网漏失指数（ILI）。

表 8-1 显示了供水管网漏失指数（ILI），以及其他由 IWA《供水服务绩效指标：IWA 最佳实践手册》所推荐的无收益水量和真实漏损绩效指标。L/(c·d) 比用百分率表示无收益水量更精确，但是把系统压力也纳入考核显然是最合理的。基于功能和等级，对 PI 定义如下：

第 1 级（基础）：指标的第一层，提供供水企业管理效率和效能的概念。

第 2 级（中级）：是比第 1 级指标更深入的附加指标，提供给那些需要更进一步了解详情的使用者。

第 3 级（详细）：指标提供了大量的具体细节，适用于高水平的管理机构。

表 8-1 真实漏损和无收益水量推荐指标

属 性	等 级	绩 效 指 标	注 释
经济指标：用水量表示 NRW	第 1 级（基础）	无收益水量的体积（系统录入水量的百分数）	可以用水量平衡计算得出，但没有太大实际意义
运营指标：真实漏损	第 1 级（基础）	每天每用户支管的升水量或者每千米干管每天的升水量（当用户支管密度<20 支管数/km）	最好的传统绩效指标表示方法，用于目标的制定，但是受限于系统之间的比较
运营指标：真实漏损	第 2 级（中级）	每天每用户支管每米压力下的升水量或者每千米干管每天每米压力下的升水量（当用户支管密度<20 支管数/km）	在 ILI 未知的情况下，更容易计算指标，更有益于系统之间的对比
经济指标：用成本表示 NRW	第 3 级（详细）	无收益水量的价值（系统年运营成本的百分数）	无收益水量的单位成本，一个好的经济指标
运营指标：真实漏损	第 3 级（详细）	ILI	当前年真实漏损水量与当年不可避免年漏损水量的比值，是系统之间进行对比最有效的指标

8.2.3 供水管网漏失指数

供水管网漏失指数（ILI）考虑到了管网的运行管理因素，是一项能够反映真实漏损的良好指标。国际水协和美国供水协会都推荐使用该指标。ILI 适用于无收益水量相对较低的地区，比如低于 20%。因为 ILI 能够帮助他们确定哪些区域可以进一步降低。

在当前供水压力下,ILI 能够很好地衡量一个供水管网在控制真实漏失方面的管理水平(如养护、维修和恢复等)。它是当前年真实漏损水量(CAPL)和当前不可避免年真实漏损水量(MAAPL)*的比值。

$$ILI = CAPL/MAAPL^*$$

作为一个比值,ILI 是没有计量单位的,因此对于那些使用不同计量单位的供水企业或者国家,也同样可以采用该指标进行对比。在实际应用中,MAAPL 公式中最初的复杂组件可以用预定义的压力数据所取代:

$$MAAPL = (18 \times L_m + 0.8 \times N_c + 25 \times L_p) \times P$$

式中 L_m——干管长度(km);

N_c——用户支管的数量;

L_p——私有管道的总长度(km)(从物权边界到用户水表);

P——平均压力(m)。

图 8-2 用影响漏失管理的因素阐述了供水管网漏失指数这一概念。中间大的正方形表示年真实漏损水量,它随着管网运行年限的增加而增大,而有效的漏失管理策略可以抑制其增加趋势。中间深色的方框表示的是不可避免的年真实漏损最低值,或者表示当前供水压力下,理论上可达到的年真实漏损最低值。

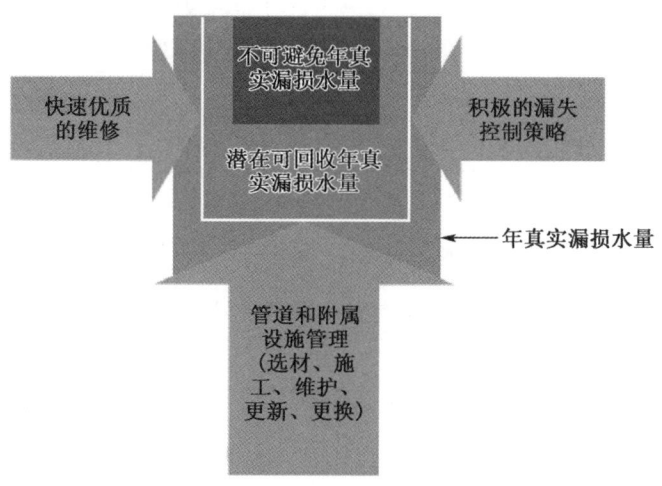

图 8-2 ILI 的概念

CAPL 和 MAAPL 的比值,或者说供水管网漏失指数,是一个从三方面衡量供水企业供水设施管理水平的指标,即维修、管线资产和附属设施管理以及积极的漏失

---

* 注:国际水协把可达到的年最小真实漏损水量(MAAPL),单位 L/d,也称为不可避免的年真实漏损(UARL)。

控制。虽然完善的管理系统可以使供水管网漏失指数达到 1(CAPL = MAAPL),供水企业未必就以此为目标,因为供水管网漏失指数纯粹是一个技术指标,而未考虑经济因素。

供水管网漏失指数的计算:
第一步:计算不可避免年真实漏损水量;
第二步:计算当前年真实漏损水量(利用水量平衡表);
第三步:计算供水管网漏失指数(CAPL/MAAPL);
第四步:校准间歇供水(用平均的日供水小时数校核 MAAPL);
第五步:用真实漏损目标矩阵对比供水管网漏失指数(表 8-2)。

表 8-2　　　　　　　　　　　真实漏损目标矩阵

分类		ILI	真实漏损(L/(c·d))平均压力条件下				
			10 m	20 m	30 m	40 m	50 m
发达国家	A	1~2		<50	<75	<100	<125
	B	2~4		50~100	75~150	100~200	125~250
	C	4~8		100~200	150~300	200~400	250~500
	D	>8		>200	>300	>400	>500
发展中国家	A	1~4	<50	<100	<150	<200	<250
	B	4~8	50~100	100~200	150~300	200~400	250~500
	C	8~16	100~200	200~400	300~600	400~800	500~1 000
	D	>16	>200	>400	>600	>800	>1 000

来源:世界银行组织。

真实漏损目标矩阵显示了供水企业在不同水平、不同管网压力条件下,预期的供水管网漏失指数和真实漏损水量(L/(c·d))。供水企业的管理者可以根据该矩阵图指导远期管网的规划和改善:

类别 A——优秀。进一步减少漏损可能是不经济的,需要认真分析需求从而达到成本效益最优。

类别 B——具备明显改善的潜力。通过有效的压力管理、积极的漏损控制和有效的维修可以明显得到改善。

类别 C——差。只有在区域水资源充沛、价格低廉的情况下才可以容忍,即便如此,也要努力降低无收益水量。

类别 D——劣。这部分供水企业浪费水资源现象严重,采取措施降低无收益水量势在必行。

8.3 表观漏损的绩效指标

国际水协漏控专责小组也提出了一个和供水管网漏失指数相似的表观漏损绩效指标。该指标以售水量的 5% 为基准,真实的表观漏损水量与该数值进行比照,就是表观漏损指数。

表观漏损指标(ALI) = 表观漏损的水量 / 售水量的 5%

采用供水量的百分率来表示表观漏损通常是不准确的,因为它不能够反映漏损水量的经济价值。目前,衡量表观漏损的最佳指标是合法用水量的百分率。

8.4 实施监督程序

如果一个供水企业着手实施无收益水量的管理策略,需要对上文提到的部分或者全部指标建立监测系统。因为它涵盖全供水企业的业务,需要成立一个独立的组织对其审查。无收益水量审查小组不需要对任何降低无收益水量的实际活动负责,而应该专注于审计所有的与无收益水量有关的政策及方案。

执行无收益水量管理策略是一个长期的过程,通常需要 4~7 年。在此期间,工作人员会发生变动,无收益水量审计小组需要特别关注那些新进的人员,因为他们是无收益水量管理团队里非常重要的群体。

无收益水量审查小组需要为每个部门选用一个或多个指标作为年度目标和每月的考核指标。指标的数量和类型要根据部门和工作类型制定。例如,管网部门负责泄露探测和维修,这样,可以采用升/(用户支管数·天)(L/(c·d))或者升/(用户支管数·千米)(L/(c·km))表示真实漏损。

供水企业应该不间断地监控 NRW 控制水平

每月召开的无收益水量管理策略进度会议,所有部门都要派代表参加,以共同讨论进展情况及遇到的问题。管理团队中的资深成员负责主持会议,强调推进无收益水量策略的重要性。无收益水量审查小组的组长需要提供详细的技术报告和工作报告,以协助主持人。

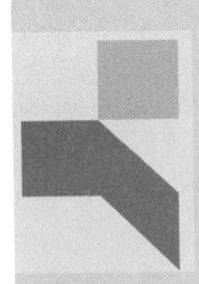

Ranhill 经验：监督无收益水量策略的执行

Ranhill 创建了一个无收益水量审查小组，负责监督无收益水量策略的执行情况。这个小组负责监督各个部门和外部承包商的每月工作进度，以达成公司平衡计分卡所设定的目标。这个计分卡和目标在每年的管理部门务虚会上制定，并确保每个部门共同参与。

【关键信息】

- 供水企业管理者采用绩效指标衡量降低无收益水量措施的工作进度，制定标准，决策投资排序。
- 供水管网漏失指数是衡量真实漏损水量的最佳绩效指标。
- 表观漏损指标是衡量表观漏损的一个常用绩效指标。目前，最佳表观漏损指标是用合法用水量的百分比来衡量。
- 供水企业管理者必需成立一个独立的无收益水量审查小组，来监管无收益水量策略的执行情况。
- 绩效目标应该建立在每年的不断改善的监管机制和每月报告的基础上。

9 案例研究：通过供水企业间的合作伙伴关系提升无收益水量管理能力

在亚洲，特别是那些水量逐渐减少、水质恶化、设施老化的地区，减少和管理无收益水量对于很多供水企业及服务提供者而言，仍然是一个挑战。为克服这些挑战，供水服务提供者已证实："合作"或集中持续性的企业间交流，有助于改进政策、采用最佳实践，并提升建立人力资源和管理机构体系的能力。

本章介绍因有效管理和减少无收益水量而获得认可的马来西亚 Ranhill 公司与亚洲两个自来水公司——泰国地方水务局（简称 PWA）和越南 Bac Ninh 给排水公司（简称 Bac Ninh）之间的合作伙伴关系。两个合作伙伴均强调：执行 Ranhill 最佳实践和从业者之间的交流，有助于供水企业应对无收益水量的管理。这些合作伙伴机构均汲取了本手册阐述的经验和最佳实践，并为本手册的编撰做出了贡献。

ECO-Asia 和美国国际开发署水资源和卫生项目为 Ranhill 的两个合作伙伴提供了直接资助。为协助千禧年发展目标（MDGs）的实现，ECO-Asia 在整个亚洲展示了合作协议是如何帮助城市供水企业应对减少漏损和提高运行效率的挑战的。ECO-Asia 促使企业间建立联系，致力于解决无收益水量管理等具体的优先需求。企业通过这些合作模式，提高了自力更生和长期可持续发展的能力。从长远看，这不仅能提高效率，而且可以

> **合作关系与水务运营合作伙伴**
>
> 在2006年第四届世界水论坛上,联合国秘书长水资源和卫生咨询委员会发布了桥本行动计划,号召为开展和协调水务运营合作伙伴(WOPs)关系建立平台,致力于提高目前提供90%以上水资源和卫生服务的公共水务经营者的管理能力,他们是实现供水和卫生千禧年发展目标的关键角色。

扩大服务范围并增加收益。

2006—2007年,ECO-Asia先后促成了Ranhill和PWA、Ranhill和Bac Ninh之间的合作。Ranhill-PWA的联系,注重加强PWA按照Ranhill采用的国际最佳实践来识别无收益水量组成(见第2章和第3章),提高高层决策者对于无收益水量管理的认识(第4章),推广计量分区(DMA)的管理知识(第7章)。Ranhill-Bac Ninh伙伴关系的重点是建立Bac Ninh核心员工理解和执行水量平衡的能力(第2章),根据Ranhill的经验初步理解无收益水量的组成(第5章和第6章),特别是进行DMA设计与Ranhill最佳实践的成果示范(第7章)。ECO-Asia在这些合作安排中,帮助从业者之间相互交流马来西亚柔佛州Ranhill公司的解决实际问题的方案和措施。

9.1 合作方法

9.1.1 了解优先事项并促成联系

在供水企业间的合作项目中,ECO-Asia所联系企业的技术领域包括服务的改进(比如改善水质和减少水量漏损)、扩大服务范围到城镇贫穷地区、转变系统为连续供水等。在一个典型的合作项目中,ECO-Asia指定一个在解决具体问题方面具有成功经验并愿意分享其知识和创新的"指导者"作为推动者。ECO-Asia积极识别潜在联系,匹配对应机构,有效推进了合作伙伴关系的启动、建立和实施。ECO-Asia建立互惠互利的伙伴关系的行动,切实改善了亚洲供水企业的供水服务及其他相关事业。

在泰国PWA的案例中,PWA优先考虑的是加强其理解和管理无收益水量的能力,特别是对DMA管理的能力。与之类似,Bac Ninh对于确定和解决无收益水量的主要组成及DMA

从业者通过分享最佳实务和最新的制度来加强能力建设,以便切实理解并提高对NRW的管理

设计、建设与运行相关的工程实践感兴趣。为了帮助两个合作伙伴联系对应机构，ECO-Asia 在此地区选择了各种成功减少无收益水量并对合作伙伴感兴趣的机构进行了解。在所接触过的几个机构中，Ranhill 同意作为 PWA 和 BacNinll 的"指导者"，与其分享最佳实践和技术经验。PWA 和 Bac Ninh 同意作为"接受者"，与 Ranhill 建立联系。

合作原则

- 专业的交流构成了合作伙伴关系的基础。
- 从合作伙伴关系获得的利益是相互的，但未必相同。
- 合作伙伴关系由符合合作伙伴策略、计划和兴趣的需求驱动，以活动的结果为导向，确保采取最佳的实践和行动，从而取得切实的改善和成果。
- 合作伙伴间在成本分担的基础上进行合作，提供实物和资金支持。
- 所有的合作伙伴关系建立在非盈利的基础上。

作为合作的第一步，合作机构之间的详细讨论能够促进了解双方的共同利益。ECO-Asia 通过推进这些讨论并促成现场调研，使 Ranhill 的从业人员熟悉每个"接受者"国家面临的运营挑战。初期引导的结果是建立信任和联系、了解每个合作方的兴趣和合作动机。

9.1.2 准备实施合作伙伴关系以实现结果

在每个合作计划启动后，ECO-Asia 帮助制定联合计划和工作方案，使得 Ranhill 可以根据其他合作伙伴方的需要分享其最佳实践。在这两个案例中，合作伙伴方设定"里程碑"，并分配资源以实施工作方案中的行动。在这两个计划中，合作伙伴方均致力于建立管理无收益水量的能力，及采取最佳实践减少无收益水量。ECO-Asia 督促工作计划进展，调配必要的资源，以保障工作计划的实施和结果的取得。在同意联合计划的基础上，每个合作计划的伙伴方签署协议，承诺实施合作行动并实现预期结果。

建立有效的合作伙伴关系的基本步骤

1. 识别——识别可能的合作伙伴，了解其优先事项和利益；
2. 选择——选择恰当的合作伙伴进行合作；
3. 启动——介绍合作伙伴；
4. 成立——从共同工作和设定目标开始；
5. 实施——共同取得成果；
6. 复制——扩展和复制合作伙伴关系和最佳实践。

9.2 合作行动

合作行动通常包括点对点的交流、专业教室、在职培训、技术支持、短期实习、当前系统同行评议、技术示范和工作研讨。在实施这些行动过程中,合作伙伴双方均为研讨会的承办、翻译服务和当地交通等提供实物或现金支持。

在 Ranhill-PWA 伙伴关系中,开展了一系列包括专业教室、在职培训、现场实践等活动,帮助传授实际解决方案。最初,Ranhill 培训 PWA 高级管理人员和运营员工如何更好地理解 NRW 及其对于企业资金和运营的影响。在培训的基础上,员工学会了如何建立一个国际认可的水量平衡表,以查明无收益水量的关键来源,再进行关于减少无收益水量方法的实地培训,比如 DMA 设计与建立等。

尽管 Ranhill-Bac Ninh 计划与上述合作行动比较类似,但是 Ranhill 还为 Bac Ninh 提供了额外的关于设计和建立 DMA 的技术支持。Ranhill 介绍了建立和监测 DMA 所需特定设备的供应商,并帮助 Bac Ninh 正确地设计和运行试点 DMA 小区。

PWA 和 Bac Ninh 的主要管理者也调研了 Ranhill 在柔佛的运营情况,以加深对减少无收益水量技术的理解。在调研过程中,Ranhill 分享其有效管理无收益水量的实践方法和现场经验。

ECO-Asia 支持和监督所有行动,以便 Ranhill 传授给 PWA 和 Bac Ninh 的最佳实践和解决方案具有整体性和可移植性。

9.3 合作伙伴成果描述

ECO-Asia 的合作伙伴模式展示了如何通过区域合作在同行中分享最佳实践,并使参与方受益,尽管受益形式和结果有所不同。Ranhill 与 PWA 和 Bac Ninh 在合作过程中分享了本手册所提及的关于减少无收益水量的最佳实践。

9.3.1 泰国地方水务局

PWA 特别提到,合作计划使得其管理人员和员工采用最新的手段支持更好的无收益水量管理政策的实施。与 Ranhill 进行合作取得的主要结果包括:

(1) 主要员工从应用一个已翻译成泰文的免费软件所提供的国际水量平衡表中获得实践知识,并使用水量平

PWA 工程师通过学习 Ranhill 执行的切实可行的办法,分析关键区域的数据,确定漏失水量

衡结果系统性地解决无收益水量问题(见第2章和第3章)。

(2) 高层决策者基本了解到正确识别和有效管理无收益水量组成的重要性(见第4章)。

(3) 地区培训中心集成了 Ranhill 提供的一些培训模块,对主要员工进行无收益水量管理的培训,确保降低无收益水量目标的实现。采用的主要模块包括执行水审计、识别无收益水量组成、发展无收益水量管理策略、理解及管理 DMA。

(4) 负责制定远期 DMA 合同具体计划书的技术人员,引入了 Ranhill 提供的 DMA 设计标准、原则和现场试运行流程等(见第7章)。

(5) 一些工程师和管理者运用亲身经历和实用技术来对 DMA 进行管理,包括在服务区内收集和分析 DMA 数据、核查 DMA 设施、监管绩效、维持 NRW 水平。

(6) 工程师选择使用 Ranhill 提供的简单表格监测最小夜间流量、定位漏损、计算压力、监测用户水表计量性能(见第6章和第7章)。

"通过合作伙伴与 Ranhill 同行共同工作,真的使 PWA 管理者和员工更好地了解到减少漏损和管理无收益水量的关键步骤和实际方法。我们重视信息与经验的分享和传递,这样,我们可以获得国际最佳实务经验,并立即改善我们的运营水平。"

——PWA 规划与技术事务副总裁,Vichian Udomratanasilpa

9.3.2 越南 Bac Ninh 给排水公司

对于 Bac Ninh,合作伙伴关系加强了员工对无收益水量管理的基本理解,介绍了降低无收益水量的多种策略,从而帮助员工建立了改进运营的能力。与 Ranhill 合作的主要结果包括:

(1) 提高了从技术到非技术部门的主要员工对无收益水量的理解,尤其是在识别产生无收益水量的主要成因,开发管理无收益水量的实际解决方案,以及将执行水量平衡作为关键步骤用于无收益水量的管理等方面(见第2章到第4章)。

(2) 技术人员在分散的服务区执行水量平衡,将不合理的无收益水量归因于不恰当的收费过程,这是表观漏损的主要来源(见第5章)。

(3) 技术人员为建立 DMA,将 Ranhill 介绍的最佳实践,如确保合适的水压、关闭所有边界阀门等纳入到现有的步骤中,并在 DMA 试验小区中测试(见第6章和第7章)。

(4) 主要工程师与 Ranhill 一起工作,修正目前的 DMA 设计,以实现培训以后能够改进无收益水量的管理。

在 Bac Ninh 和 Vietnam, Ranhill 专家手把手地与合作者一起工作,来测试 DMA 小区的运作情况

（5）在部分 DMA 试验小区，Bac Ninh 在 Ranhill 的指导下，购买了关键设备，如数据自动记录仪和大型水表等，以降低无收益水量（见第 7 章）。

9.3.3　马来西亚 Ranhill 自来水公司

与 PWA 和 Bac Ninh 的合作伙伴关系使 Ranhill 在以下方面受益：

（1）合作展示了 Ranhill 在供水服务方面的实力，符合 Ranhill 要将其服务扩展到马来西亚以外的战略计划。

（2）合作伙伴关系为 Ranhill 员工提供了一个通过新挑战认识自我和马来西亚以外的供水服务运营状况的平台。

（3）Ranhill 员工与泰国和越南的专家共同形成工作网络，可能带来附属的商业契机。

（4）Ranhill 员工增加了在泰国和越南行动组合的价值，在亚洲赢得知名度。

"我们相信合作计划增加了 Ranhill 定位于全球领先品牌企业策略的价值。合作帮助我们的员工了解马来西亚以外面临的挑战和状况，帮助他们为未来作出准备，使他们能与其他服务商建立联系网络，创造附属商机。它还为我们提供了借助我们的力量帮助其他企业，为客户提供更好服务的机会，从而增强了使我们的服务达到国际水平的信心。"

——Ranhill Utilities Berhad 首席执行官 Ahmad Zahdi Jamil

通过 WaterLinks 促进合作伙伴关系

为促进合作，ECO-Asia 提供了 WaterLinks（www.WaterLinks.org）支持，这是一个能促进和保持合作伙伴关系、分享亚洲信息和最佳实践的区域知识枢纽和平台。

【关键信息】

- 全球供水机构已证实"合作"对于改进政策、采用最佳实践、建立人力资源和机构能力的价值。
- 有效的合作伙伴关系是需求驱动的，以采用和扶植最佳实务和解决方案为目标，协调"接受者"和"指导者"伙伴双方的兴趣和优先考虑事项。
- 尽管受益的形式和结果不同，合作模式展示了如何通过地区合作在同行间分享最佳实务的工作方式，使所有的参与方受益。
- 合作行动通常包括点对点交流、专业教室、在职培训、技术支持、短期实习、当前系统的同行评议、技术示范和工作研讨等。在实施这些活动过程中，合作伙伴提供实物或资金资助。
- 合作伙伴关系促使合作方的交流，帮助企业提高在供水服务（比如无收益水量损失）、扩展业务和转变为连续供水模式时的能力。

附录 A 专业术语

A.1 定义水量平衡表(Water Balance Definitions)

表 A.1　　　　　　　　　水量平衡表(Water Balance)

系统供给水量	合法用水量	收费的合法用水量	收费计量用水量	收益水量
			收费未计量用水量	
		未收费的合法用水量	未收费已计量用水量	无收益水量
			未收费未计量用水量	
	漏损水量	表观漏损	非法用水量	
			因用户计量误差和数据处理错误造成的损失水量	
		真实漏损	输配水干管漏失水量	
			蓄水池漏失和溢流水量	
			用户支管至计量表具之间漏失水量	

下面各项专业术语,均已在上面的水量平衡表格中列出。尽管有些术语不需要另外加以说明,但为保持一致性,也列了出来。

系统供给水量(System Input Volume)

从制水厂输入到和水量平衡表中计算相关的供水管网系统中的那部分水量。

合法用水量（Authorized Consumption）

以家庭、商业和工业使用为目的，由注册用户、水产品供应商或那些被水产品供应商间接或者直接授权的运营商提供的已计量的和（或）未计量的水量。这部分水量也包括了跨界输水的水量。

合法用水量也包括了消防与演练、输水干管和排水管道冲刷、街道清洗、市政公园用水、公共喷泉、防冻保护及建筑的用水等。这部分水量可能被计量或未被计量，也可能收费或不收费。

漏损水量（Water Losses）

系统供给水量与合法用水量的差值即为漏损水量。漏损水量可视为整个系统、输配水系统或子区域的总的漏损水量。漏损水量由物理漏损和商业漏损构成（也称为真实漏损和表观漏损）。

收费的合法用水量（Billed Authorized Consumption）

合法用水量中已收费且能产生收益的那部分水量（也称为收益水量），等于收费计量用水量与收费未计量用水量之和。

未收费合法用水量（Unbilled Authorized Consumption）

合法用水量中合法的但未收费从而未产生收益的那部分水量，等于未收费已计量用水量与未收费未计量用水量之和。

商业漏损（Commercial Losses）

商业漏损包含因用户水表计量不准确以及数据处理错误（水表读取和收费中）因素造成损失的用水量，加上不合法的用水量（偷水或者非法用水）。

商业漏损被国际水协称为表观漏损，在一些国家也被称为"非技术性漏损"。

物理漏损（Physical Losses）

物理漏损源自加压系统和供水企业的蓄水池，一直延伸到用户端，在计量系统中，指的是到用户计量表具；在未计量的情况下，指的是到用户边界的接水点（停水龙头/水龙头）。物理漏损被国际水协称为真实漏损，在一些国家也被称为"技术性漏损"。

收费计量用水量（Billed Metered Consumption）

收费计量用水量指所有已计量且已收费的用水量。这包括已计量且已收费的所有类型的用户的水量，如居民、商业、工业或公共机构，也包括跨界转输的水量。

收费未计量用水量（Billed Unmetered Consumption）

收费未计量用水量指所有收费的基于估计或者规范计算的但未计量的用水量。在整个计量系统中，这可能是很小的组成部分（例如，根据用户一定时期的用水量估算进行收费是不合要求的），但在无统一计量的系统中，这可能占主要的用水组分。也包括未计量已收费的跨界转输水量。

未收费已计量用水量（Unbilled Metered Consumption）

未收费已计量用水量指由于某种原因已计量但未收费的用水量。举例来说，这可能包括供水企业自用水或者免费提供给公共机构的用水，也包括跨界转输的已计量但未收费的水量。

未收费未计量用水量（Unbilled Unmetered Consumption）

未收费未计量用水量指未收费也未计量的合法的用水量。一般包括消防、输水干管和排水管道冲刷、街道清洗、防冻保护用水等。对于好的供水运营商来说，这往往是很小的组分但已被充分考虑。理论上讲，它也包括未收费未计量的跨界转输水量，尽管这种情况几乎不太可能出现。

非法用水量（Unauthorized Consumption）

非法用水量即任何非法的用水。这包括非法从消火栓取水（例如出于施工的目的）、非法连接、旁通接管或者篡改水表等。

因用户计量误差和数据处理错误造成损失的水量（Customer Metering Inaccuracies and Data Handling Errors）

在计量和收费系统中，由于用户计量误差和数据处理错误造成的表观漏损。

输配水干管漏失水量（Leakage on Transmission and/or Distribution Mains）

来自输配水管道的漏失或者破管造成的漏失水量。这部分或是小的未被发现的暗漏（例如发生在管道连接处），或者是已被发现并被修复的破裂管道，但很明显在此之前它已泄漏了一段时间。

蓄水池漏失和溢流水量（Leakage and Overflows at Utility's Storage Tanks）

由于运行或者技术问题造成蓄水池结构出现泄露或溢流造成的漏失水量。

用户支管至计量表具之间的漏失水量（Leakage on Service Connections up to Point of Customer Metering）

指的是从分水点到用水点（在计量系统中，指的是用户水表；在未计量情况下指的是用户物权范围内的第一个用水点）之间的用户支管的漏损或破管水量。用户支管的漏失可能是明漏，但以不露出表面却会持续很长时间（经常为几年）的小漏为主。

收益水量（Revenue Water）

合法用水量中已收费且能产生收益的那部分水量（也称为收费的合法用水量）。等于收费计量用水量与收费未计量用水量之和。

无收益水量（Non-Revenue Water）

系统供给水量中未收费也未产生收益的组分。等于未收费的合法用水量、真实漏损和表观漏损水量之和。

未予说明的水量（Unaccounted-for Water）

由于"Unaccounted-for Water"对漏损水量的解释和定义过于宽泛，所以强烈建议不再使用这个词。未予说明水量相当于水量平衡表中的漏损水量"Water Losses"。

A.2 理解漏损(Understanding Leakage)

背景漏失(Background Leakage)

背景漏失(也称为背景漏损)是个体事件(小流量漏失),它持续出流但由于漏量过小以至于通过积极的漏失控制策略难以检测到,除非被偶然检测到或者它们逐渐恶化达到能被检测到的临界点。这个词难以翻译,它通常被认为是"不可避免的漏损"。背景漏失的程度取决于整体的基础设施状况、管材和土壤条件。进一步来说,背景漏失受到压力因素的影响明显($N_1=1.5$ 或者更高情况下)。

破管漏失(Bursts)

比背景漏失漏量大的事件,因此通过标准的检漏技术可检测到。破管漏失是可见的,也可是隐蔽的。

明漏(Reported Bursts)

明漏是可见的漏失,能通过公众或供水组织自己巡线引起供水企业的关注。

暗漏(Unreported Bursts)

暗漏是被检漏队定位并作为他们日常积极漏失控制任务一部分的那部分漏失。如果没有某种形式的积极的漏失控制策略,难以发现暗漏。

如果没有可利用的详细数据,供水企业的管理者可参照表中所列的近似流量。估计的背景漏失与潜在漏损(当前未被探测到的漏失)可添加进去。

表 A.2 　　　　　　　明漏和暗漏的流量

破管位置	明漏的流量[L/(h·m) pressure]	暗漏的流量[L/(h·m) pressure]
主干管	240	120
用户支管	32	32

来源:国际水协漏控专责小组。

背景漏失是个体事件(小的漏点或连接处渗水),它的流量太小以致难以用积极的漏损调查方式发现。它们最终被偶然探测到,或逐步恶化到积极的漏损探测调查能发现。

表 A.3 显示了一般管网条件下,不同的管道部位产生的背景漏失。

表 A.3 　　　　　　　背景漏失的计算

主干管	9.6	Litres per km of mains per day per metre of pressure L/(km·d·m)
用户支管—主干管至用户物权的边界	0.6	Litres per service connection per day per metre of pressure L/(c·d·m)
用户支管—物权边界至用户水表	16.0	Litres per km of service connection per day per metre of pressure L/(km·d·m)

来源:国际水协漏控专责小组。

积极漏失控制策略(Active Leakage Control, ALC)

ALC 是供水企业决定是否查找隐蔽漏失而采用的一种策略。ALC 基本的方式为使用听音棒或者电子设备定期听音(在消火栓、阀门、可接触的用户支管部分(例如停水阀)监听漏失噪音)。

漏失持续时间(Leak Duration)

漏失持续时间由三部分组成——引起关注的时间、定位时间和维修时间。

引起关注的时间(Awareness Time)

引起关注的时间是一个平均的时间段,指从漏失的发生到供水企业意识到漏失存在之间的时间长度。它受到采用的积极漏损控制策略(ALC)的影响。

定位时间(Location Time)

对于明漏,这个时间指供水企业通过调查报告出现漏失或破管,并准确定位以使维修能够开展所需时间。对于暗漏,取决于运用的 ALC 方法,由于在探漏过程中找到漏点位置,所以定位的时间可能为零,因此引起关注和定位事件同时发生。

维修时间(Repair Time)

漏失定位后,供水企业组织维修所需时间。

N_1 值(N_1 Factor)

N_1 值用来计算压力和漏失量之间的关系:

漏失率 L(流量/单位时间)随压力的 N_1 次方变化,或 $L_1/L_0 = (P_1/P_0)^{N_1}$,在压力系统中,$N_1$ 值越大,漏失流量比率变化越敏感。N_1 值的范围在 0.5(仅在有腐蚀孔洞的金属管系统)和 1.5 之间,偶尔会达到 2.5。在多种材质的管道系统中,N_1 值可能在 1 和 1.5 之间。因而可假定初始呈线性关系,直至开展 N_1 值分步测试取得比较好的数据。

N_1 值分步测试(N_1 Step Test)

N_1 值分步测试法用于确定区域配水系统的 N_1 值。进入该区域的流量和均压点的压力被记录。在测试过程中,该区域的进口压力随一系列步骤递减。压力的削减和相应的流量削减形成了计算 N_1 值的基础。

压力分步测试(Pressure Step Test)

等同于 N_1 值分步测试。

均压点(Average Zone Point, AZP)

均压点是配水系统某区域的一个点,他代表了配水系统特定区域的平均压力。

A.3 定量漏损(Quantifying Losses)

真实漏损组分分析(Physical Loss Component Analysis)

为了计算配水系统真实漏损的期望水平,需确定和定量真实漏损各组分。

破管和背景漏失估算概念（BABE Concepts）

BABE 概念是首个组分分析的模型。

破管和背景漏失估算的概念于 1991 年至 1993 年由英国全国漏损控制倡议小组提出。这个概念第一次客观地，而不是凭经验，对真实漏损建立模型，因此凭借理性的规划管理和运行控制产生漏损控制策略。

漏失建模（Leakage Modeling）

漏失建模是分析配水系统中水力离散区域 24 h 进流量与压力数据的方法。利用 N_1 压力与漏量关系的原理和 N_1 值分步测试结果，测量的进流量可分为以下几个部分：

（1）用水量；

（2）漏损水量，其进一步可分为：

① 背景漏失。

② 破管漏失（可修复的漏损）。

等价管线破管比率（Equivalent Service Pipe Bursts, ESPBs）

等价管线破管比率的数量表示配水管网某区域有多少估计的潜在漏失。通过潜在漏失的水量除以平均的服务管线破管漏损水量计算得到。

潜在漏损（额外的漏损）（Hidden Losses / Excess Losses）

真实漏损组成分析用来确定其他所有漏损组分中"额外的"那部分真实漏损。潜在漏损的水量代表了用当前的漏损控制策略没有探测到或修复的那部分"潜在的"漏损水量。

潜在漏损包括在当前的漏失控制策略下未被发现或修复的那部分漏损。

$$潜在漏损 = 水量平衡表中的真实漏损 - 已知的真实漏失组分$$

计量分区（District Metered Area, DMA）

由流量计和/或关闭阀门封闭的有固定边界的离散区域。

夜间流量测试（Night Flow Test, NFT）

在夜间时段，一般在凌晨两点到四点，通过测试夜间最小流量和相应的区域夜间平均压力，开展的区域进流量与压力测试。

区域夜间平均压力（Average Zone Night Pressure, AZNP）

区域夜间平均压力是在夜间（低用水量下）测得的均压点的压力。

最小夜间流量（Minimum Night Flow, MNF）

最小夜间流量在城市里一般发生在凌晨时段，通常在两点到四点之间。就真实漏损的水平而言，最小夜间流量是最有意义的数据片段。在此期间，用水量处于最低值，因此真实漏损占总流量的比例最大。估计最小夜间流量下的真实漏损可通过减去每一个连接到研究区域用户的估定的最小夜间用水量得到。

最小夜间用水量(Minimum Night Consumption)

最小夜间用水量是最小夜间流量的一部分,通常由三部分组成:

(1) 居民用户夜间用水量;

(2) 非居民用户夜间用水量;

(3) 异常的夜间用水量。

净夜间流量(Net Night Flow)

净夜间流量是最小夜间流量和最小夜间用水量之差,等同于夜间漏失水量。

$$净夜间流量 = 最小夜间流量 - 最小夜间用水量$$

A.4 绩效指标(Performance Indicators)

供水管网漏失指数(Infrastructure Leakage Index, ILI)

供水管网漏失指数是在当前运行压力下,衡量一个配水系统为控制真实漏失在管网维护、维修和修复方面管理水平的指标。它为当前年真实漏损水量(CAPL)与可达到的年最小真实漏损水量(MAAPL)的比值:

$$ILI = CAPL/MAAPL$$

由于是一个比值,供水管网漏失指数 ILI 没有单位,因此它有利于在应用不同量纲(米制、美制或英制)的国家之间进行比对。

可达到的年最小真实漏损水量(Minimum Achievable Annual Physical Losses, MAAPL)

真实漏损不能完全消除。对于一个维护与管理良好的系统来说,可达到的年最小真实漏损水量代表技术上可达到的年真实漏损的最低值。针对不同系统,国际水协漏控专责小组提出和测试了计算 MAAPL 的标准公式:

(1) 背景漏失——小的漏失,不可见,因漏量太小而不能被声波探测到;

(2) 明漏与破管——根据发生的频率、流速特性、目标平均持续时间;

(3) 暗漏与破管——根据发生的频率、流速特性、目标平均持续时间;

(4) 压力/漏量关系(假设呈线性关系)。

MAAPL 公式计算需要四个关键的系统特征因子的数据:

(1) 干管(除用户支管外的所有管道)的长度。

(2) 用户支管的数量。

(3) 在房屋物权边界与用户水表之间的用户支管的长度(注意:这不等同于用户支管总长度。用户支管在干管分支点处的漏失已经包含在每个用户支管的分摊中。私人领地内的用户支管长度的其他分摊考虑到长时间明显的漏损未被公众发现的因素。在多数的城市中,如果用户水表在建筑物内部,房屋物权边界与用户水表之间的用户支管显然为零)。

(4) 平均运行压力。

国际水协把可达到的年最小真实漏损水量(MAAPL)称为"不可避免的年真实漏损"(UARL)。

A.5 其他词汇对照表

序号	英文	中文
1	International Water Association	国际水协会 IWA
2	the IWA Water Losses Task Force	IWA 漏损专责小组
3	World Bank	世界银行 WB
4	Asia Development Bank	亚洲开发银行 ADB
5	American Water Works Association	美国供水协会 AWWA
6	Asset Management	资产管理
7	Infrastructure Condition Factor	管网状况因子 ICF
8	T factor (NDF)	T 因子(昼夜因子)
9	Unavoidable Annual Real Losses	不可避免的年真实漏损水量 UARL
10	Unavoidable Annual Apparent Losses	不可避免的年表观漏损水量 UAAL
11	Fixed and Variable Area Discharges	固定与可变面积出流理论 FAVAD
12	Pressure Management	压力管理
13	Economic Level of Leakage	经济的漏损水平 ELL
14	Economic Level of Real Losses	经济的真实漏损水平 ELRL
15	Economic Level of Apparent losses	经济的表观漏损水平 ELAL
16	gas injection method	气体(注入)法
17	tracer gas	示踪气体
18	manual listening stick	人工听音杆
19	pinpoint	定点(定位)
20	leak noise correlation	漏失噪音相关法(仪)
21	sensors	传感器
22	correlation using accelerometers	带加速感应的相关法(仪)
23	correlation using hydrophone	带水诊器的相关法(仪)
24	in-line leak detection techniques	内窥漏失检测技术

续表

序号	英文	中文
25	tethered system	绳索系统
26	free swimming system	自由漂流系统
27	CCTV	闭路电视系统
28	noise logger	噪音记录器
29	electronic amplified listening devices	电子放大听音装置(听漏仪)
30	PVC-U	聚氯乙烯管
31	PE	聚乙烯管
32	HDPE	高密度聚乙烯管
33	DI	球墨铸铁管
34	CI	灰口铸铁管
35	Pressure Zero Test(PZT)	零压力测试
36	step test(ST)	分步测试
37	boundary /zone valve	边界阀
38	circulating valve	环绕阀
39	step test valve	分步测试阀
40	Sluice Valve	进水阀
41	HNM(Hydraulic network model)	管网水力模型
42	WTP(Water treatment plant)	净水厂
43	transmission mains	输水干管
44	trunk mains(feeder mains)	配水干管,亦称一级配水管
45	peak hour Factor	高峰时段因子
46	Season peak Factor	季节因子
47	Gravity distribution system	重力配水系统
48	pumped distribution system	压力配水系统
49	Hydraulic Grade Line(HGL)	水力梯度线
50	head	水头(绝对压力)
51	pressure	水压(相对压力)
52	O & M	运行与维护
53	Buffer storage	调节水库(水池)
54	booster pump station	中途泵站
55	Fire flow	消防水量

续表

序号	英文	中文
56	conceptual design	概念设计
57	master plan	总体规划
58	FSR	可行性研究报告
59	existing pipe	现状管道
60	newly pipe	新铺管道
61	reline pipe	内衬管道
62	replace pipe	更新的管道
63	Tee pipe	三通
64	Elbow	弯头
65	Chamber	井室
66	priority customer	大的或敏感的用户
67	consumption type	用水类型
68	L/S survey	用地（地下管线）调查
69	Entry point	DMA 进水点
70	Bulk meter	DMA 进口流量计
71	Critical Point	最不利点
72	trial point，trial trench	探坑、探槽
73	Topographic survey	地形调查
74	Geotechnical investigation	地质调查
75	Pipe bursting option	爆裂管道的非开挖式
76	Performance-Based contract（PBC）	基于绩效的合同（水资源合同管理）
77	Output-Based Aid（OBA）	基于输出的援助
78	Compensation Event（CE）	索赔
79	B/C	效益费用分析
80	Bill of Quantities	水费抄收量
81	CAPEX	投资成本
82	OPEX	运行成本
83	PV	现值
84	MLD	百万升每天

附录 B 利用 IWA 水量平衡表计算 NRW 的步骤

A	B	C	D	E
系统供给水量	合法用水量	收费的合法用水量	收费计量用水量	收益水量
			收费未计量用水量	
		未收费的合法用水量	未收费已计量用水量	无收益水量
			未收费未计量用水量	
	漏损水量	表观漏损	非法用水量	
			因用户计量误差和数据处理错误造成的损失水量	
		真实漏损	输配水干管漏失水量	
			蓄水池漏失和溢流水量	
			用户支管至计量表具之间漏失水量	

注：水量平衡表中水量的单位：m^3/a。

第一步：确定系统供给水量

（1）确定系统供给（或售出）水量。

① 从 WTP（净水厂）向管网中供给的水量。

② 从临近管网引入的水量。

③ 从多个供水公司购买的水量。

④ 向管网输出的水量。

(2) 确定水表的精度

① 根据厂家使用手册来确定水表精度(如±2%)。

② 用下游的总表或插入式流量计核实水表的读数。

③ 如果需要,就更换或重新校验水表。

④ 纠正系统供给水量。

⑤ 采用95%置信度。

如果存在没有计量的水量,每年需要采用下面某一种方法(或综合考虑)来估计这些水量。

① 采用临时的便携式流量测量设备。

② 清水池跌落实验。

③ 对水泵曲线、压力和水泵平均运行时间的分析。

第二步:确定合法用水量

(1) 收费计量用水量

① 从供水企业营业收费系统中将不同用水类型的水量数据(如生活、商业、工业)筛选出来。

② 分析数据,需重视特大用户。

对营业收费系统中的收费计量用水量数据进行处理时,要考虑到数据的时间延迟或数据同步问题。

① 确保收费计量用水量的时间和审计时间保持同步。

② 根据厂家使用手册,确定水表精度(如±2%)。

③ 采用95%的置信度。

(2) 收费未计量用水量

① 从供水企业的营业收费系统将数据进行处理、筛选。

② 在未计量用水点安装插入式流量仪表,或者通过大量用户对小区进行未计量水量的测试(后者可以避免用户用水习惯改变的问题),对一段时间的监测数据,确定未计量生活用水量。

(3) 未收费计量用水量

和确定收费计量用水量相似的方法,来确定未收费计量用水量。

(4) 未收费未计量用水量

未收费未计量用水量,一般包括供水企业生产运行所消耗的水量,这部分水量经常被严重高估。这可能是通过简化(系统供给水量的某个百分比)或蓄意高估来"减少"漏

损水量。应该确定未收费未计量用水量的构成元素,并逐个进行估计,例如:

① 干管冲刷:一个月多少次?管道多长?多少水量?

② 消防用水:有没有大的火灾?用了多少水量?

第三步:估计表观漏损

(1) 非法用水量

提供一些通用的方法来估计非法用水量是很困难的。因为社会环境因素变化多端,所以当地环境情况对估计这些组分元素将会是最重要的。非法用水量包括:

① 非法连接;

② 非法利用消火栓和消火系统;

③ 毁坏用户水表(或加装旁通管);

④ 对水表读数的行贿事件;

⑤ 打开通往外部管网的边界联络阀(未知的向外输出水量)。

估计非法用水量通常是个难题,确定这些组分元素的计算方法至少应该透明,使以后这部分水量可以容易校核(或修改)。

(2) 因用户计量误差和数据处理错误造成的损失水量

必须通过对典型水表样本的测试来确定用户水表信息不准确(或称为漏登记或重复登记)的程度和范围。这些样本应该反映了不同厂家、不同表龄的生活类型水表。可以在供水企业自己的试验台进行测试,也可以通过专业的测试商进行测试。大用户的水表通常采用一个测试装置进行现场测试。基于精度测试结果,针对不同用户群的平均水表精度(作为计量水量的一个百分比)将会被确定。

有时,数据处理错误是表观漏损很重要的一个组成部分。很多营业收费系统不能达到供水企业的期望值,但是,问题却常常存在很多年,而未被识别。通过输出收费数据(一般是最近 24 个月),并利用标准数据库软件对这些数据进行分析,有可能发现数据处理错误。

发现的问题必须进行量化,并计算出这些组分每年的最佳估计值。

第四步:计算真实漏损

真实漏损最简单的计算法表述如下:

$$真实漏损 = NRW - 表观漏损 - 合法的未收费水量$$

为了使真实漏损达到期望值,这个数字对初步分析很有用。然而,应该知道水量平衡是有误差的,简单地说,真实漏损的计算值可能是错误的。

第五步:估计真实漏损的组分

为了对真实漏损的组分进行精确量化,唯一可能的就是对这些组分进行详细分析。然而,最开始的估计值可以通过一些基本估计得到。

(1) 输配水干管漏失水量

首先，管网爆管(尤其是输水干管)是大事件，它们可见、可报告，并且一般可以快速修复。通过修漏数据，可以计算出报告周期内(往往是 12 个月)干管修漏次数，估计出平均流速。每年干管漏损量计算如下：

$$每年干管漏损量 = 爆管次数 \times 平均流速 \times 平均漏损时间(2\ d\ 左右)$$

提供某种方法可以估计得到背景漏失和尚未发现的干管漏失。

(2) 管网中的水库、水池的漏损和溢流

水库的漏损和溢流往往已知，并且可以量化。可以观察到溢流现象，并且平均时间和流速可以估计。通过关闭厂区内部和出厂阀门，可以进行跌落试验，从而计算出管网中的水库、水池的漏损值。

(3) 用户支管至计量表具之间漏失水量

将真实漏损减去干管漏失和水库漏损，可以估计得到用户支管的漏损值。这部分漏损不仅包括了已知并修复的用户支管漏损，也包括了来自用户支管的未知漏损(迄今为止)和背景漏失。

步骤 1：确定系统供给水量(栏 A)。

步骤 2：确定合法用水量(栏 C)。

确定栏 D：

(1) 向外售出水量(没有售出就是零)；

(2) 计费计量用水量；

(3) 计费未计量用水量。

确定收益水量(栏 E)：

(注意：上面三个收费部分之和应该等于收费合法用水量。所有收费水量就是供水企业的收益水量。)

步骤 3：计算无收益数量(栏 E)。

$$(栏\ E\ 的)\ 无收益水量 = 系统供给水量(栏\ A) - (栏\ E)\ 收益水量$$

步骤 4：确定栏 D。

(1) 未收费已计量用水量；

(2) 未收费未计量用水量。

确定全部的未收费合法用水量(栏 C)。

步骤 5：将收费合法用水量和未收费合法用水量相加(栏 C)。

它们之和即为合法用水量(栏 B 的上部)

步骤 6：计算漏损水量(栏 B) = 系统供给水量(栏 A) - 合法用水量(栏 B)。

步骤 7：通过可采用的最优方法，对随机选择的服务区进行现场核实、估计非法用水量及确定水表误差和数据处理误差(栏 D)。

将非法用水量和水表误差相加(栏 D)。

它们之和即为表观漏损(栏 C)。

步骤 8：计算真实漏损(栏 C) = 漏损水量(栏 B) − 表观漏损(栏 C)。

步骤 9：通过可以采用的最佳方法和案例研究(如夜间流量测试、爆管频率/流速/时间的计算、水力模拟等)，来估计真实漏损的组分(栏 D)。

将真实漏损的组分(栏 D)进行相加，和步骤 8 中得到的真实漏损(栏 C)进行再次校对、核实。

如果是新装水表或者对水表经常校验，这种方法得到的结果是最好的。

因为一些组分是建立在估计的基础上，在一定程度上来说，计算结果也是一个估计值。

附录 C 水审计检查表样例

C.1 水审计的目的

(1) 评估供水企业是否高效公正地为客户服务;
(2) 判断水量的漏失及漏失的来源;
(3) 估定配水过程中不同的管线是如何连接的,对不同部分所涉及的问题,供水企业是如何作出反应的。

C.2 分析

分析上面内容的重要意义是为了显示出:
(1) 24 h 内,一个小区配水管道的真实覆盖范围;
(2) 官方的无收益水量及无收益水量的使用情况;
(3) 制水的单位成本是由不同的输入源和用户的数量决定的;

（4）水的单位消耗量是由不同的输出源和用户的数量决定的；
（5）水量的日常供给范围。

C.3　使用分析

此项分析可以用来：
（1）减少漏失水量；
（2）帮助供水企业促使用户登记注册；
（3）查看投资的监控记录设施以及记录到的结果和计量结果随时间的变化情况。

C.4　运行维护区域的用水量

（1）城市人口；
（2）供水服务区域的人口；
（3）水厂直接的服务人口；
（4）水厂间接的服务人口；
（5）用户干管的服务人口；
（6）用户支管的服务人口；
（7）水塔或者小区储水池的服务人口；
（8）供水厂储水池的服务人口。

C.5　计量传输维护

（1）用户支管计量和未计量的数量；
（2）水塔或者小区储水池计量和未计量的数量；
（3）间接连接管线计量和未计量的数量；
（4）非家庭连接管线计量和未计量的数量；
（5）水厂的输入源在输水管道中计量和未计量的数量；
（6）所有的仪表是否精确；
（7）是否有逆流、旁通管以及重复计量等现象；
（8）制水厂清水池的数量；
（9）所有的公园、学校、污水处理厂以及政府公共机构的用水量是否计量；
（10）抄表员是否有根据地发现漏点并知道该如何去做；
（11）计量和收费部门显示的数据是否一致；

(12) 系统的计量和用户端的计量是否定期地进行测试以及是否有正确的测试方法；
(13) 被批准的未计量水量是否有评估报告。

C.6 维护和作业水平

(1) 24 h 供给范围内用户支管所占的百分比；
(2) 24 h 供给范围内维护区域用水量所占的百分比；
(3) 产水总量（m^3/d）；
(4) 家庭用水量（$m^3/month$）；
(5) 非家庭用水量（$m^3/month$）；
(6) 产水量和用水量之间是否有一个长期的比例关系；
(7) 过去的一年内是否有新的用户支管连接；
(8) 是否有新的管线支付费用；
(9) 每个月的家庭平均用水量；
(10) 每个月的家庭平均用水费用；
(11) 供水厂聘用工作人员的数量；
(12) 是否有媒体通报和报道漏点或者爆管；
(13) 系统的某个部分是否存在压力下降点或者存在单独的低压区；
(14) 在本应该是低流量的时段是否突然有高流量的事件发生；
(15) 在正常的压力工作区域所有的阀门和止回阀是否完备；
(16) 有没有用到数据自动记录装置，如果有，是否精确；
(17) 为应对突然的大流量和可能的漏失而准备的引流渠和雨水渠是否照常进行检查；
(18) 对过去一段时间的未收益水量是否进行评价；
(19) 无收益水量是否在不断增加。

C.7 财务指数

(1) 每个月的家庭用水费用；
(2) 每个月的非家庭用水费用；
(3) 是否存在一些明显的大的错误或者在账单中由于计量错误而进行的修改；
(4) 每年的动力费用以及工作人员的薪酬；
(5) 运行费用在整个费用支出中的比重；
(6) 每个月中应到的账目；

(7) 每年的基本建设费用；

(8) 支出费用；

(9) 主要支出费用；

(10) 通信费用；

(11) 非家庭用水以及家庭用水的补助资金；

(12) 城市到郊区城镇的补助资金；

(13) 基本建设资金的来源（中央财政投入、地方财政投入、社会捐赠资金、其他）；

(14) 每个月的平均家庭收入。

下篇

实践篇

1 新版《城市供水管网漏损控制及评定标准》商榷

侯煜堃

2002年颁布的《城市供水管网漏损控制及评定标准》针对给水管网管理，全方位地提出了着力方向和举措，明确管网漏损的评定标准，敦促供水企业提升管理水平，节约珍贵的水资源。在当时的历史条件下，该标准起到了行业引领作用，但十余年过去，其中的一些条文不甚明晰，提到的漏控措施未必全面，新的漏控理念也未引入。

例如，原标准提到了加强供水企业的计量管理，但对于因计量引起的水量损失未定量，条文中消防和管道冲刷似可不计量，列为有效供水量，这与现实中部分供水企业已经开始对消防水量进行计量，对管道冲刷水量进行评估的做法不相吻合；"城市道路下的管道检漏宜以音听法为主"，显然与近年来发展的多种检漏技术相比，处于初级阶段；等等。

《城市供水管网漏损控制及评定标准》于2016年进行了修订（以下简称"新标准"），2017年颁布实施。与2002版本相比，"新标准"借鉴了国际水协（IWA）的一些理念和最佳实践，并结合中国国情，更新、细化和提升了管网漏损控制的术语、措施和管理流程。例如引入了漏损水量分析、充实了分区管理内容、单列了压力调控和计量损失控制、完善了评定标准的修正等，首次提出了水力模型辅助压力管理、表具的量程比、漏失率等概念。内容深度方面较2002版本显著改进与提升。

然而，与国际水协的漏控理念和策略相比，"新标准"在漏控方面还是有一些领域未涉及、或与国际漏控策略不尽相同，笔者仅在此引出，供同行对比、思索、探讨和商榷。

条文 4.2.1 的水量平衡表，其中的注册用户用水量，包含了免费用水量，而消防、管道冲刷等均属于免费用水量（实际上所谓的"免费用水量"还可细分多个小类），未必一定是注册用户，客观来看，其对应 IWA 的"合法用水量"是合适的。

免费用水量，对应于国际水协水量平衡表的未收费用水量。未收费不等于免费，若免费，即认为此部分水量理所应该不收费；而作为未收费水量，仅意味此部分水量没有收缴水费，对供水企业来说还算经济损失。此间差异，隐含的是 IWA 强调无收益水量（NRW）管理，亦称"产销差水量"控制，而"新标准"仅强调控制漏损率。

对于供水企业来说，NRW 的管理和控制是有迫切需求的，直接关系到企业经济效益。虽然部分 NRW 管理做得好的企业，未收费的合法用水量趋于零（注意，需通过实际数据证明该部分水量为零），但是对于多数企业来说，此类水量应细分成怎样的小类，水量如何核算，有无水费回收的可能，厘清过程是不可或缺的，而不是"本能地"认为此部分水量占比小，忽略不计。

表 4.2.1 中漏损水量分为明漏、暗漏、背景漏失和水箱、水池渗漏溢流。但水箱、水池渗漏溢流不也归为明漏，或归为暗漏吗？这种分类方式逻辑上不甚清晰。

计量损失的水量，对应于 IWA 的表观漏损，从 IWA 角度看，少了"数据处理误差"分项，这在现实中存在，应引起足够重视。其主要由数据采集不同步、数据统计错误等引起。尽管条文 4.2.3 和 4.7.2 中也提到了数据时间一致和加强管理的问题，但若不一致或无法达到一致情况下，应怎样消除误差，或对数据进行处理是 IWA 强调的。

从整个水量平衡表看，与 IWA 的水量平衡表基本对应，但最大的差异在于 IWA 的水量平衡表漏失数量，即真实漏损放在整个表格下部，而"新标准"把计量损失水量放在下部。虽然仅是放置顺序不同，但 IWA 认为，水量平衡表不是一次完成的，隐含的操作流程就是"自上而下"得到真实漏损，并反复通过实测和漏损统计数据校验整个水量平衡表，实现"自下而上"的过程。"新标准"显然不具此层含义。

条文 4.4 分区管理中，区域管理对应于 IWA 的 Zone Management（Zoning），独立计量区对应 IWA 的 DMA。所不同的是，IWA 的 DMA 管理以真实漏损控制为目标，Zone 不是重点；而国内的区域管理试图以分区的绩效考核为抓手，推动漏控全面深入开展。实施顺序上一般区域管理先于 DMA。

条文 4.4.9 中"通过监测夜间最小流量测算管网背景漏失水量"提法的初衷是鼓励各供水公司实测管网的背景漏失，得出这一关键的基础参数。由于计量表具不同、精度各异和准确捕捉到夜间最小流量这一随机事件的困难，实操过程中应考虑各地产生的数据进行一致性处理。此句准确表述方式应为"通过监测夜间最小流量测算破管漏失（Burst leakage），达到 DMA 漏失监测预警的目的"。

IWA有多个指标绩效指标,主要有NRW,每天每用户支管的漏损水量(L/(c·d))和ILI(管网系统漏失指数)等。IWA不推荐百分比指标,认为百分比指标会随着供水量变化产生波动,不便横向对比,但承认百分比指标的直观性。笔者亲历的英国某水务公司,主要采用"每天每用户支管的漏损水量(L/(c·d))"指标(注:Sevice Connection的含义国内外有所不同)。"新标准"还是沿用了漏损率这一百分数指标。

世界银行机构制定了真实漏损的目标矩阵,按照压力和ILI等级,根据发达国家和发展中国家,分A,B,C,D四类,给出了真实漏损的目标区间,参照指标是"每天每用户支管的漏损水量(L/(c·d))"。除此之外,未见统一的漏损评定标准,更无论标准值的修正了。"新标准"中沿用了之前12%的漏损率标准,并且根据抄表到户情况、单位供水量管长、平均出厂压力、最大冻土深度进行了"经验性"的修正。

笔者粗略估算,若达到12%的漏损率目标,大概对应于真实漏损的目标矩阵中"发展中国家A类"(优秀),对于老旧管网占比较大的城市,实现应属不易。

IWA并未制定统一漏损评定标准的原因,猜测一是由于不便统一制定,各地情况差异大;二是由于此标准并非越低越好。越低意味着越多的人力、设备和资金成本投入。漏损控制讲求成本效益比,在不同地方不同情形下,成本效益比不同,且有合理的区间,一味追求低的漏损率或无收益水量,并非科学和经济的做法。IWA提出的ELL(经济的漏失水平)即体现这一理念。这应引起实践者的深思。

至于新标准提出的四种漏损率修正方法,且不论该修正方式是否科学、合理,仅针对"用户居民抄表到户水量"和"单位供水量管长"两种因素(变量)来讲,似在物理含义上有"不独立"之虞,对于某些城市抄表到户率高,而庭院管网又被统计为"单位供水量管长"的系统,可能存在"重复修正"的嫌疑。

除此之外,"新标准"仅针对漏损管理提出了原则性的方法和措施,而IWA的漏损控制策略,虽未形成完整的统一文本(目前ISO已开始整理、编撰),但其理念和详细的操作步骤、流程,包括相应的参数、公式,越来越为世界上多数国家认可采纳。在跟踪世界最新技术前沿基础上,不一味照搬前提下,我国还需制定适合国情的,与《城市供水管网漏损控制及评定标准》相接轨的实施细则。

(作者单位:华北水利水电大学)

2 水审计流程

赵春会

水审计流程不是一成不变的,可根据水务公司的具体要求进行调整,但通常包括以下内容。

2.1 座谈

与水务公司高级管理人员(总经理和相关部门负责人)进行讨论,了解当前的政策、采取的措施、人员组织架构,以及在"管理"层面上,对当前无收益水量(NRW)的看法和控制策略。

2.2 了解基础设施和管网的特性

(1) 管网方面,包括管龄、管材、记录(图纸和 GIS)。公司关于管道更新(修复或更换)的相关政策。

(2) 系统中水厂和附属设施(阀门、消火栓、流量计等)的位置图和具体说明。

(3) 系统压力,以及满足客户用水需求所面临的挑战。
(4) 水力问题,高/低压区,供不应求。
(5) 水处理厂和供水区域。
(6) 如果已安装水厂出厂流量计和管网流量计,了解其状态。
(7) 如果分区(DMAs)是可用的,对其进行评估。

2.3 水量平衡评估

这是为了确定总漏失水量、真实漏损、表观漏损和 NRW。
(1) 了解水量平衡评估的意义。
(2) 用专业软件制定水量平衡表(如华沃太科公司研发的 Loss Saving 系统)。
(3) 关于水量平衡基本组分的信息(供水流量计和用户收费记录)。
(4) 获取其他组分基本信息面临的挑战。

2.4 审查客户记录

(1) 户收费政策和水价;
(2) 用户计量政策(水表更换周期);
(3) 使用的水表类型及其精度;
(4) 收费记录和用户数;
(5) 注册/未注册账户的记录;
(6) 非法连接和偷盗水的影响;
(7) 最新安装政策和用户连接管的维护制度;
(8) 用户连接管漏失的影响;
(9) 用户连接管的维修政策和质量检查程序。

2.5 了解主动漏损控制(ALC)措施

(1) 当前的 ALC 政策和实践。
(2) 系统中是否有 DMA?
(3) 是否根据 DMA 夜间流量监测数据指导检漏?
(4) 检漏部门采用的技术是什么?
(5) 采用的检漏设备是什么?目前是否在使用?
(6) 维修政策是?

2.6 专题研讨会

研讨会有助于整合调研结果,并介绍新知识,尤其是工作人员可能不了解的新概念、新方法和新技术。与工作人员一起讨论,可找到迎接挑战的具体方式。研讨会还可以介绍 NRW 削减策略的原则和措施,以及支持其管理策略所需的相关制度和方法。

水审计研讨会通常持续 0.5~1.0 天,包括:
(1) 关于 NRW 发展战略和降漏措施的初步"认识";
(2) 水量平衡评估的示范和练习;
(3) 主动漏损控制的技术和设备;
(4) 确定具体问题面临的挑战以及未来的实施策略;
(5) 制定出提高和强化 NRW 策略的行动计划。

2.7 报告生成:调研结果和建议

基于调研过程中讨论和调查的信息,咨询顾问撰写出专业咨询报告,并针对如何加强现行政策和举措,以及下一步咨询顾问(和/或其他人)可以参与的具体工作提出合理建议(图 2-1,表 2-1)。

2.8 其他

为了保证供水管网漏损控制工作的顺利有效开展,通常建议成立管网漏损控制项目组,由公司的相关业务部门领导和技术骨干组成,主要涉及调度、管网维修、营业收费、客服、稽查、计量、检漏、工程和财务等部门。供水管网漏损控制项目组负责监督漏损控制进程,编制漏损控制评估报告,以及批准漏损控制的行动计划。

水务公司应首先基于国际水协漏控指导原则、流程和方法,进行全面系统地漏控培训。其次,根据水量平衡和绩效考核结果,明晰漏损的主要组分与漏控目标,制定相应的实施方案,编制年度降低漏损的计划与预算。最后,各部门加大执行力度,认真履行漏控各项考核指标,落实相应的漏控策略。

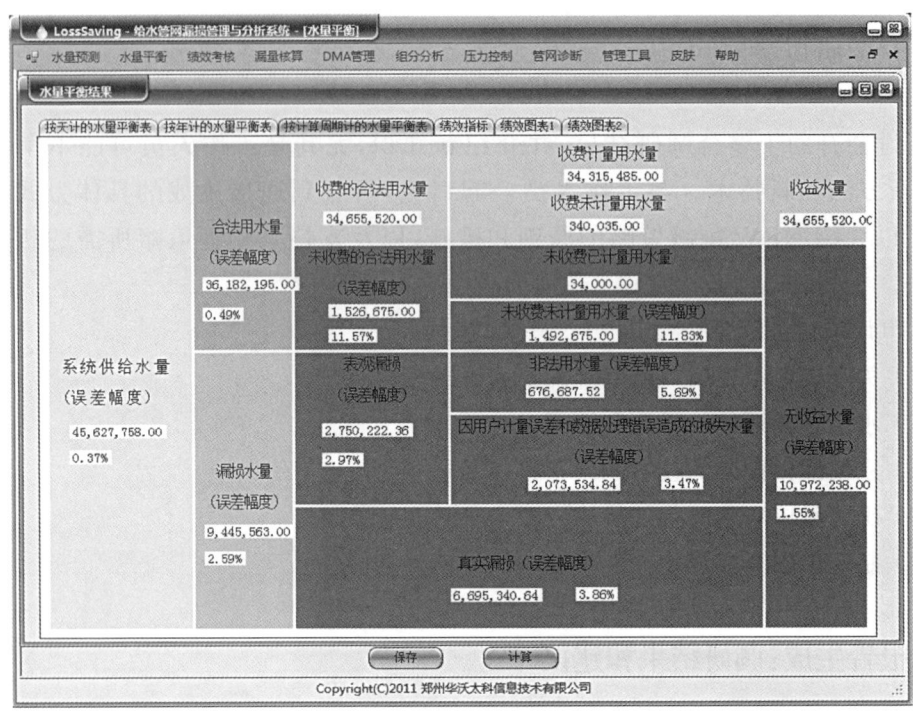

图 2-1　基于 Loss Saving 的南方某城市 2016 年水量平衡结果

表 2-1　　　　　　　　南方某城市漏损控制目标优先级排序

	控制目标			无收益水量 （NRW） 控制结果
	未收费的 合法用水量	表观 漏损	真实 漏损	
投资效益最大化	A 增加收益 212 万	B 增加收益 201 万	C 节约成本 80 万	货币价值 减少 493 万
控差空间 & 易达标程度	B 控制后占系统 水量的 1%	A 控制后占系统 水量的 3.80%	C 控制后占系统 水量的 6.73%	控制后占系统水量的 12.53%
增加可用水量,优化水资源环境（节约用水,提升用水效率）	B 占系统水量的比例降低 2.35%	C 占系统水量的比例降低 2.23%	A 占系统水量的比例降低 7.94%	占系统水量的比例降低 11.52%

注：优先级排序中,A 代表"最高"；B 代表"高"；C 代表"中"。

（作者单位：郑州华沃太科信息技术有限公司）

3 水量平衡表的练习案例

侯煜堃 译

某水务公司通过 3 个水厂和 8 个水井向 4.378 万个注册用户(在 ±5% 误差以内)提供连续供水服务。2008 年的供水情况如下:

水厂 1:1 123.286 8 万 m^3

水厂 2:533.264 万 m^3

水厂 3:275.748 8 万 m^3

水井:109.220 7 万 m^3

此公司的水厂 1 每年还向毗邻地区的供水企业提供 40 万 m^3 的饮用水。

水厂 1 和 2 使用电磁水表计量,精度为 ±1.0%,水厂 3 使用机械水表计量,精度为 ±5.0%,通过水泵特性曲线计算水井的流量,估计平均精度为 ±30.0%,收费记录表明同期售给注册用户的水量是 1 223.545 万 m^3。

然而,公司面临着用户偷盗水及贿赂抄表员的问题。为了掌握非法连接情况,对一个计量分区进行了调查,结果显示约 3% 的住户未注册,10% 在计量表具外使用旁通管道(造成 ±50% 的边际误差),约合每人每天免费用水 80 L。对非居民用户的调查表明,估计 25 个商业和工业用户擅自改动水表——造成每天每户损失 5 000 L 水(±5% 的误差)。

随机抽样的水表精度检测结果显示:未注册的水表占 6%。该数据的误差范围为±30%。公司认为一些抄表人员收受用户贿赂减少了水表读数。此案例可能导致 6% 未注册水表的误差范围达 ±50%。

在 2008 年供水区内拥有一座大房子的某地方政府官员免费使用了 2 000 m³ 水。

公司每年通过水池向供水边缘区域的低收入住户区提供 20 万 m³ 水。用水量是通过人口估算出来的,误差范围 ±20%。

公司估计每年有 520 m³ 水用于干管冲刷。

每年的消防用水约为 1.2 万 m³,这种估计的误差范围是 ±50%。

管网数据

每户人数:5.4 个人

平均用水量:每人每天 100 L

平均水压:11.3 m 水头

干管长度:735 km(可能低估了 5%)

用户支管的平均长度:5.0 m

经济数据

水的边际成本:0.4 马币/m³

年度运营成本:467.492 8 万马币

2008 年平均水价:0.8 马币/m³

(注:1 马币约合 2 元人民币)

任务:将数据输入 WB Easy Calc 软件,生成一个水量平衡表。

问题 1:公司有多少水量产生收益?

问题 2:无收益水量占公司年度运营成本比例的最佳估算值是多少?

问题 3:供水管网漏失指数最佳估算值是多少?

问题 4:公司在供水管网漏失指数矩阵中的绩效分组怎样?

问题 5:为了减少无收益水量,你认为公司应明确的优先问题是什么?

(本资料由 Malcolm Farley 提供)

4 基于水力模型优化供水管网 DMA 规划设计

胡 辉 赵春会

4.1 前言

当前,供水企业的运行管理正面临着前所未有的挑战,包括日益增长的用水需求、逐渐老化的供水基础设施和愈加严格的环保标准。此外,供水企业还需不断提高服务质量,并满足管理机构对成本效益最优化运营的期望。因此,供水行业迫切需要方法和技术革新,实现供水系统的最优化和智能化管理。

供水企业向本地用户提供供水服务,并通过计量实际用水量来收取费用。但是,并不是水厂生产的每一滴水都能到达用户并创造收益。相反,由于输配水管道的漏失或者存在非法用水,一部分水量并不会被计量收费,给供水企业的收益造成损失。输配水管网的真实漏损是无收益水量的主要部分。

在管网设计规划和运行管理时,利用管网水力模型进行 DMA 的合理优化和科学规划,将有利于显著提高无收益水量管理效率。

4.2 水力模型介绍

供水管网系统水力模型的发展经历了一个从手工计算到计算机模拟计算的过程,使供水管网进入科学管理的新纪元(表 4-1)。

表 4-1　　　　　　　　　　　管网建模发展历程

时间	发展历程
20 世纪 30 年代	Hardy-Cross 手工求解法
20 世纪 40 年代	McElroy 电子分析器
20 世纪 50 年代	室内模拟,电子管计算机
20 世纪 60 年代	院校开发程序系统,晶体管计算机
20 世纪 70 年代	数学模型和计算方法发展,计算程序开发和应用阶段,小型计算机
20 世纪 80 年代	用户界面、软件包及拟稳定状态模拟系统,大规模集成电路微机
20 世纪 90 年代	软件接口、图形化软件集成设计、信息管理、智能化及自动化运行及水质模拟系统,大规模集成电路微机,PLC、SCADA、GIS

供水管网是大规模且复杂多变的复杂网络系统,为便于规划、设计和运行管理,应将其简化和抽象为便于用图形和数据表达和分析的系统,称为供水管网模型。供水管网模型主要表达管网系统中各组成部分的拓扑关系和水力特性,将管网简化和抽象为管段和节点两类元素,并赋予工程属性,以便用水力学特性和数学分析理论进行分析计算和表达。

构建城市配水主干管现状水力模型,从源头将产销差管理、优化调度的理念考虑在内,制定配水主干管规划方案并构建其水力模型,对不同方案进行评估。从整体上制定城市全局 DMA 划分规划方案,包含各 DMA 详细边界、进水位置、需安装设备等,方案规划过程中要利用水力模型对必要的水力条件进行模拟。管网水力模型的核心是管网平差计算,在供水管网的工程设计和维护过程中,一般通过计算管网平差来获取在用水量最高日最高时、平均日平均时、最高日最高时加消防用水量和供水干管发生事故时四种静态情况下的数据。

4.3 水力模型优化 DMA 规划设计理念

无收益水量管理工作应包含 DMA 规划、管网的更新改造、DMA 的实施和后续 NRW 控制措施。其中 DMA 规划是基于现状管网,对供水系统进行全面的优化设计,将会长期影响管网服务质量和 NRW 管理效率,因此 DMA 规划必须有高标准的设计理念和设计要求,经严格与全面的评审后才可批准通过,需要考虑以下几个方面的内容:

(1) 合理确定多水源的供水范围及供水路径；
(2) 优化管网中蓄水设施和加压设施布设位置、水池容积等；
(3) 明晰输水管、一级配水管、二级配水管和三级配水管的等级和功能，避免管网连接错综复杂，不利于 NRW 管理；
(4) 加强对地面高程的利用，以降低泵站消耗，节能降耗；
(5) 水量的合理化分配（居民用水量、大用户用水量、商业用水量和特殊用户用水量等）；
(6) 分析系统薄弱点/区位置，如最不利点和水压较高区域，便于 NRW 实施和监控；
(7) 校核消防流量和事故流量；
(8) 管线流速经济合理性评估，如流速过低带来的水质问题；
(9) 优化 DMA 进口流量计、边界阀、分步测试阀、压力监测点等安装位置；
(10) 模拟 NRW 分步测试；
(11) 多方案比选。

4.4 水力模型优化 DMA 规划设计流程

基于水力模型，对 DMA 漏损控制规划中输水管线、一级配水管和二级配水管的设计方案进行模拟和比选。水力模型应用过程中主要评估因素如下：
(1) 时段和季节性高峰用水量；
(2) 管道水流流速；
(3) 水头损失坡度；
(4) 居民用水最小服务水头；
(5) 用水敏感用户分布；
(6) 消防流量。

基于水力模型的 DMA 规划设计流程如图 4-1 所示。

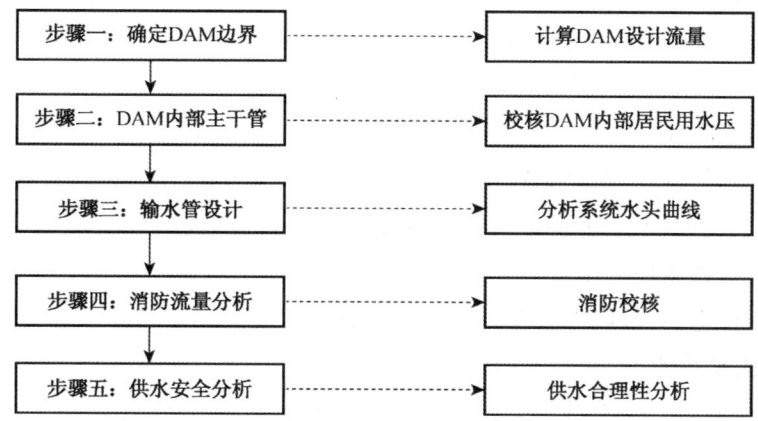

图 4-1 水力模型优化 DMA 规划设计流程

1. DMA 边界划分

建立 DMA 边界不是水力模型设计内容,却是水力模型设计必要的边界条件,影响各 DMA 的总需水量。

2. DMA 内部主干管设计

DMA 设计仅需考虑位于道路上的供水管道,拓扑关系构建完成后,需要进行管网连通性检查、高程和水量赋值。DMA 内部管道水量赋值采用经验法和高峰期用水量法。

(1) 经验法赋值

由于靠近末端管网用水量变化系数变化显著,因此高峰期用水量不适宜用以计算用户支管数过少的管线。通常将阈值设置为 500 个用户支管数,这意味着三级管道和部分二级管道应采用经验赋值法,即通过用户支管数量的平方根数值来确定管径。以某市管网改造工程为例(规划新建管道采用 HDPE 管材),下游用户支管数小于 500 的管道管径按照当地经验可采用表 4-2 进行赋值。

表 4-2　　　　某市 HDPE 管道尺寸选用经验推荐

用户支管数 n/个	管道内径/mm	管道外径/mm
$n \leqslant 20$	55.6	63
$20 < n \leqslant 85$	79.4	90
$85 < n \leqslant 190$	97.1	110
$190 < n \leqslant 500$	141.2	160

(2) 高峰期用水量校核

针对用户支管数大于 500 的管段,在水力模型中设置日均用水量和高峰时段变化系数(考虑不同季节和时段),通过管道流速、节点压力、水头损失坡度和输水路径等参数,综合确定管道管径。

给水管网拓扑关系定义并赋值水量后,水力模型可模拟 DMA 内各节点水压,结合地形地势判断最不利点位置,在满足最不利点用户最小服务水头的条件下,可模拟得到 DMA 进口压力。

3. 输水管道设计

当用于比选的设计方案(如输水路径等)较多时,可考虑使用采用优化算法(如遗传算法)进行方案优选,评估多种管网设计或改造方案,找出技术经济最优方案,以优化投资效益准则最大程度地利用管网效率。

如果用于比选的设计方案较少,对于输水管道的最优方案也可采用人工经验选择。

4. 消防流量校验

设计管网消防流量校核阶段,水力模型在高峰用水时进行消防流量分析,确保消防用水时管道服务水压满足当地政策要求(根据不同地区具体规定确定消防最低水压)。

5. 安全供水分析

所有 DMA 的设计都应考虑应急水源,设计应急供水管道,并使用水力模型进行临界分析,核查应急水源和管道的供水能力。

通过水力模型进行 DMA 内部设计和输水管道设计时,还应考虑后期 NRW 实施和管理需求,设置边界阀和分步测试阀,模拟分步测试进程。消防校核和安全供水分析后,给水管网设计工作基本完成。

4.5 应用案例

国外某亚行贷款城市管网改造项目包含城区内供水管道的改造,目的在于降低现在居高不下的无收益水量,同时要求建立 DMAs 来长期持续监测无收益水量,实施必要的措施降低系统真实漏损。基于现状管网 GIS 数据和规划管网水力模型分析结果,制定远期供水管网规划改造方案(2040 年)。当地供水系统主要服务面积约 38 km², 服务人口近 70 万,包含 127 000 个用户支管。管材大部分为铸铁管、钢管、镀锌管和 HDPE 塑料管,铺设年代在 19 世纪 50 年代,管径偏小,管道老化严重。通过本项目计划将当前 50% 管网漏损率控制到 18% 以下。

管网改造方案和漏损水量控制方案均根据 NRW 管理研究需要制定,本项目共划分为 52 个 DMAs。以 DMA19A 为例,内部管网规划方案和水力模拟结果如图 4-2 和图 4-3 所示。

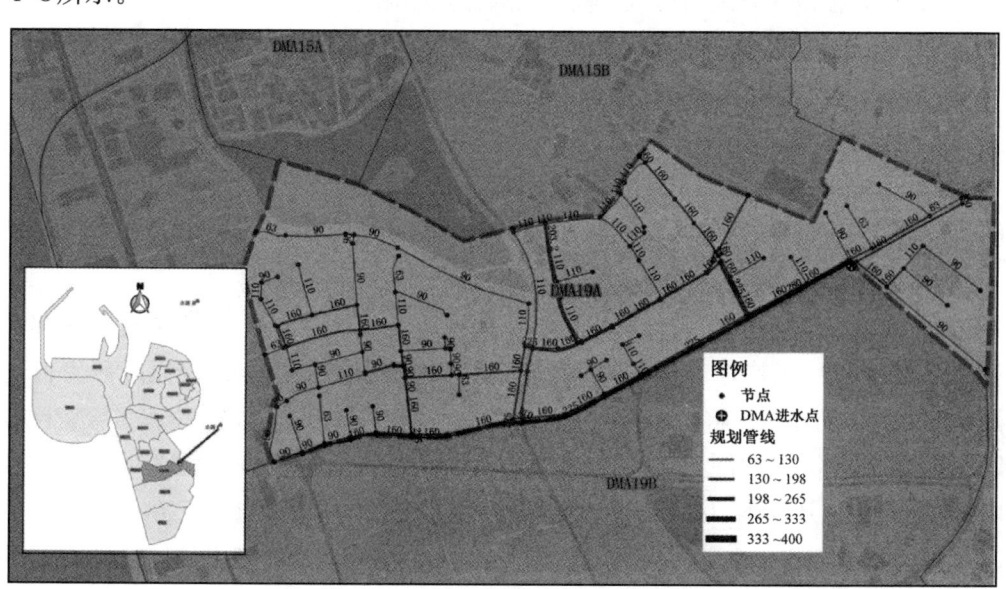

图 4-2 国外某城市 DMA 内部管网规划图

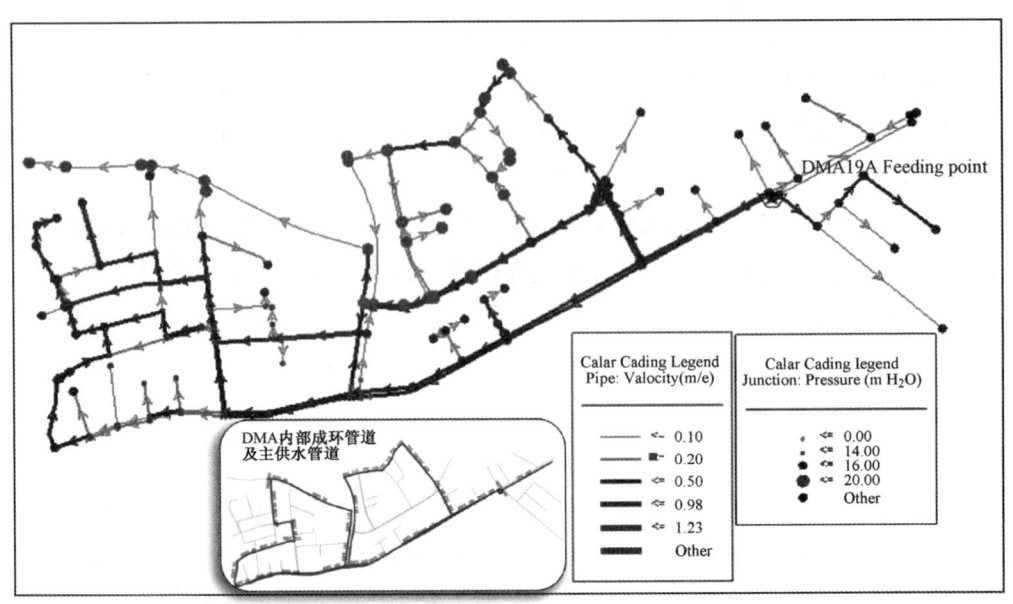

图 4-3　国外某城市 DMA 内部管网水力模拟结果

在 DMA 内部管道设计阶段,利用水力模型对 DMA19A 内部供水管网优化设计,计算管网中各管段流量、压力、流速分布状态,以及节点水压,分析评价规划设计方案的合理程度及运行规律。

(1) 废除老旧管道 4.2 km,规划设计新建管网长度 3.9 km;
(2) 结合区域内实际用水现状和规划,水量分配合理;
(3) 管网管径设计合理,管段流速在经济流速范围内;
(4) DMA 内部压力较平均,无压力过高或过低区域,满足各节点最小服务水头;
(5) 取消部分现状冗余管道,避免重复成环,减少分步测试时需关闭阀门数量;
(6) 管线功能明确,有利于后期 NRW 管理的实施。

4.6　结语

DMA 规划设计阶段,利用计算机仿真原理构建微观水力模型,可有效确定 DMA 规模和内部水力设计,尤其对于最不利点的选择、平均压力点的确定以及系统压力值的设定都有很大的帮助作用。将供水管网优化运行和产销差管理理念结合,全程贯穿管网改造规划方案中,每一个方案都要用科学工具(如水力模型等)进行验证比对,这样制定出来的全新规划方案才可以从根本、从源头上,让供水管网效率得到有效提升,开始实现"质"的飞跃,并真正可以达到优化全局、安全节能、保障水质、节约资源、提升效率、提高效益的目的。

(作者单位:郑州华沃太科信息技术有限公司)

5 DMA 规划原则与案例应用

侯煜堃[1] 张新[2] 胡辉[3]

5.1 DMA 规划团队的组成

（1）PMU 高级工程师；
（2）管网建模设计师；
（3）管网建模校验师；
（4）DMA 专家；
（5）GIS 团队；
（6）现场调查团队。

5.2 工作流程图

DMA 建设工程流程如图 5-1 所示。

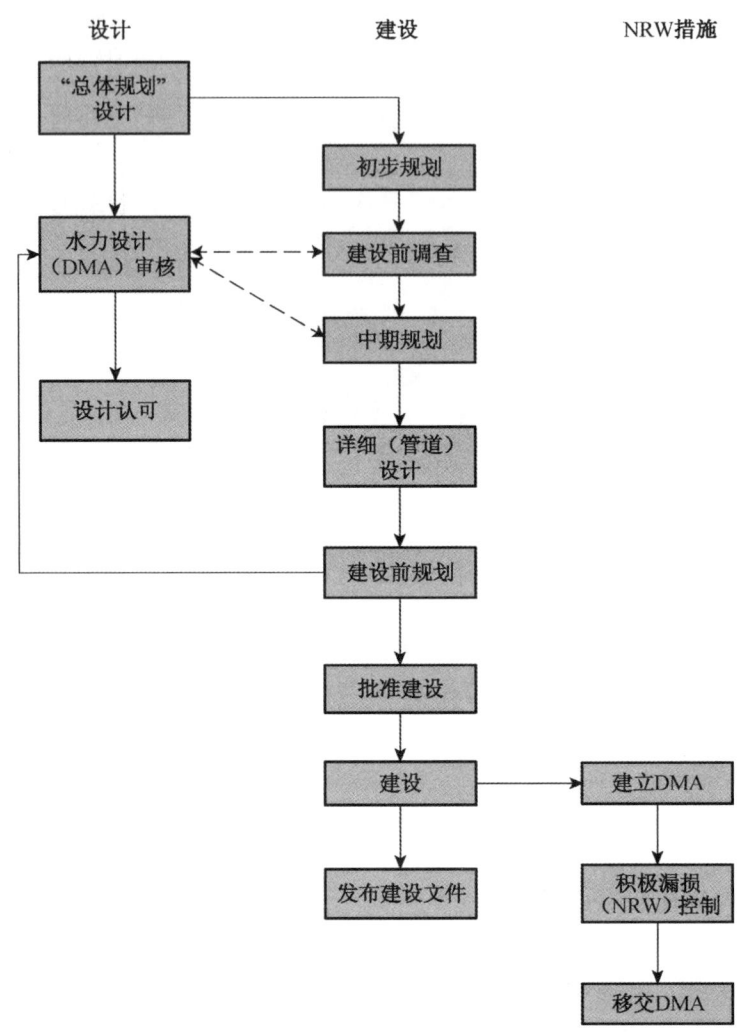

图 5-1 DMA 建设工作流程图

5.3 分阶段的设计

（1）水力设计：对覆盖系统的管道进行布设和 DMA 的划分。这种设计包括边界的细节（边界阀门和 DMA 流量计），但不考虑局部的装置和附件。水力设计的目的是为详细设计提供有力支撑，确保设计的效果。

（2）详细设计：明晰单个的管道及其位置、提供装置和附件的细节。详细设计的目的是提供施工图设计。

5.4 管道的分类

(1) 一级配水干管(Trunk Mains):配水从存储设施或泵站到 DMA,包括所有的连至 DMA 流量计的管道。通常管道直径较大。

(2) 二级配水管道:从一级配水干管至三级配水管,围绕着 DMA 配水,通常为中等口径管道,用户连接管接在二级配水干管上。

(3) 三级配水管:通常直径较小,从二级配水管道配水至用户。

5.5 DMA 初步审查

初步审查需要的资料包括:总体规划、现状管网 GIS、水力模型。
审查考虑的因素:
(1) DMA 配置的数量和大小;
(2) 管网布设的效率(不必重复建设);
(3) 水力性能;
(4) 建设难易度;
(5) DMA 的边界设计;
(6) 缺失的管道。

5.6 干管设计(水力设计)

此阶段考虑的因素包括:
(1) 最优利用现有基础设施实现最少的开挖;
(2) 考虑可替代的管道路线,使成本最低和供水中断事件的发生率最小。

在初始审查阶段,设计者已经形成了关于 DMA 配置的视角。在此过程中,DMA 被认为满足最终配置的要求,从而进行下步设计工作。然而,如果 DMA 配置需要作出较大改变,建议先于干管设计,完成边界的调整,重新审查 DMA 接入点的可行性。

5.7 DMA 设计(详细设计)

1. DMA 的类型

根据不同的流量计设置位置有三种类型的 DMA(图 5-2):
① 单路进水 DMA(Single Feed DMA):通过单一进水点供给水量的 DMA,无外输

水量。

② 双路进水 DMA(Dual Feed DMA)：通过两个进水点供给水量的 DMA，无外输水量。这种 DMA 通常仅适用于大的 DMA，其水力约束条件不可被"分割"，或适用于额外考虑安全供水的 DMA。

③ 嵌套 DMA（Cascading DMA）：通过单一进水点供水，但外输水量至毗邻的 DMA。这种安排通常适用于供给区域距离主干管远，或者延伸主干管的费用过高。

三种 DMA 均可利用，然而，优先使用直接从干管接出的单路进水的 DMA。

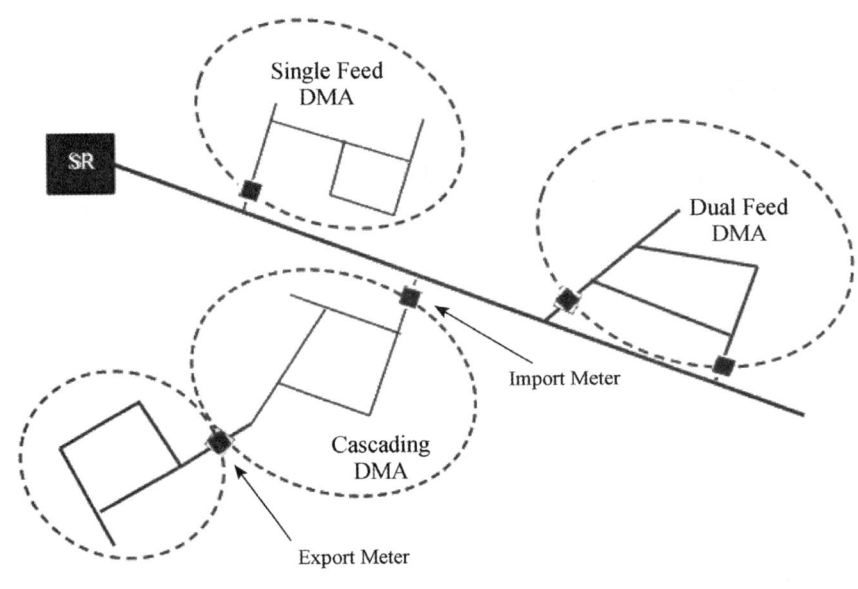

图 5-2　DMA 的三种类型

2. DMA 的大小

DMA 的大小不被设置。优先的策略是设计 DMA 满足水力条件和城市的用地性质，使其能根据自身要求调节大小。然而，严格采用不大于 5 000 个用户支管作为其上限。

3. DMA 流量计的位置

在当前设计阶段，水表应位于主干管穿过 DMA 边界的点，与现场条件无关。使用电池驱动的 EM 表，表头位于路边的表井内。水表的具体位置需要考虑以下因素：

① 可建设性：现场应适于表井的砌筑。

② 进入的便利性：未来现场应提供给操作者安全进入的便利。

4. 管道布设

应遵循以下原则：

① 管道布设应考虑现状管道、规划管道、准备废弃管道等。

② 布设管道按照全生命周期评估,考虑更新和内衬等措施。
③ 一级配水干管布设参照水力模型模拟结果;二级配水管道尽量布设为环状,三级配水管道为枝状。

5. 水力分析和管道直径的确定

DMA 的设计应通过水力模型分析。管网模型确定所有大口径管网的直径(大于 500 个用户支管)。然而,管网模型不适用小口径管道(小于 500 个用户支管),这种情况下需要基于下游用户支管数量,利用统计的方法确定管道直径。

6. 最不利点

最不利点用于未来 DMA 运行的确认和保障。最不利点表达了 DMA 最高点或最远点的最低要求压力。

7. 消防水量分析

通常设计应校核消防流量。消防流量发生在高峰供水时,满足以下条件加载到特定消火栓:
① 消防水量:25 升/秒;
② 余压:消火栓处 5 米水头。

8. DMA 的设计图纸

① 用颜色区分现状、新铺和内衬的管道;
② 内衬按照三级、二级和一级配水管道逐次加厚;
③ 管道属性至少含管道最小直径;
④ DMA 边界、边界阀门和水表应标识;
⑥ 水表、阀门大样图;
⑦ 大的或敏感的用户;
⑧ 最不利点。

9. 设计校验和模型更新

校验的目的是:
① 提供独立的模型性能的验证。当设计被外部承包商承担情况下,更加重要。
② 为提供一致性,保证所有的设计在同样标准下通过测试。
③ 在 DMA 报告中记录涵盖管网的性能。

模型更新应收集以下 DMA 文档报告:
① 最小节点压力;
② 最大管道流速;
③ 消防流量下的残余压力;
④ 干管的水力坡度。

5.8 DMA 报告

以设计审查过程为基础，一步一步地编辑 DMA 报告（表 5-1）。

表 5-1　　　　　　　　　　DMA 输出的总结

任务	初步成果	修订（根据需要）
初期审查阶段		
干管设计阶段	干管示意图	
DMA 设计阶段	DMA 设计图、水表位置的图片记录	干管示意图（DMA 配置后修订）
模型更新和设计校验阶段		干管示意图（根据最终管道尺寸）
GIS 更新和文档提交阶段	根据最终的管道尺寸更新 GIS GIS 输出-统计 　　用户数量； 　　干管长度； 　　大客户； GIS 输出-打印 　　拓扑图 　　大客户； DMA 报告	DMA 设计图（根据最终管道尺寸）

5.9 某市 DMA 规划案例

（1）背景

本项目由亚洲开发银行（ADB）投资，致力于通过管网改造，建立 DMA 管理机制，把目前严重的 NRW 问题（50%）降至 18% 以下。

（2）DMA 规划过程

DMA 规划区域总的用水量约为 3.87 万立方米每天；总的用户支管为 33 265 个。目前的产销差约为 49%；主要使用的管材涵盖了普通铸铁管，球墨铸铁管，PE、PVC 管，水泥管等。项目规划建设新管道、更新旧管道（小于 200 的普通铸铁管）、内衬旧管道（大于 200 的普通铸铁管），进行系统优化并采取 DMA 管理等措施。

首先根据地形状况和用户用水情况建立初步的 DMA 边界划分（图 5-3，图 5-4）。

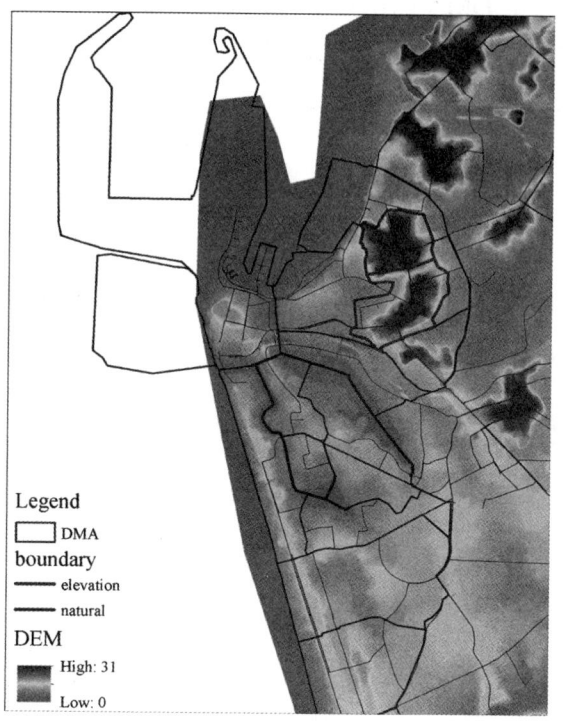

图 5-3 DMA 规划区域现状地形与高程差异对比图

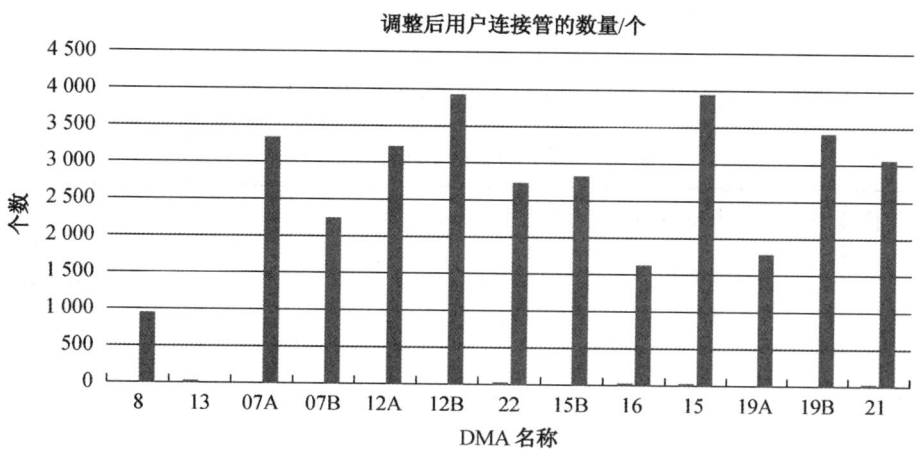

图 5-4 规划的每个 DMA 用户支管数量对比

规划方案中平均每个 DMA 的用户支管数量为 2 559 个。

一级配水干管与 DMA 进水的逻辑流程图如图 5-5 所示。

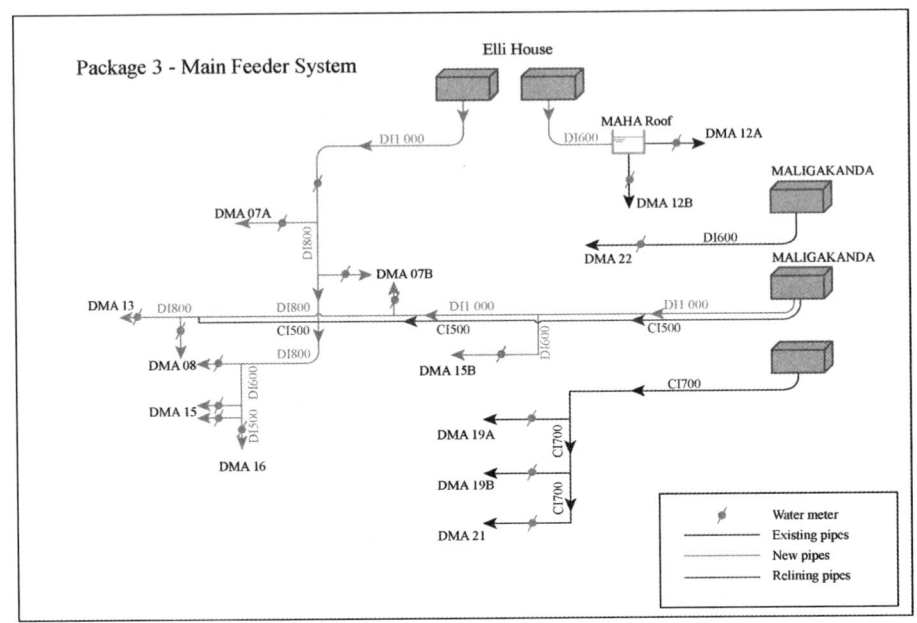

图 5-5　各 DMA 水量分配逻辑流程图

在 2040 年水源路径和规划管路布置的情况下，布设 DMA 进水点（Entry Point）。进水点的布设既要考虑配水的便捷性、内部水压的易满足性，也要考虑现场施工的可操作性、未来获取数据的便利性。

各 DMA 水力模拟情况及结果如表 5-2，图 5-6，图 5-7 所示。

表 5-2　　　　　　　　各 DMA 要求的自由水压与模拟值对比

DMA 名称	DMA 要求压力/m	模拟压力/m	差值/m	备注
08	15.6/17.1	15/18	−0.6/+0.9	满足要求
13	16.6	16	−0.6	满足要求
07A	17.5	16	+1.5	满足要求
07B	15.9/14.1	15/18	+0.9/+3.9	满足要求
12A	12.4	17.8	+4.4	满足要求
12B	14.8	24	+9.2	满足要求
22	13.4	15	+1.6	满足要求

续表

DMA 名称	DMA 要求压力/m	模拟压力/m	差值/m	备注
15B	16.7	17	+0.3	满足要求
16	15.5	15	+0.5	满足要求
15	12.8/14.6	21/16	+8.2/+1.4	满足要求
19A	16	15	−1	满足要求
19B	17.7	15	−1.4	满足要求
21	15.2	14	−1.2	满足要求

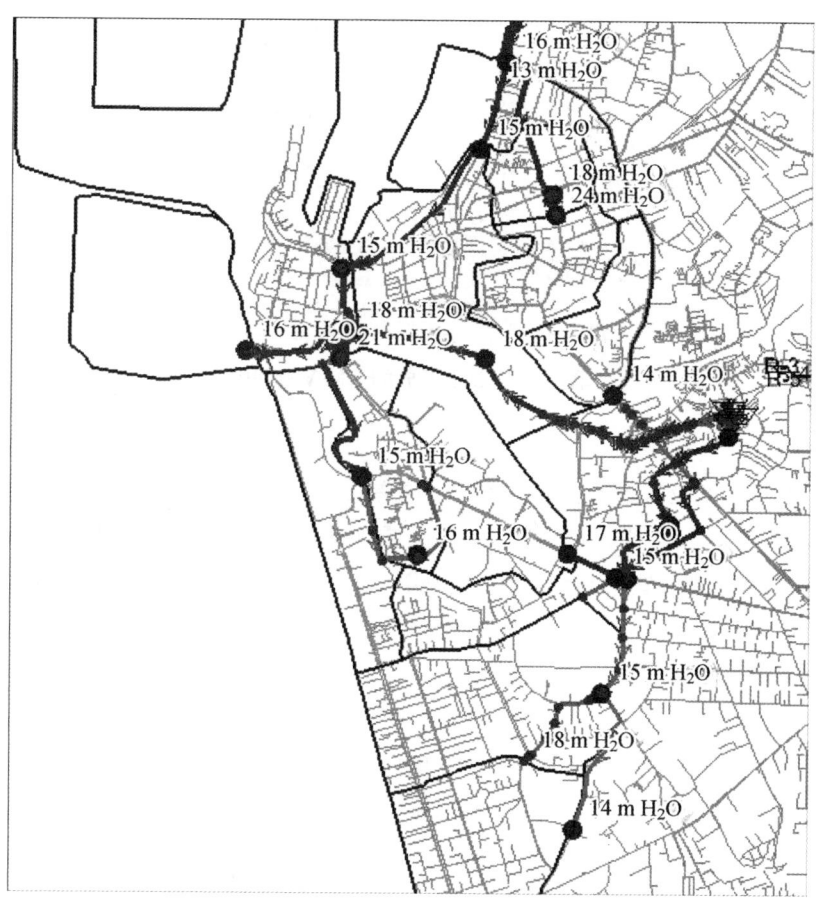

图 5-6 基于水力模型模拟的各 DMA 进口的自由压力(2040 年)

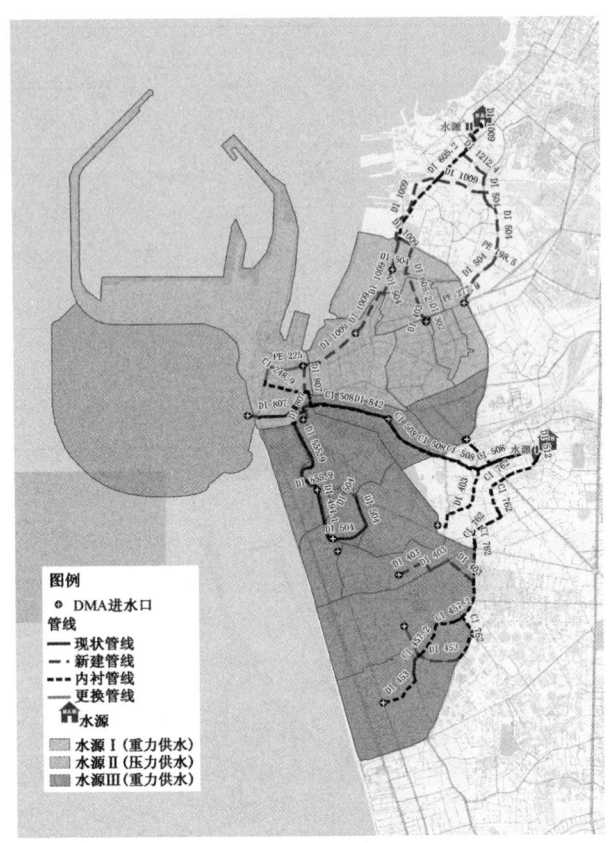

图 5-7　最终形成的 DMA 规划图

(3) 小结

DMA 划分重点应考虑自然地形分界、高差因素、水量分布和用户支管数量等因素。进行 DMA 初步规划后,通过模型模拟,验证或优化调整 Feed Mains 与 DMA 边界,可构建出未来供水系统的主框架与科学供水模式。

5.10　案例启发与思考

(1) 工程投资与效益的统一。项目直接以业主的实际需求、产销差或无收益水量的降低为目标,设计了一连串跨产业链的作业组合,以区域的产销差满足为直接验收目标,打破了既往工程项目,各承包商仅承担自身内容,而业主无法实现总体目标的窘境。项目的承包商需整合调配规划、勘探、设计、GIS、水力模型、DMA 管理、施工、造价、漏损评估、合同谈判与索赔等一系列资源,才具备承接能力。项目的实效性很强,必须达到水务运营的效果,才可移交。这种模式国内罕见,有效解决了投资建设与运营效益脱节的现象,值得深思,具有可复制性。

（2）供水规划与供水模式的创新。原有的供水管网环状、枝状的理念深深根植于专业人士脑中。20世纪80年代出现DMA管理理念后，业内才逐渐有所认识。但多数情况下，认为DMA管理仅是水务公司自身需求，与规划设计无关；现有管网改造为DMA投资巨大、困难重重。实际情况是，由于缺少这方面的先进的教育理念，大家均未意识到从规划设计层面来讲，DMA管理理念从未引入国内。Feed Mains和DMA规划未有所闻，更无论实际应用了。DMA的出现实际上对现有教育理念、管网规划带来了巨大冲击，是对现有管网运营模式的创新。仅从DMA装表、流量监控上做文章，实际上是不全面的、肤浅的。如何将老旧管网从根本上转变为，或逐步改造为以DMA为核心的管理模式，此项目提供了最佳实践。

（3）技术的深度融合与集成。案例体现了水力模型与DMA管理技术的不断交互。在初始阶段，DMA划分为模型确定边界和水量，模型根据模拟结果调整管路布设或进水点位置，优化DMA布局。这是不断结合与参照的过程。既要考虑现状，也要考虑规划情景，还要考虑从现状如何一步步过渡到规划。不同场景下，模型均可提供优化决策；不同实施阶段，DMA都有其展现形式。无需强调模型的重要性，案例"自然地"融合了水力计算与DMA的成果。此外，项目提交的成果包含管线勘探数据、用户调查内容、用户水量信息、新构建的GIS和水力模型、DMA漏损评估与漏损监测预警等。该成果需要统一的平台和专业的模块。其最具特色的是，不是将一个个模块单独构建，也无需另行立项，而是在整个项目实施过程当中，分区构建，逐块移交。在工程项目结束后，即形成了业主所需的，具有真实数据和完善管理功能的专业的集成信息系统。

（作者单位：1 华北水利水电大学，2 上海航天动力科技工程有限公司，3 郑州华沃太科信息技术有限公司）

6　DMA 管理运行和维护的流程

Sher Singh　侯煜堃

6.1　确认 DMA 已建立

流程：明确边界阀门

目的	确认 DMA 进水口和出口封闭
流程	(1) 在地图上定位阀门。 (2) 在街道或人行道寻找阀门。 (3) 确认 GPS 定位并记录。 (4) 在地面、街道或人行道上用蓝色油漆标记定位。 (5) 检查阀门；根据需要清洗阀井箱/室。 (6) 确定阀门已关闭。 (7) 完成阀门检修单 **直接探漏** 直接探听，通过在阀门上设置探漏设备，能听到泄露特有的声音。它有一个嘶嘶的声音。最简单、最便捷、最便宜的设备是听漏棒。一端被放置在阀门上或者阀门开关上，而另一端靠在耳边。泄漏噪声是从阀转移到耳朵上。如果在 DMA 边界阀门上没有听到噪音，那么它一定是"关闭的"。如果在 DMA 边界阀上能听到噪音，那么它一定是"过流的"

续表

目的	确认DMA进水口和出口封闭
设备	配水管网地图；为确保安全的交通锥形警示标；打开阀室和洁净阀箱的手动工具；用来探听泄露的听漏棒；启闭阀门的工具和钥匙；纸质表格；笔

流程：零压力测试

目的	确认所有的DMA进水点被计量和所有的DMA出水点被关闭
流程	(1) 安排试验在凌晨1:00到5:00之间进行。通知有特殊需要的客户(如医院、工厂)。 (2) 确保工作人员按计划进行，明晰DMA的边界。边界阀门和DMA进水阀。 (3) 在测试之前，音听边界阀门，以确认它们没有向DMA供水和出水。 (4) 关闭DMA入口的阀门，以确保隔离DMA。 (5) DMA中的水压应该下降。 　① 如果水压立即下降，则DMA被所有边界阀门准确隔离。 　② 如果5 min后压力没有下降，第二次检查时打开消防栓(进口阀仍处于关闭)，流出一些流量，这应该能使压力归零。消火栓关闭后，压力应保持零值。 (6) DMA以外的压力必须保持恒定。 (7) 在测试完成后，打开进水阀。压力计被用来确认DMA是否已恢复供水
设备	夜间安全设备(荧光夹克、手电筒、交通锥形警示标)；打开阀室和洁净阀箱的手动工具；启闭阀门的工具和钥匙；可使用的压力表和数据记录仪

6.2 DMA运行

步骤：每日的DMA流量和压力读数

DMA进口仪表不断根据预先选定的时间间隔(如每5 min，每15 min一班)记录流量和压力。该数据传输到自来水公司运营中心。

DMA建立和运行后，流量和压力数据应在每天大致相同的时间被发送到运营中心。然后，操作人员应审查这些数据，寻找大于指定量的变化值。

流程：DMA内的均压点

定义	在DMA内，测量平均高程下的平均压力
目的	漏损水量是压力的函数，而AZP压力用来调整被测量在一天的不同时间的明漏数据，特别用在MNF中计算昼夜因子NDF(在"夜间最小流量测量"流程中描述)
流程	(1) 获取显示DMA高程的地形图； (2) 对于每个DMA，计算出加权的平均地面标高； (3) 在区域中心附近，确定具有相同加权平均地面标高的压力测量点——这被称为均压点； (4) 测量均压点的压力，并以此作为该区域的平均压力； (5) 测量每小时的压力，然后计算出24小时平均DMA压力

续表

替代流程	对于具有相对恒定高度的 DMA： (1) 测量在 DMA 入口处的平均压力； (2) 减去加权的平均地面标高

加权平均地面标高	(1) 选择合适的等高线,例如 2 m。
	(2) 计算基础设施参数的数量(按优先顺序选择下列参数之一)：
	  • 用户支管的数量；
	  • 消火栓的数量；
	  • 干管的长度

过程：分步测试

目的	找到 DMA 内的漏损区域
方法	通过一个接一个地关闭部分管道上的阀门,并同时记录 DMA 流量的变化来系统地缩小 DMA 内漏损的范围。如果在一个子区域内有漏损,则流量与其他区域相比呈明显下降,在图上看来呈阶梯形下降
步骤测试准备	• 冲洗死头和消火栓,以冲洗管道的沉积物。 • 在白天定位需关闭的阀门,打开阀盖并清洗阀室。 • 在不破坏客户供水的情况下,白天关闭尽可能多的阀。例如关闭连通阀消除环状网,从而创建树状网和分支管网。 • 检查有风险的和有特殊需要的不能中断供水的客户,可能不得不为他们安排备用水源
流程	(1) 获取试验区地图。 (2) 确定边界阀门和 DMA 内部的阀门。 (3) 将地图上的所有阀门编号。 (4) 制定一系列关闭阀门的步骤,以便将 DMA 再分区。 (5) 在地图上确认连通阀和分步关闭的阀门。 (6) 在白天找到阀门并根据需要进行检查和维修。 (7) 将分步测试安排在夜间。 (8) 从距 DMA 入口最远端开始,记录和关闭的时间和阀门细节,以及 DMA 进口流量(m^3/h)。 (9) 缓慢关闭阀门,并观察 DMA 流量所受影响(一般为 10 min)；流量应该会下降。 (10) 根据计划关闭阀门。随着缓慢关闭阀门并记录关闭时间,观察 DMA 流量变化。与能够读取 DMA 进口流量读数的人保持电话联系。 (11) 最后一个被关闭的阀门是水表阀门。流量应下降到零。 (12) 以相反的顺序重新开阀,缓慢打开每个阀门,以避免破管。 (13) 打开消防栓释放气体并冲洗干管。注意排水不要引起损失或漫流
设备	荧光(在夜间发光)夹克；手电筒；手机；手动工具(锤子、螺丝刀、扳手)；交通锥形警示标；阀盖打开装置；阀门开关和钥匙；打开和关闭消防栓的扳手；连接消防栓的压力表

流程：最小夜间流量计量

最小夜间流量组成

最小夜间流量(MNF)	用户使用
	背景渗漏
	破管漏失

最小夜间流量可以计量；

用户用水量和背景漏失可以估算。

$$破管漏失计算 = 最小夜间流量 - 用户用水量 - 背景漏失$$

流程：最小夜间流量的测试

定义	最小夜间流量（MNF）是 DMA 夜间一小时之内的最低流量。DMA 的夜间最小流量每晚都会变化。最小夜间流量包括用户用水量、不可避免的背景漏失以及管道和用户连接管处的漏失
目的	提供快速判断存在漏失的 DMA 的指标［见流程：从最小夜间流量估算漏失］
准备	在测量最小夜间流量之前，完成分步测试、漏损探测与调查，并修复所有检测到的漏损
流程	（1）从晚上 11 点到早上 6 点以 15 min 为间隔来测量夜间流量； （2）确定最小夜间流量的一周中的某一天的典型时段； （3）计算最小夜间流量在固定时间（02:00—03:00，03:00—04:00 等）的平均值，单位 L/s，保留 2 位小数，然后转换为 m^3/h

流程：从最小夜间流量估算漏失

定义	最小夜间流量（MNF）是夜间一小时之内 DMA 的最低流量。DMA 的夜间最小流量每晚都会变化。最小夜间流量包括用户用水量、不可避免的背景漏失以及管道和用户连接管处的漏失
目的	提供快速判断漏失的指标
流程	（1）将 MNF 分为三个部分： • 用户正常夜间用水量； • 干管和用户支管不可避免的背景漏失； • 爆管和破管及支管连接处的漏失。 （2）应用昼夜因子（NDF）将夜间每小时漏量转换为每天每小时漏量
	正常夜间用水量 数据收集表格——用户夜间用水量等于平均用水量（L/(c·h)）乘以 DMA 内支管连接数
	不可避免的背景损失（UBL）——在配水系统中存在着一定压力下干管和支管连接处的不可避免的漏失
	破管漏失 =［最小夜间流量 - 正常的夜间用水 - 背景漏失］
	昼夜因子（NDF）是一个压力调节因子： NDF = 日平均 DMA 压力 /MNF 压力 • NDF 不是恒定的，并且会根据一周内的某天和随季节变化； • 请参考白天平均的 DMA 压力计算流程； • MNF 压力就是在夜间最小流量时的压力（以 m 计）
公式	每小时破管漏失 =［最小夜间流量 - 正常夜间用水 - 背景漏失］× 昼夜因子

6.3 监测 DMA

通过监测 DMA 流量数据能看到预示漏失水平的变化。越快做出反应,损失的水量就越少,通过这种方法可减少无收益水量。

步骤:将夜间最小流量与日平均流量进行比较

目的	快速判断漏失的指标
流程	(1) 测量 DMA 的 24 h 内流量; (2) 确定日平均流量(m^3/h); (3) 确定 MNF(m^3/h); (4) 平均日流量除以 MNF; (5) 评估结果

流程:计算初始的快照管网漏失指数 ILI(Snapshot ILI)

Snapshot ILI 是一个快速估算漏失程度近似值的实用方法。它可以用来确定 DMA 漏失探测和修复的优先次序。

"快照"漏失水量 = 最小夜间流量 − 估计用户夜间用水量
"快照"ILI = "快照漏失水量"/ 不可避免的年真实漏损水量

目的	优先选择 DMA 的进一步工作
流程	(1) 收集 DMA 数据; (2) 测量最小夜间流量; (3) 评估用户夜间用水; (4) 计算不可避免的年真实漏损水量(MAAPL); (5) 计算初始的快照漏失指数

流程:目标夜间流量(TNF)

定义	目标夜间流量水平(TNFL)以 m^3/h 为单位,基于评估 DMA 真实漏损设定的目标
目的	作为 DMA 状态的一个指标。当 TNFL 超过一定值,需进行维护工作使其恢复至原有水平
流程	(1) 测量最小夜间流量; (2) 计算连续 7 天的平均值; (3) 与目标夜间流量水平进行对比
采取的行动	(1) 调查是否有任何新的夜间用水或现有用户水量增加(例如增加运行时间)。 (2) 检查压力数据,以确定是否由增加的压力导致漏损增加。如果可能的话,使用 PRV(减压阀)降低压力。 (3) 如果夜间流量增加不是由用户用水变化或压力增加所导致,那么进行分步测试后,随之开展检漏并维修

流程：优先进行漏控的 DMA

目的	将漏控集中到更高漏损率的 DMA 上
流程	(1) DMA 验收时，优先使用 7 天基准流量监测数据。计算最小夜间流量占日均流量的比例，然后从比例最高的 DMA 开始工作； (2) 首次分步测试和漏损检测或维修结束后，通过 Snapshot ILI 确定优先级，然后从该值最高的 DMA 开始工作； (3) 漏损被减小后，监测目标夜间流量水平（TNFL）
采取的措施	将 DMA 从最好到最差排序，以作出改善

6.4 监测 DMA

- 维持 DMA——检查、服务、维修；
- 阀门检查和维护——见下文；
- 冲洗管道和死头，参见相关流程；
- 报告 DMA 绩效，请参阅每个 DMA 的管网漏失指数和无收益水量的绩效指标 Memo。

流程：阀门的检验与维护

定义	阀门是一种通过打开、关闭或部分阻碍各通道来调节、指向或控制水流的装置。阀门通常为以下三类别之一： (1) 截止阀，阻断流量或允许其通过； (2) 止回阀，允许流体仅在一个方向上流动； (3) 调流阀，将阀门从完全打开到完全关闭的某点之间进行流量调节
目的	确使需关闭某片管网时阀门是可操控的
流程	(1) 收集有关阀门的数据； (2) 根据阀门的重要性划分优先级别； (3) 检查阀门，并根据需要进行维修； (4) 更新阀门记录
设备	地图；GPS 定位；打开并清理阀室的手动工具；转动阀门的阀棒和钥匙；标记阀盖的油漆

（本文由 Sher Singh 和侯煜堃为世界银行贷款的辽宁省"GEF LMC-2 Package B1—Capacity Building of Public Utility"项目编制）

7 DMA 管理的练习案例

侯煜堃 译

DMA 号 S008，有 1 651 个连接用户。

流量监测与压力采集数据表明在记录期间的总流量是 8 894.711 m³。记录期 5.67 天。

经漏损探测发现 33 个漏点。

随着漏损修复，在同样记录期的总流量为 8 180.120 m³。

漏损修复后每天的流量是多少？

以 L/d 计，总节省水量是多少？

以 L/(c·d) 计，节省水量是多少？

参见表 7-1，DMAS008 发现的多数漏点产生在哪里？

表 7-1　　　　　　　　　　发现的漏点总结

No	Zons code	NRW Zone	Main Pipe (nos)	Comm Pipe (nos)	Sluice Valve (nos)	Stopcock (nos)	Meter Coupling (nos)	Meter Stand (nos)	Air Valve (nos)	Illegal Connection	Total
1	N 006	DMZ Tmn Desa Anggerik	8	0	0	3	1	1	0	0	13

续表

No	Zons code	NRW Zone	Main Pipe (nos)	Comm Pipe (nos)	Sluice Valve (nos)	Stopcock (nos)	Meter Coupling (nos)	Meter Stand (nos)	Air Valve (nos)	Illegal Connection	Total
2	N 004	DMZ Desa Cempaka 2 & 3	8	4	5	10	1	2	0	0	30
3	N 008	DMZ Desa Cempaka 1	3	3	3	4	2	0	0	0	15
4	S 001	DMZ Tmn Bukit Kepayang	3	3	1	2	0	1	0	0	10
5	S 005	DMZ Tmn Bidara	3	1	2	4	2	0	0	0	12
6	S 014	DMZ Tmn Desa Rhu	5	21	0	4	6	4	0	0	40
7	S 004	DMZ Tmn Kelab Tuanku	3	17	0	12	2	4	1	0	39
8	S 008	DMZ Tmn Pingiran Senawang	4	2	2	18	2	4	0	1	33
9	N 001	DMZ Tmn Semarak 2	9	1	1	4	0	0	0	1	16
		Total	46	52	14	61	16	16	1	2	208

参见如图7-1所示的饼图，你怎样优先选择未来的管网运行维护策略？

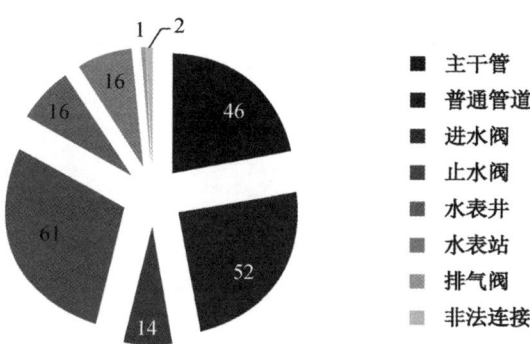

图7-1 检漏量汇总

参见图7-2，漏损修复效果在最小夜间流量下的表现是什么？

— 以L/s计
— 以L/(c·d)计

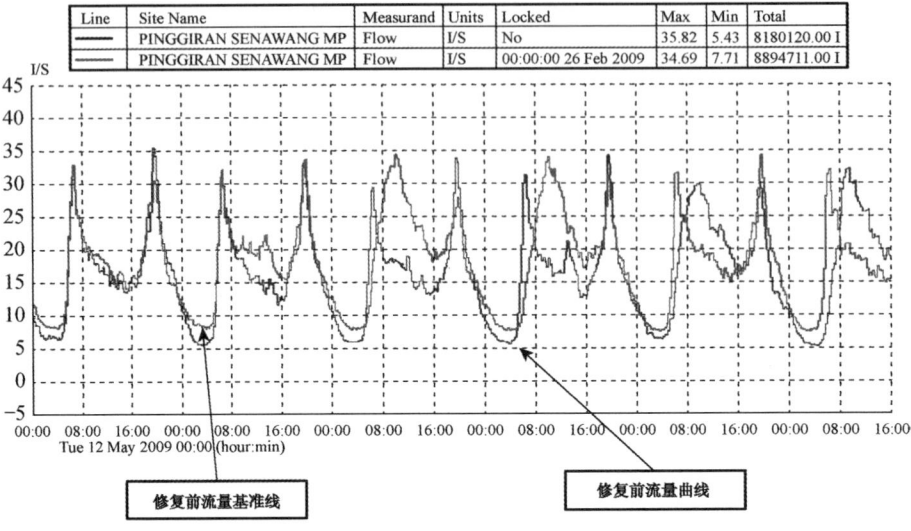

图 7-2 漏失修复效果

（本资料由 Malcolm Farley 提供）

8 真实漏损控制之零压力测试

陈洁[1] 柏一凡[2] 译

DMA一旦建立,就应进行零压力测试。零压力测试需要关闭DMA所有进水阀门,检查压力是否降为零。所有DMA的边界和区内阀门应检查是否止水严密。如有故障阀门,应及时进行维修更换,并重新进行零压力测试。只有通过零压力测试并确定DMA完全封闭,才可实施其他步骤。

DMA零压力测试的详细步骤如下:

(1) 在开始测试之前,DMA内有漏损迹象或临近区域的压力(下降)对测试是有利的。

(2) 准备标注有DMA边界、分步阀门(零压力测试阀门)、进口流量计与最不利点的计划书。

(3) 评估零压力测试对管网运行和维护所造成的影响,这种影响应包含以下内容:
- 确定用水敏感/关键用户/特殊用水用户;
- 必须通知的用户;
- 排气阀是否正常运行;
- 零压力测试的区域是否包含运行的减压阀(PRV);

- 应急方案。

(4) 完成健康与安全风险评估。

(5) 运行维护方案计划得到供水部门批准。

(6) 测试应安排在周一至周四的凌晨 1 点—3 点(也可选择其他适宜时间段)。

(7) 通知消防部门。

(8) 阀门操作应及时更新运行日志。

(9) 现场应派至少两名工作人员。

(10) 在表中详细记录零压力测试的细节(表 8-1)。

(11) 现场开始测试之前电话通知运行管理部门。

(12) 对最不利点处的消火栓和附近记录点的管道缓慢冲洗。

(13) 在最不利点处的消火栓上安装压力计,由一名现场人员连续监测。

(14) 或在最不利点附近的消火栓上安装压力记录仪。

(15) 实施零压力测试时,现场人员应保持沟通顺畅。

(16) 零压力测试期间,监控区域内任何运行中的减压阀。

(17) 按步骤关闭分步阀门(零压力测试阀门)以隔离 DMA,对阀门进行听探,确保其止水严密。

(18) 评判进水阀门的状态改变,并预期改变持续的时间。阀门操作人员必须将现场情况及时电话告知控制中心,包括标签丢失等情况。当现场操作人员无法提供阀门细节时,应随后告知控制人员(调度员),从而获取查看 GIS 资料权限,得到正确的边界阀门信息。

(19) 安装在管道上压力计记录的压力值应下降。

- 压力合理地快速降为零,表示分步阀门(零压力测试阀门)密闭良好。
- 如果 10 分钟后压力还未下降,应开展二次检查。保持分步阀门关闭情况下,打开消火栓放水,压力应降为零,且关闭消火栓后压力仍保持为零。
- 一旦零压力测试成功,应尽快恢复供水,避免主管道严重失水与水质问题产生的风险。

(20) 零压力测试失败,即压力下降缓慢和/或压力不能为零,表明存在一个或多个分步阀门故障(或存在未知的进水情况)。

(21) 完成测试后,打开分步阀门,确使 DMA 恢复正常供水。检查所有减压阀,使其正常运行。

(22) 电话告知运行管理部门更新阀门操作日志。零压力测试完成。

(23) 完成零压力测试记录表(表 8-1),并存入该 DMA 的管理文档。

表 8-1　　　　　　　　零压力测试记录表

日期		开始时间		人员姓名	
运营区域			资产编号		
供水区域			资产编号		
DMA			资产编号		

告知相关调度部门，零压力测试开始

断水时间	
通水时间	
零压力测试持续时间	
测试开始前压力表数值	m
测试期间压力表最低值	m
测试完成后压力表数值	m

阀门操作时间（填写所有操作的阀门和消火栓）

阀门/消火栓编号				
关闭时间				
开启时间				
阀门/消火栓编号				
关闭时间				
开启时间				

告知相关调度部门，零压力测试完成

记录器位置	
记录器序列号	

填写下面的空格，提供关于此测试的额外信息

测试结果	成功　失败
结束时间	
签名	

（作者单位：1. 郑州华沃太科信息技术有限公司，2. 上海简约净化科技有限公司）

9 管网漏损控制之 DMA 管理：案例研究

侯煜堃[1]　陈洁[2]　赵春会[2]

给水管网漏失不仅浪费了宝贵的水资源，也降低了供水服务的质量。及时发现管网漏失，并采取有效的措施，能够提高供水的安全性。实践证明，通过科学合理的漏损管理，可以及时评估、预警管网漏失，保障管网输配水安全。

DMA 管理的概念于 20 世纪 80 年代初，由英国水工业协会首次倡导。Malcolm Farley 等人提出把开放的供水管网分割成一些较小的、易于管理的计量区域或检漏区域（DMA）。这是目前国际上公认的最好的真实漏损控制实践。它能使供水企业便于查找问题区域的漏损。之后，John Morrison 等人提出，夜间最小用水量包括居民用户夜间用水量、非居民用户夜间用水量和异常的夜间用水量，其中异常的夜间用水量涵盖背景漏失和破管漏失，即真实漏损水量；同时也提出 BABE 概念，即背景漏失和破管漏失水量组分估算方法。本项目通过实测给水管网 DMA 的夜间流量，解析后获得近似的真实漏损数值。具体做法是通过对 DMA 小区进口安装高精度流量计，大频率地采集分析凌晨 2:00—4:00 的夜间流量数据，采用置信度 95.5%、置信区间为 $(\mu-2\delta, \mu+2\delta)$ 的方法，不通过组分分析，直接估算 DMA 夜间真实漏损水量。

然而，实际案例中真实漏损的评估、DMA 实施流程，及夜间流量与产销差（无收益水量)的关系,少有文献涉及。本文从实践角度尝试阐述这一问题。

9.1 DMA真实漏损评估方法

基于夜间最小流量,采用BABE概念,评估真实漏损水量。不考虑表观漏损情况下,DMA的夜间最小流量包括居民用户夜间用水量和漏失水量,漏失水量包括破管漏失和背景漏失水量。

总实际漏失水量是所有单独漏水事件漏失量的总和,每一次漏水事件的漏失量取决于其漏水的流量及持续时间。BABE方法中破管漏失和背景漏失估算所需基础资料为:管网长度;DMA中夜间平均压力;用户支管的数量;私有管道的总长度(从物权边界到用户水表)等。

其中破管漏失又包括明漏和暗漏,其漏失流量估算如表9-1所示。

表9-1　　　　　　　　　　明漏和暗漏的流量

破管位置	明漏的流量/[L/(h·m)]	暗漏的流量/[L/(h·m)]
主干管	240	120
用户支管	32	32

背景漏失是个体事件(极小的漏点或连接处渗水),它的流量太小以致难以用检漏排查发现。根据BABE概念,估算背景漏失。

夜间最小流量剔除用户用水影响后,得到的是背景漏失和破管漏失的总和。估算出背景漏失和"一般"的破管漏失后,可得到"额外"的破管漏失水量,这尤其需引起关注,也是漏控的重点目标。此外,总的无收益水量减去真实漏失水量,即为表观漏失水量。科学分析DMA中真实与表观漏失水量所占份额,可有针对性地制定DMA的下一步漏控措施。

9.2 案例研究:XT市某DMA小区漏损控制

1. DMA概况

(1) 小区管网图

DMA小区位置图与管网图如图9-1、图9-2所示。

(2) 小区管网主要数据信息

该小区内设有一个加压泵站。一路进水至泵站,进水管上安装有DN200管段式电磁流量计一台,记录该DMA小区总供水量。从泵站接四根供水管,分别向小区东南西北四个方向供水。小区2016年1月20日—4月1日期间总供水量158 369 m^3,总用水量为72 741 m^3。

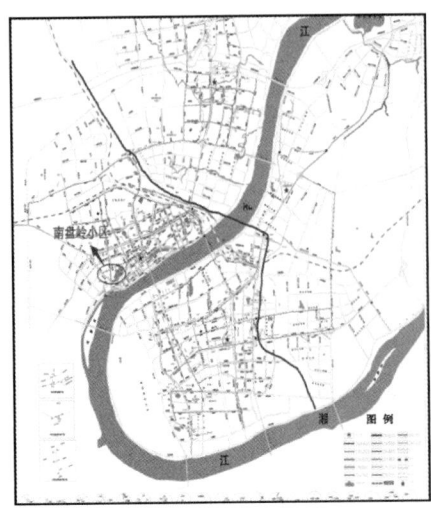
图 9-1　DMA 小区位置图

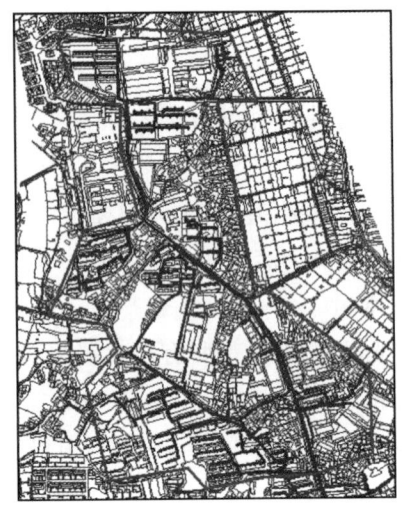
图 9-2　DMA 小区管网图

表 9-2　　　　　　　　　DMA 小区管网主要数据信息

DMA 1	信息	备注
名称	某小区	
位置		见地图
有数据文件(是或否)	有	格式
面积	52.65	公顷
管长	8 936	km,总计
其中干管长	6 598	km,DN100
用户支管数	850	个
水表数	3 401	块
平均压力	0.27	MPa
总用水量	23 万 m³	M3,2015 年
影响夜间流量的非居民用户	0	户
破管或维修记录	—	条
爆漏事件响应时间	—	小时
边界阀启闭状态	关闭	
DMA 是否成功分离	是	
安装进口水表口径及类型	DN200	管段式电磁流量计

2. 零压力测试

DMA 建立后,先进行零压力测试。关闭进口阀门,核查压力降低接近零。对所有边界和区域内阀门检查,看其是否紧闭。发现有问题的阀门,进行维修后重复进行零压力测试。

如果压力没有降为零,说明可能有其他管道水流流入该区,需要进行排查。

2015年10月,该小区通过了零压力测试(图9-3),测试结果如图9-4所示。

图 9-3　零压力测试图　　　　　图 9-4　零压力测试结果变化曲线

零压力测试后,DMA小区边界有所调整,确认后的边界如图9-5所示。

图 9-5　零压力测试后DMA小区边界调整图

通过零压力测试后,确定该DMA小区独立、封闭、边界确定且无外来水源。

3. 安装进口流量计

DMA小区总水表表井图如图9-6所示。

图 9-6　DMA 小区总水表表井图

图 9-7　分步测试现场图

4. 分步测试

分步测试通过逐步从区域分离出的管段进行流量测试行为,在记录器上记录流量变化。每当可能存在漏损的管段被隔离出来,在流量曲线图上就可以看到明显的下降。这个下降表现即为漏损水量,这可以节省漏点定位的时间,也可直接让漏损探查人员只检查那些已经证实发生过漏损的管段。此外,采用分步测试时,知道在该区域中谁在用水以及哪些管网没有被隔离是非常重要的。分步测试常常在夜晚进行。

将 DMA 小区划分成东、西、南、北 4 个区域,8 个关键阀门,将阀门编号,并按照顺序关阀,记录进水总表的数据并予以观察(图 9-7)。

前后在该小区共进行三次分步测试。

(1) 第一次分步测试,时间为 2016 年 2 月 26 日凌晨,将八个主要阀门按顺序标号,如图 9-8 和图 9-9 所示。

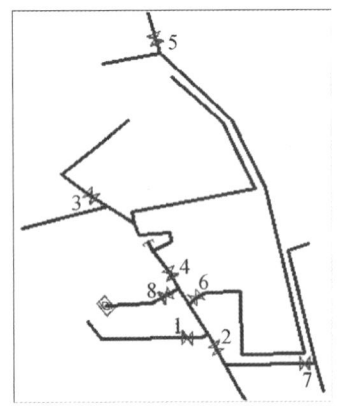
图 9-8　第一次分步测试阀门关闭事件示意图

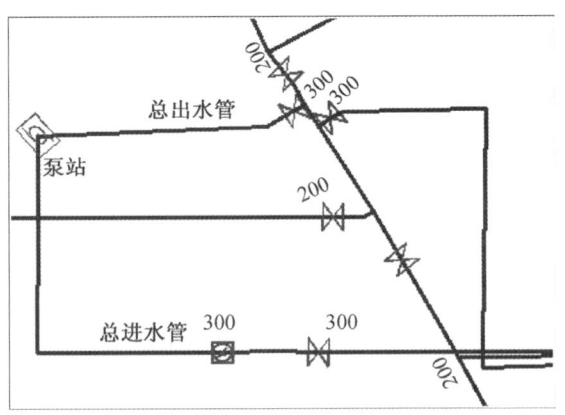
图 9-9　泵站附近各阀门大样图(mm)

按照阀门标号顺序依次关闭,流量随时间变化曲线如图 9-10 所示。

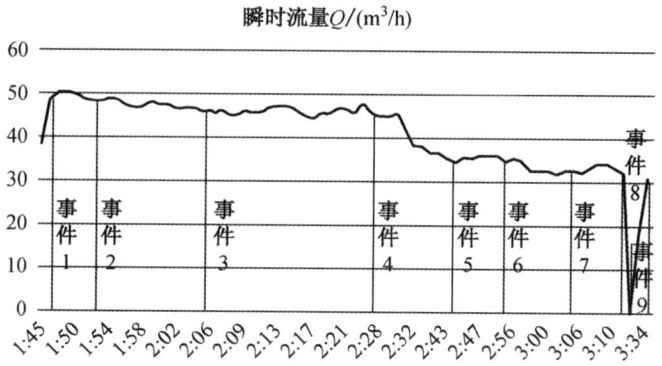

图 9-10 第一次分步测试结果曲线图

第一次分步测试发现:

① 关闭北路管网末梢 ZZ 小区附近的阀门,流量变化量很小,关闭北路管网供水总阀门后,流量由 44.81 m³/h 降低至 35.21 m³/h,降低了 9.6 m³/h,说明从北路供水管总阀门至 ZZ 小区附近的阀门之间的管道存在一定量的漏损。

② 关闭东西南北供水管上总阀门后,仍有流量 31.91 m³/h,推测可能是泵站出水管至南路供水管总阀门之间的管线上,可能接有暂未发现的供水管,如图 9-11 虚线所示。

(2)第二次分步测试,时间为 2016 年 3 月 17 日下午,将四个阀门按顺标号,如图 9-12 所示。

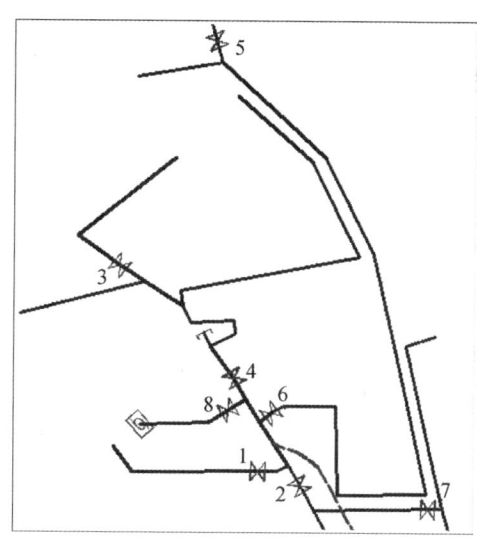

图 9-111 可能存在未知管线位置示意图

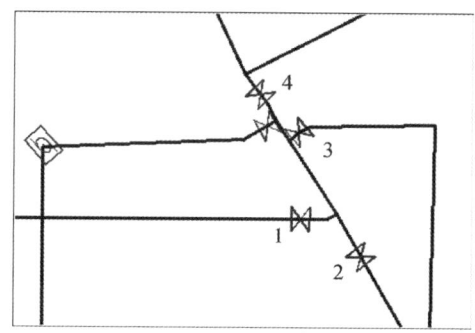

图 9-12 第二次分步测试阀门关闭事件示意图

按照阀门标号顺序依次关闭,变化曲线如图9-13所示。

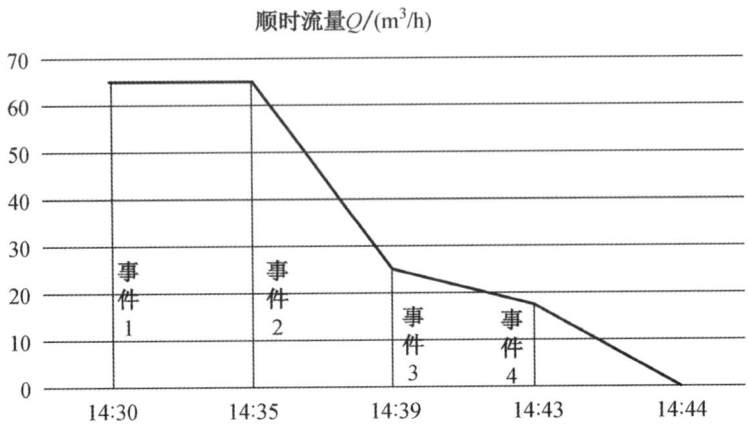

图 9-13　第二次分步测试曲线图

第二次分步测试结果发现:关闭南供水管上总阀门后,流量从 65 m³/h 降为 25 m³/h,降低了 40 m³/h,说明第一次分步测试推论错误! 可能是第一次测试过程中南路供水总阀门未完全关闭造成。另外,南路供水管供水区域大小仅占该 DMA 小区的较小的比例,但通过此次测试发现,其通过的水量却占总供水量很大的部分,说明南路供水区域可能存在较大的漏损水量。

(3) 第三次分步测试于 2016 年 3 月 25 日下午进行,刚开始实施即在南部某排水井发现流出大量清水,关闭南路供水管上总阀门,清水流出现象停止,确定此处附近有漏损点,阀门关闭前后流量变化趋势如图9-14所示。

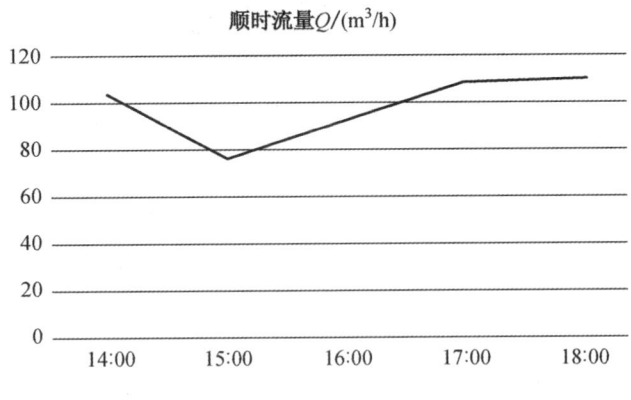

图 9-14　第三次分步测试曲线图

关闭阀门后,流量从 103.3791 m³/h 降低至 78.76 m³/h,降低 24.62 m³/h,漏水点位置如图 9-15 和图 9-16 所示。

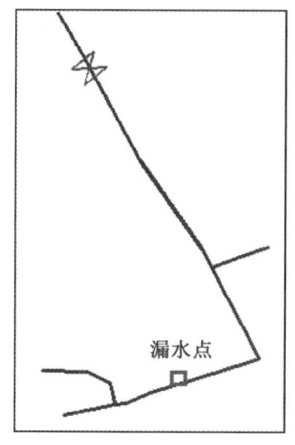
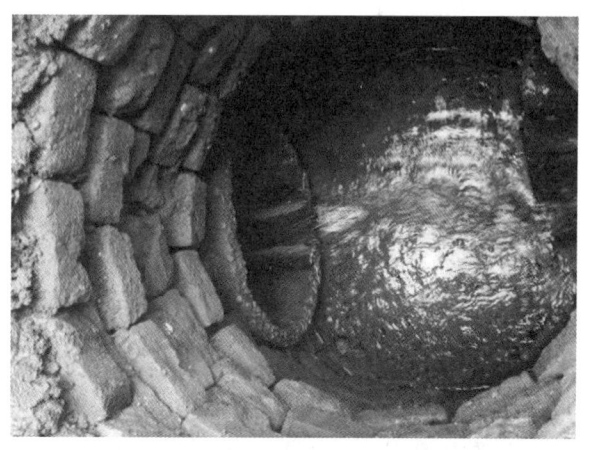

图 9-15　第三次分步测试阀门关闭事件及漏水点位置示意图　　图 9-16　漏水点附近的下水井大量清水流出

流量数据显示 3 月 29 日最小夜间流量为 46.079 9 m^3/h（发生在凌晨 1 点），29 日白天进行修漏，修漏后 30 日最小夜间流量为 22.418 5 m^3/h（发生在凌晨 3 点），修漏前后最小夜间流量下降 23.7 m^3/h，漏损量减少效果明显。

5. 数据收集与监测

最简单的数据记录形式是每月抄收一次水表的累积流量值。这显然对于 DMA 数据分析是不够的。新安装的电磁流量计自带数据记录仪，记录的流量数据可以反映出更详细的水量变化情况，包括每天的净夜间流量，从而能对系统进行更精确的反应。

XT 市"数据在线检测管理系统"输出如图 9-17 所示。

图 9-17　数据在线检测管理系统图

9.3 漏损评估、修复及经济效益分析

1. DMA 漏损计算

（1）无收益水量 NRW

2016 的 1 月 20 日—4 月 1 日共 72 天的无收益水量 NRW 为 85 628 m³，无收益水量占总供水量的 54.1%，即产销差为 54.1%。

（2）真实漏损

由 XT 市"XT 市数据在线检测管理系统"可知，3 月 29 日修漏事件发生以前的最小夜间流量发生在 2 月 26 日 2 点，为 31.985 9 m³/h。

取 2 月 24 日—3 月 9 日半个月的流量计流量瞬时读数，得出的 DMA 最小夜间流量组分分析如图 9-18 所示（包括破管流量、合法夜间流量、背景漏失）。

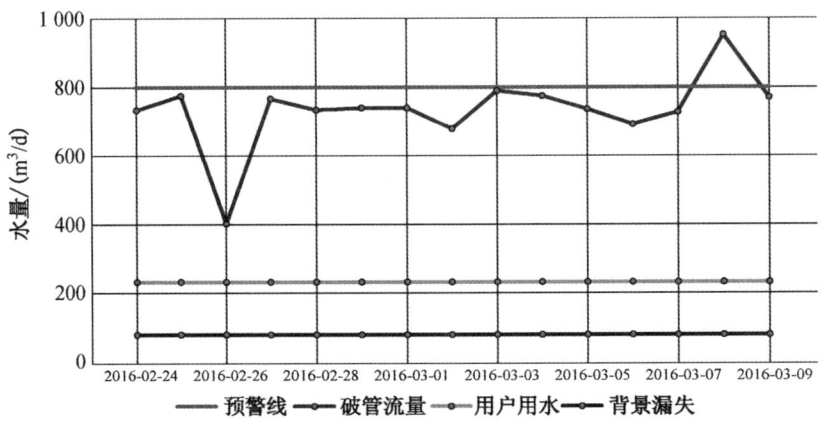

图 9-18　DMA 小区 2 月 24 日—3 月 9 日最小夜间流量组分变化趋势①

2 月 26 日破管漏损量最小，但从整体曲线趋势来看，数据重现性差，可能是降压事件引起的；3 月 8 日破管漏损量最大，可能出现明漏等漏水事件，数据未必可靠。在剩余数值中，破管漏损量最小值为 678.18 m³/d，发生在 3 月 2 日，则一天的净夜间流量 760.14 m³/d，折合成 72 天算得净夜间流量，即真实漏损量为 54 730.08 m³，占无收益水量的 63.92%。

（3）表观漏损量

72 天的表观漏损量为 30 897.92 m³，占无收益水量的 36.08%。

---

① 结果基于华沃太科漏损控制分析系统。

(4) 修漏前后夜间最小流量各组分变化

取"数据在线检测管理系统"中 3 月 29 日修漏前后 7 天的流量计瞬时读数,得出的 DMA 最小夜间流量组分分析如图 9-19 所示(包括破管流量、合法夜间流量、背景漏失)。

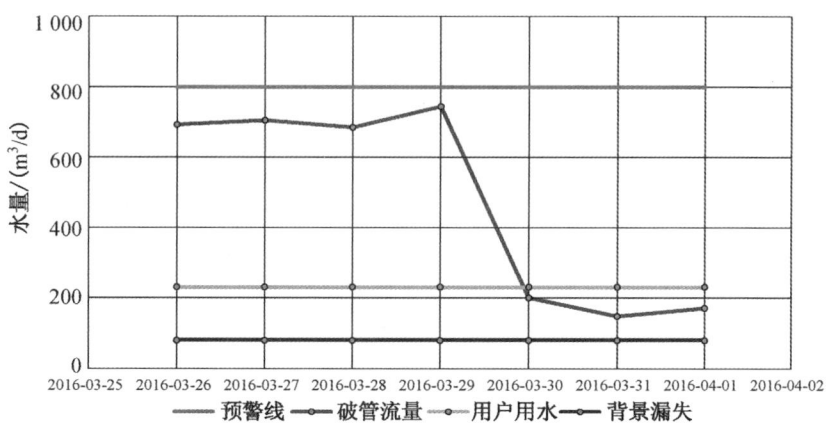

图 9-19 DMA 小区修漏前后 7 天最小夜间流量各组分变化趋势

由图 9-18,图 9-19 对比可看出,破管漏失降低了 545.64 m³/d。

2. 分析与评估

(1) 无收益水量评估

该 DMA 72 天的无收益水量(NRW)为 85 628 m³,产销差 54.1%。折合成 1 年的无收益水量为 434 086.39 m³。无收益水量组分当中,真实漏损占 63.92%,表观漏损占 36.08%,即一年的真实漏损量为 277 451.1 m³/y,表观漏损量为 156 635.29 m³/y。

该 DMA 存在较显著的真实漏损事件,控制真实漏损为主要矛盾,已发现的漏损点位于该 DMA 南部配水管,测试过程中发现漏损水量约 23 m³/h;北部也存在约 10 m³/h 的真实漏损降低空间(待排查)。

(2) 实际产销差的降低情况

修漏后,4 月 1 日至 4 月 29 日 28 天的总供水量为 47 306 m³,总用水量为 33 256 m³,则无收益水量为 14 050 m³,即产销差为 29.7%。折合成一年的无收益水量为 183 151.79 m³/y。

与修漏前相比,无收益水量一天的减少量为 687.49 m³/d,其中真实漏损减少量为 545.64 m³/d,表观漏损减少量为 141.85 m³/d。折合成一年的真实漏损减少量为 199 158.6 m³,表观漏损减少量为 51 776 m³。

(3) 修漏前后瞬时流量变化趋势

DMA 小区修漏前后 7 天实际流量变化趋势如图 9-20 所示。

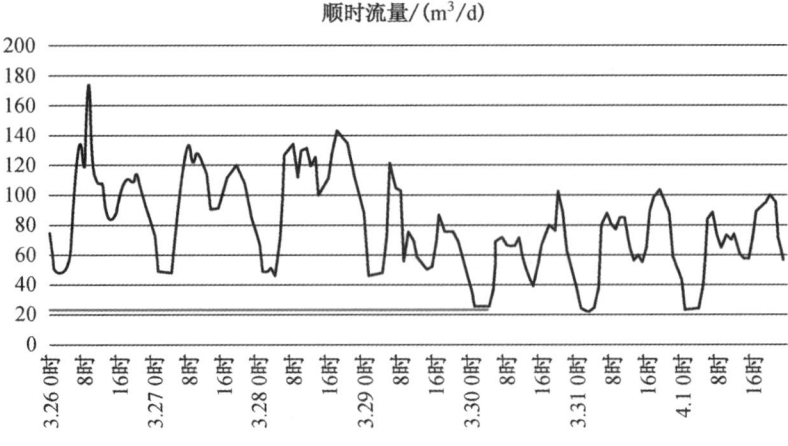

图 9-20　DMA 小区修漏前后 7 天实际流量变化趋势

修漏后,夜间最小流量降至 24 m^3/h 左右。

9.4　结论与讨论

本案例严格按照国际水协 DMA 管理的流程实施。通过对该 DMA 案例剖析,发现零压力测试是 DMA 管理的前提条件,可准确界定区域边界;分步测试可大大提升漏损检出的效率,该案例还未实施检漏,仅发现的一个漏点,漏量约为 23 m^3/h,小区产销差降低近 24%。此外,通过夜间流量的组分分析,能准确、真实地认知漏损的状况,将为下一步采取针对性的措施打下坚实基础。采取的每一步漏控措施都应核算其有效性和经济价值。

建议该供水企业管理人员重点对该 DMA 北部管网进行彻底探管与检漏,以便进一步确定其他漏损点位置,并及时进行维修。最终建立起 DMA 漏损预警监测的机制。

此案例中,表观漏损未采取任何措施,表观漏损水量有所下降,初步考虑是由于边界区域变化、水量抄收不同步、水表计量误差影响和数据统计影响等诸因素起作用的结果,针对该问题应做进一步分析。

(作者单位:1 华北水利水电大学,2 郑州华沃太科信息技术有限公司)

10 分区管理在城中村片区的应用

詹益鸿 辛 萍

随着城市规模的不断扩大,城市供水管网拓扑结构变得错综复杂。一些城中村片区随着拆除和改造进行开发建设,也带来了管网的更新换代,但大量存留的未列入拆迁改造的自然村,经由原来的抄总表模式变成入户抄表,供水企业接收了村内管网后,在未实施规模性管网改造前则成为疑难隐患地带。供水管网分区计量(DMA)技术是近年来国内外普遍采用的漏损控制手段,本文通过应用 DMA 技术原理结合物联网、大数据、云平台、移动互联网等创新手段,以 DTS 岛项目为例,介绍岛内实施三级 DMA 分区降低城中村管网漏失的相关方法和举措。

10.1 DTS 岛供水管网现状及 DMA 初步规划

南方某自来水公司前期实施完成一二级大的计量分区管理体系,但受限于区域面积较大,难以快速发现和定量漏损区域,遂在中区分公司的 DTS 岛实施三级 DMA 分区定量管理。DTS 岛为一处天然孤岛,片区面积约 3.55 km²,区域内 DN50 以上管网约合 40 多千米,由 3 台进水口流量计和 2 台出水口流量计对整个片区进行供水,其中 3 个入水口日平均流入水量12.7万吨,2个出水口日流出水量约合9.3万吨,过水量与片区供水量比值高达2.7倍,是一个典型的过水区域。项目实施前期,该区域日均供水量3.4万吨,日均售水量1.3万吨,产销差达62%左右。

通过对DTS岛的供水管网自身特点和现有管网分步情况,按照三级DMA区域划分原则,前期对片区内管网及附属设施情况进行了大量的调研,并进行了夜间闭水实验。对部分区域隔断关阀后片区内的水质及水压进行了测试,验证了整个分区的可行性,并结合相关测试数据进行了适当的调整(表10-1)。

表10-1　　　　　　　　关键节点阀门控制点一览表

关键节点阀门控制点				
序号	阀门编号	口径	地址	调整状态
1	F110259	DN400	河沙中路119号、西海路斜对面	控制期间关闭
2	F110792	DN1200	河沙中路、东海路2号路口	控制期间关闭
3	F110392	DN400	河沙桥中中路36号	控制期间关闭
4	F115844	DN600	育贤路	关闭三小时
5	F113304	DN400	河沙桥中中路	控制期间关闭
6	F112613	DN400	双桥路(原金畔岛地铁工地内)	控制期间关闭
7	F110354	DN400	桥中路珠江桥底	控制期间关闭
测压及水质排放地点				
序号	消防栓编号	型号	地点	备注
1	H100591	立式	西海北路45号门口边	不利点
2	H100547	立式	河沙中路58号房角	
3	H102062	立式	大坦沙110千伏河沙变电站	
4	H101941	立式	河沙坦尾站	

综合前期调研及夜间闭水实验的测试验证结果,最终计划将该片区供水管网划分成9个DMA区域:HS1♯、HS2♯、HS3♯、HS4♯、HS5♯、HS6♯、TW1♯、TW2♯、TW3♯。目前,ThinkWater®已经部署到该管网漏损控制项目中,运用该平台对DTS岛的9个独立计量分区进行漏控管理。

10.2　DMA分区定量管理在城中村片区内的实施

DTS岛内是由传统的多个集中片区的老旧城中村组成,内部河涌纵横交错,供水管网错综复杂,村内管网多是移交供水企业前内部居民私接乱搭,且随着城市建设很多管网及附属设施被填埋较深难寻踪迹,也造成了以往巡检查漏的困难。

结合 DTS 岛内城中村供水管网的实际情况(图 10-1),通过对其内部实施 DMA 分区定量管理,运用多种降漏举措和方法,最终取得了一些前期的成效。

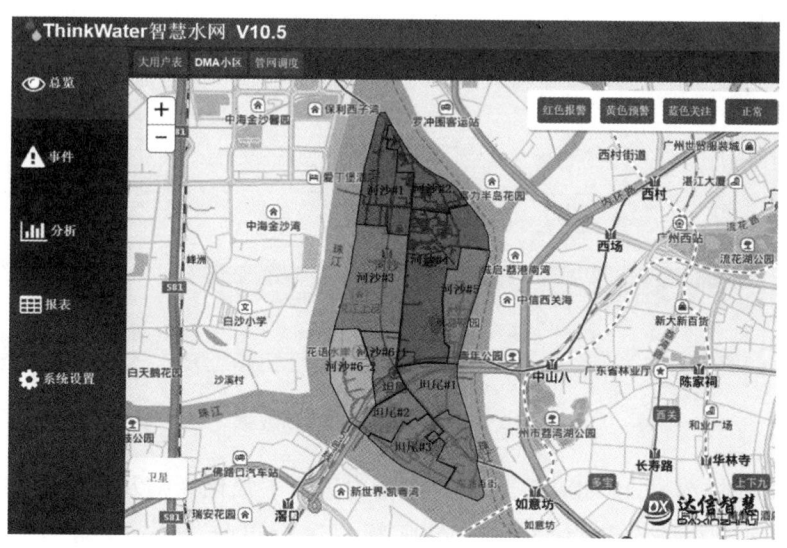

图 10-1　DTS 岛三级计量分区

1. DMA 分区定量管理与分步测试的实施

在完成 ThinkWater® 平台的部署后,对区域内 DMA 小区进行了实时监控及在线漏控评估分析。初步分析结果显示,HS1♯片区漏损较高,处在检漏优先级,因而需要尽快对 DMA 小区实施积极的漏控措施。

HS1♯片区地处 DTS 岛西北角,通过前期零压力测试验证完成后,该片区关闭 2 处 DN150 边界阀门,由单独的一路 DN300 管入水口进行供水,入口处安装有一台 DN300DMA 专用电磁水表。ThinkWater® 在线监测数据显示,该片区夜间流量高达近 156 m^3/h,远超合理水平。由于岛内城中村居民夜间普遍活跃,很多夜宵、大排档、作坊等经营很晚,其夜间近乎无人用水阶段主要集中在凌晨 5:00—7:00。

为了提高检漏效率,决定对小区进行了关阀分步测试。拟定初步的方案后,在白天时间段内,对片区主要节点阀门进行了排查和检修,确保了方案的可行性。如图10-2所示,F007,F008 边界阀门为常闭,现场确认后并进行了标识;F004 阀门在实施前期也进行了关闭;最终,HS1♯DMA 片区形成了由 F006 阀门控制的 A 区域,F003,F005 阀门控制的 B 区域,F001 阀门控制的 C 区域,及剩下的沿线 D 区域。通过在凌晨5:00—7:00 对该片区实施分步测试,结合 ThinkWater® 在线评估分析及现场手机移动 APP 同步显示:F001 阀门到 F008 边界阀门所辖的 C 区域夜间流量高达 101 m^3/h,说明该片区漏损严重。

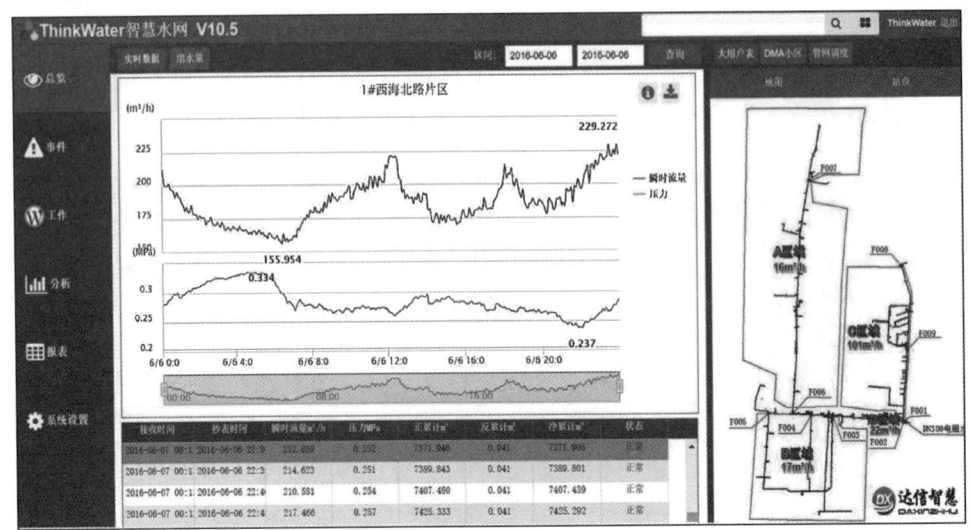

图 10-2　HS1♯区域监测数据

结合相关评估数据,前期对 C 区域集中精力进行了强化探漏及局部的巷内管网改造实施,实施过程中在关键节点加装了 F009 阀门进行再分,进一步缩小了控漏的重点范围。

对重点区域持续的强化查漏维修工作近 1 个多月时间,HS1♯区域内主要的漏损点及漏损区域已解决,其整体夜间流量已累计下降近100 m^3/h,年节水量约合 87.6 万立方米。同时,该方式也在区域内其他城中村片区得到了较好的推广和应用。

2. DMA 供水调配与压力控制评估

实施区域内 DMA 分区定量管理的过程中,各 DMA 分区入口处均安装有流量压力远传一体式 DMA 专用表,一处监控总表,便形成了一个"调度点"。通过结合区域内现状情况,运用 ThinkWater® 实时在线数据及评估分析,可对内部区域间供水模式进行灵活调配。

项目实施过程中,由于 HS2♯与 HS4♯区域主要供水的水源不同,也造成了其内部供水压力相差较大,其中 HS4♯区域主要由 2 路入水口组成,东面 DN400 电磁流量计入口压力较西片区入水口水压高出近 0.1 MPa,西片区入水口与 HS2♯区域为同一水源及主干管供水。通过对监测区域内实施小区供水调度,在满足 HS4♯号区域内各供水模式的情况下,通过关闭部分支路供水,并对内部实施局部压力调控。在减少了 2♯流量计一处支路向内部供水的情况下,4♯区域内总供水量达到满足平衡。该方式实施后,如图 10-3 所示,2♯流量计内日均供水量下降约 829 m^3/d,年节水量约合 30.25 万吨。

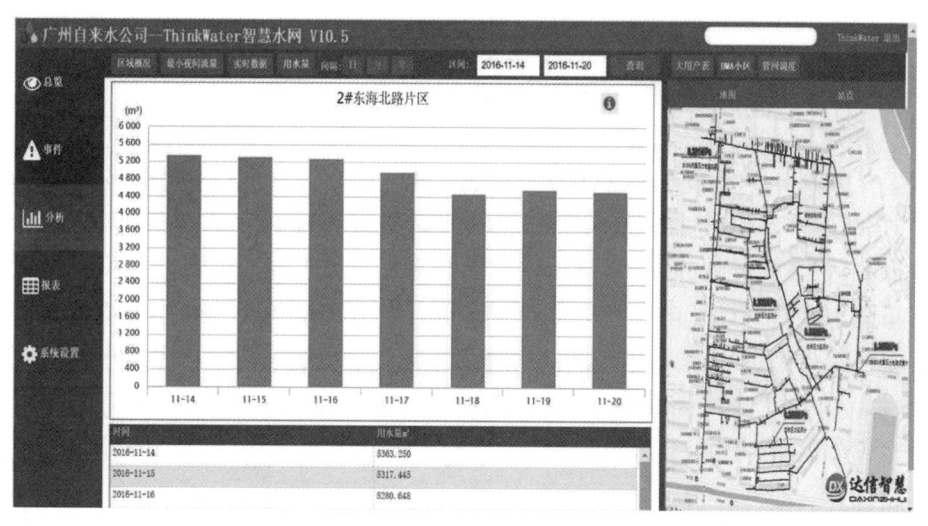

图 10-3 HS2♯区域水量下降变化情况

HS4♯区域前期漏损严重,通过进行分步测试后,确认其主要漏损片区在西片。

通过对内部城中村片区管网及附属设施进行进一步调研和排查后,在村内 8 处关键节点片区消防栓位置布置 DMA 压力远传监测点进行长期监测。在运用 ThinkWater® 进行分析评估后确认,该片区在白天用水期间降压非常有限,但夜间用水低峰时段有一定空间。

由于不同的 DMA 内管网压力控制节水效果各不相同,为验证实施压力调节是否对 HS4♯ 片区带来的降漏成效,进行了前期的模拟测试验证实验。通过手动调节 HS4♯ 区域西片区主入口 DN200 阀门,并结合城中村内部各 DMA 压力监测仪的数据变化情况进行修正,确保安全供水。通过 ThinkWater® 长期在线监控分析对比夜间控压和未实施控压的数据显示,在夜间压力平均下降 5.2 m 左右的时候,其内部瞬时流量同期下降约合 43 m^3/h,在调压时间段的凌晨 3:00—7:00 时间段内,其累计供水量平均累计下降近 170 m^3,验证了在该片区内实施调压的可行性(图 10-4)。

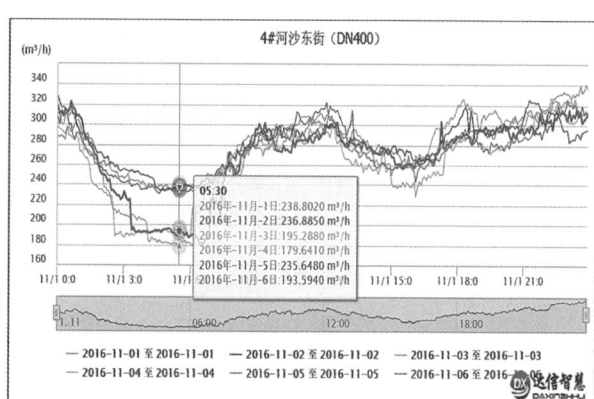

图 10-4 城中村内 DMA 压力远传监测点及夜间调压期间流量对比分析图

10.3 项目成效与总结

通过对南方某城中村区域 DTS 岛实施 DMA 分区定量管理,结合 DTS 岛供水管网的实际情况,探索出适合于典型城中村片区的供水管网检漏方法,并将这些方法应用于区域内各 DMA 分区现场实践。该城中村漏控项目建设以来,实施 DMA 定量管理的区域内夜间最小流量累计下降已达 320 m^3/h,折合年节水量约合 280 多万立方米。

在项目的实施过程中,创新运用基于物联网、大数据、云平台和移动互联网终端等手段,已逐步改变了传统的检漏模式。DMA 专用电磁水表和智能远传压力监测终端的数据采集,ThinkWater® 平台提供的辅助决策配合现场手机 APP 对检漏的指导,也将有助于建立起长效的漏控管理运营体系。

(作者单位:深圳安信计控仪表有限公司)

11 供水调度压力调控：案例分析

侯煜堃

11.1 背景

供水系统的调度关系到用户压力、水量的满足，能耗的高低和系统的安全运行，是每个供水企业的核心业务。目前的调度模式大都停留在经验调度，即通过日积月累的经验，指导水泵的启停，同时参照管网压力变化情况。这种经验是模糊的，且不能很好地应对突发事件的发生。随着计算机技术和数据分析技术的突飞猛进、压力监测点的大量布设和调度大数据的产生，为调度管理业务的提升提供了良好的基础。

11.2 调度的原则与方法的提出

"用户至上，以压定产，平稳安全"是调度应遵循的原则。这里的"压"指的是用户端的压力，而不是出厂压力。随着越来越多的泵站采用变频调速技术、布设管网监测点，通过调度的多维度大数据分析，可寻找不同流量下，管网压力与出厂压力之间存在的某种关联，或者"规律"。这种关联之前一直存在于调度员的脑海中，现在可通过图表展现，数据挖掘,直接用于指导生产调度。其核心思想是,用户的用水量是时刻变化的,而调度就是要时刻满足用户变化的需求。为了使用户感到用水服务满意,需做到主控点压力平稳达标,整体压力均衡,这样必然要求出厂压力流量随时调整,而不能限于简单的"变频恒压"模式。

实现的过程是,通过历史调度数据分析,总结出厂总水量变化规律,根据水泵组合情况,制定不同时段不同流量下的初始出厂压力模式;再结合管网压力情况,随时通过变频手段进行细微调节,使管网主控点压力维持稳定且刚好满足需求,减少管网压力波动。

11.3 案例分析:系统基本情况

CG 市仅有一座地表水厂,是市区的主要水源。目前供水规模 2.8 万 m^3/d。泵房设大、小泵运行机组,大、小泵均可进行变频调节。具体共 5 台水泵,三大两小。1♯,2♯水泵额定功率 90 kW,流量 542 m^3/h,扬程 40 m,3♯,4♯,5♯水泵功率 315 kW,额定流量 1 640 m^3/h,扬程 40 m。

现状每天调度仅发生在两个时段,凌晨 5:00 左右由小泵切换至大泵,出厂压力设定在 0.41 MPa 左右;直到晚 24:00 由大泵切换至小泵,压力设定在 0.30 MPa 左右。

11.4 水泵情况

(1)某厂的 250S-39 型泵(小泵)(图 11-1):此泵的额定流量为 542 m^3/h,扬程为 40 m,效率为 84%,配套功率为 90 kW,汽蚀余量为 3.8 m,转速为 1 480 r/min。

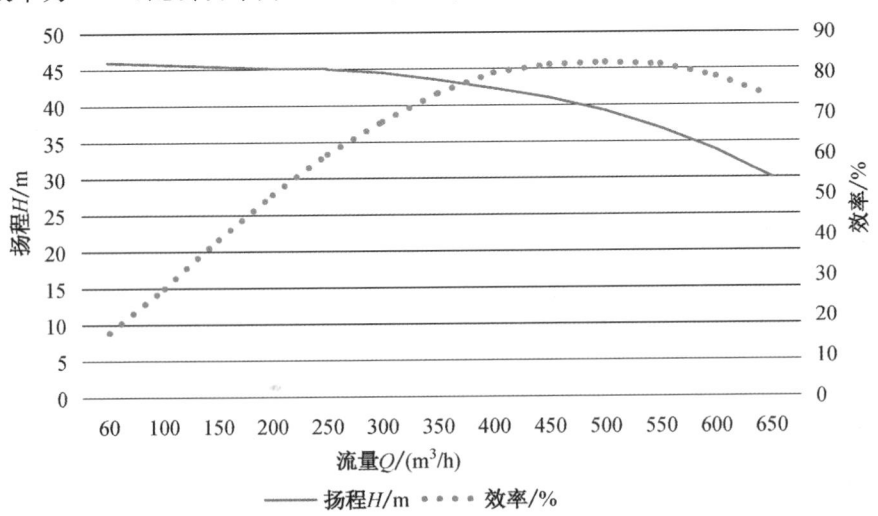

图 11-1　250S-39 泵的流量-扬程特性曲线

从该泵运行的特性曲线来看,水厂实际的出流量基本在 600 m³/h 以上,由此可见该泵长时间运行在额定流量之上,存在能耗偏高,运行易产生磨损,使用寿命可能缩短的风险。

小结:该泵选型偏小;目前采用的变频运行已意义不大;适宜工频运行或并联运行。

(2)某厂的 APS350-450A 型泵(大泵)(图 11-2,图 11-3):ANDRITZ APS350-450A 型泵的额定流量为 1 625 m³/h,扬程为 40 m,功率为 250 kW。

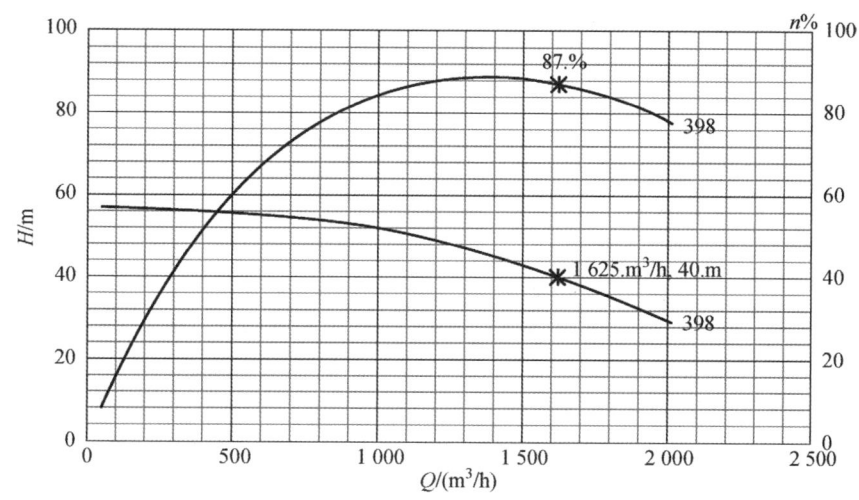

图 11-2　ANDRITZ APS350-450A 型泵流量扬程图

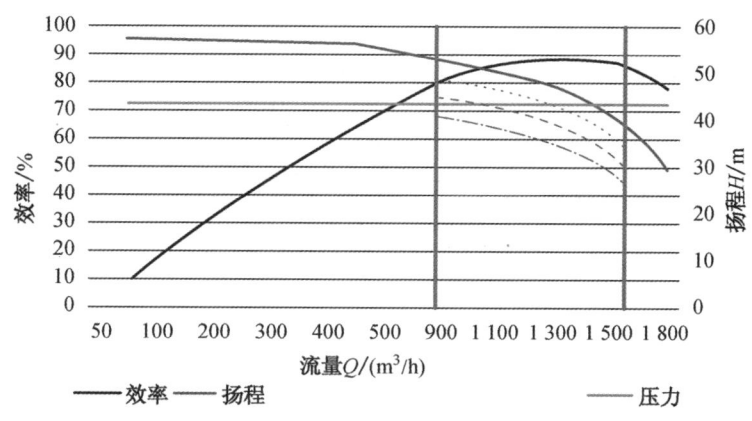

图 11-3　ANDRITZ APS350-450A 的运行区间

该泵变频恒压运行,从实际运行的流量区间(900 m³/h～1 500 m³/h)来看,基本位于 80% 的效率之上,且运行在额定流量之下,调节的最低频率 43 Hz;鲜有运行在额定流量之外情形(图 11-4)。故其调节范围宽泛。目前运行正常。

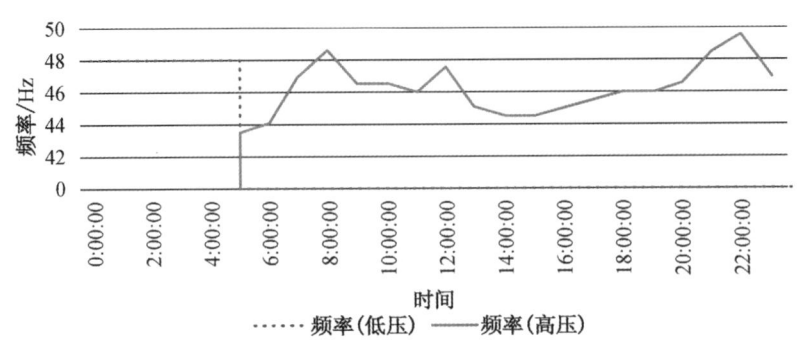

图 11-4　两水泵运行频率对比图

小泵的运行频率固定为 48 Hz，而大泵在恒压情况下，频率呈现与供水水量变化相近的趋势（2017 年 7 月 10 日）（图 11-5）。

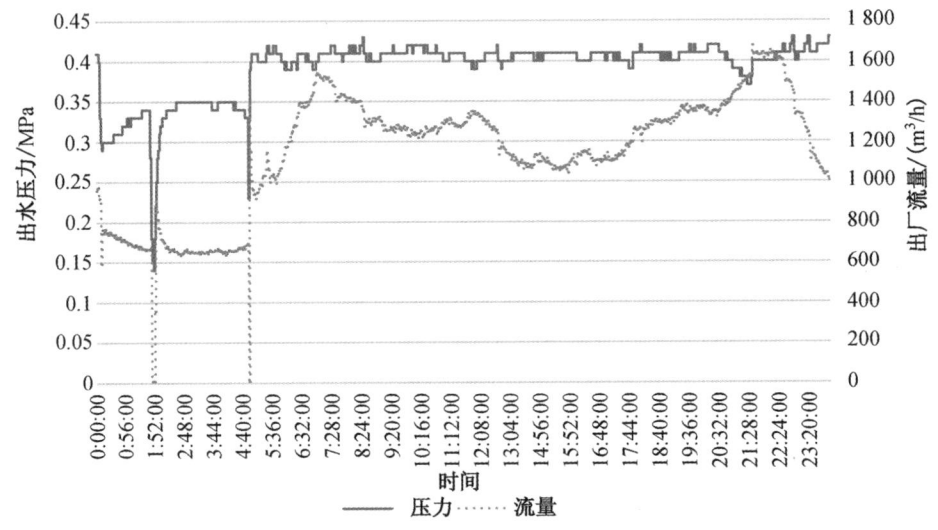

图 11-5　出水流量压力变化图

11.5　现存的问题

以 2017 年 7 月 11 日为例，可看出每天调度二次，每次仅运行一台水泵，大小泵均变频运行。压力控制实行二段制，出厂压力基本恒定；流量在 700~1 000 m³/h 缺乏适宜的泵匹配。5∶00 左右直接进行水泵切换，压力突然跃升明显；流量从 900 m³/h 变化至

1 500 m³/h,水量变化超过50%,出厂压力还是保持基本恒定,这样管网压力可能难以平稳(由于管网缺乏压力监测点,暂无法进一步说明)。1:00以后流量削减,而压力还在稳步上升;晚21:00左右流量增加,而压力未同步增长且下降,这些均可能存在压力调控优化空间(图11-6)。

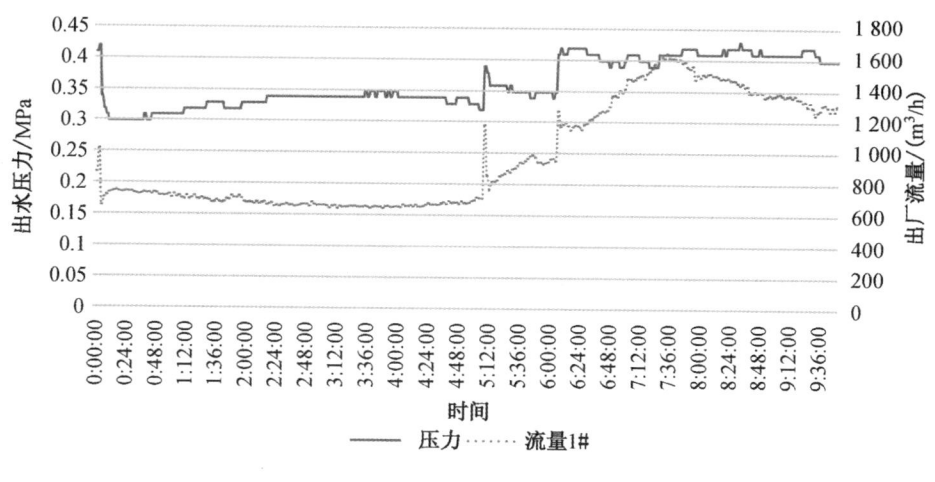

图11-6 调控后流量压力曲线图

11.6 压力调控实验

7月12日5:08尝试将压力控制在0.35 MPa,频率为40 Hz(之前模式为压力设定为0.41 MPa,频率为43 Hz);之后压力保持不变,频率相应调整;6:00之后恢复为之前的压力控制模式。

小结:此次压力调控试验实现了预想的流量总体上增加平缓,压力呈现阶梯式增长的模式;优于之前压力突然跃升模式。

但也存在一些不足:设定的压力值稍微偏低,致使5:50流量增长出现停滞,说明用水高峰已提前到来,此刻压力已不满足需求;坚持十分钟至6:00,果断提升到之前的压力控制模式,流量显著上升,说明此时管网稍微亏水。此段调控还存在继续优化的空间。

11.7 结论

根据出厂的流量压力规律和调控实验结果,拟定的调度压力设定的分段区间如图11-7所示。需要指出的是,该分段区间不是一成不变的,随着季节、工作日及假日、天气状况应有所调整。

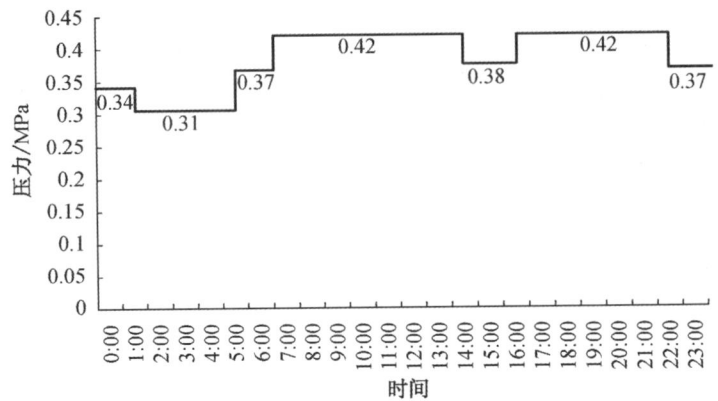

图 11-7 拟定的压力设定分段图

11.8 建议

(1) 完善管网压力监测点的传送与数据采集;通过管网测压与数据分析,寻找并确定调度的主控点。

(2) 以管网主控点压力平稳为目标,再次对调度策略和分段的出厂压力进行优化调整。

(3) 目前为单泵运行模式,可进一步尝试不同流量下不同运行组合模式的能耗对比,寻求最优的水泵组合和运行模式,例如:

① 对于低流量,小泵变频运行;

② 对于小流量,小泵工频运行;

③ 对于中低流量,两台小泵(一台变频、一台工频)运行;

④ 对于中流量,大泵变频运行;

⑤ 对于中大流量,大泵工频运行;

⑥ 对于大流量,大泵变频+小泵工频运行;

⑦ 对于超大流量,一台大泵工频,一台大泵变频运行。

(4) 未来以水量预测为手段,以管网宏观模型为工具,实现管网压力实时模拟、调度方案优选、出厂压力自动微调的实时优化调度。

(作者单位:华北水利水电大学)

12 压力管理在乌鲁木齐供水的应用

童成彪

乌鲁木齐城市供水的主管道以重力输水为主,由于乌鲁木齐高程差较大,管道压力较高,夜间可以达到 12 bar[①]。为消减多余的重力水头,从 2006 年起 10 年多的时间,乌鲁木齐水业集团分批次采购了大量套筒式减压阀,将每一级的出口压力设定在 1.2~3.5 bar,有效地保证了供水安全。随着信息技术的应用,乌鲁木齐水业集团也选择了若干压力监控点,建立起了管网压力监控系统,能实时监控到主要网点的供水压力。

供水管网漏失率与管网服务压力密切相关,服务压力越高则漏失水量越大。由于大多数供水系统是以用水高峰时最不利点满足最小服务水头进行设计的,采用这种设计思想会导致在用水低峰时段管网产生过高的富余压力。绝大多数供水系统在夜间或凌晨由于管网水压过高发生爆管就充分说明以上设计方法的缺陷。总之,在绝大部分时段管网运行压力要高于最低需求值,且根据变化面积出流理论,漏失随着压力的升高而增加,显而易见,通过降低管网富余压力可以达到有效控制漏失的目的。周建华等对管网压力与漏水量的关系进行了理论分析,并通过漏失实验研究,分别得到了管道上的裂口或孔洞漏失和管道接口处的漏失与压力的指数关系,指出指数取值应在 0.5~1.5。

---

① 1 bar=1 kgf/cm^2。

20世纪80年代,Goodwin等学者发现给水管网供水压力与漏失量之间存在着正相关性,如果在保证用户用水需求的基础上,降低管网的服务压力,则可以降低漏失水量。由此引出了管网压力控制管网漏失的模型。Burn等分析减压阀优化控制技术对供水系统运行费用的影响,认为应用该技术可使运行费用降低20%～55%。Marunga等将压力控制方法应用到津巴布韦的管网中,结果显示管网水压由77 m降至50 m能使总漏失量减少25%。

随着企业管理提质增效的需要,乌鲁木齐水业集团开始从事压力管理示范相关的工作,在北京路北延段选择一个点进行压力管理示范。该点主供水管道为DN700,旁路上安装有一台DN400的套筒式减压阀,负责供水至阳光恒昌万象天地、苗圃材,用水人数约为10 000人。在控制器的选择方面,选择了中阀科技(长沙)阀门有限公司生产的CPRV-I型控制器,该产品是依托国家水体污染控制与治理科技重大专项子课题"供水管网漏损监控设备研制及产业化"研制出来的,与套筒式减压阀安装连接方便,可以在线安装和调试,不需要停水。通过安装控制器、执行器及软硬件,组建了智能压力管理系统(图12-1)。

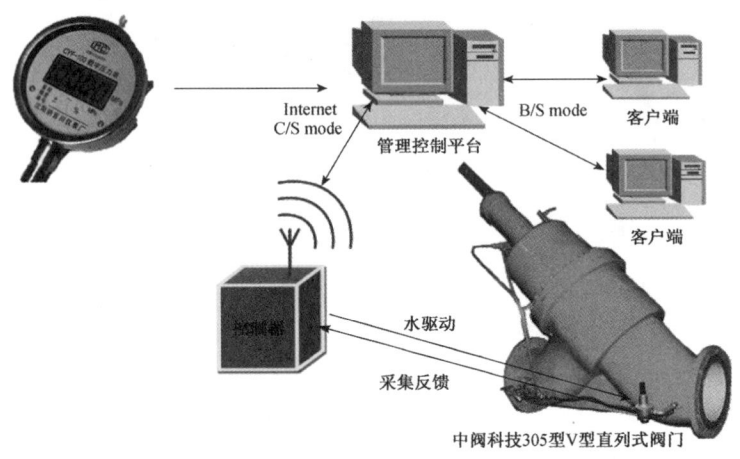

图12-1 智能压力管理系统模型

经过2天的安装调试,智能压力管理系统于2016年10月13日正式上线了,示范现场情况见图12-2(a)。该系统能实现压力、流量的远程监控,提取压力的监控数据见图12-2(b)。

(a)减压阀　　　　　(b)控制器

图12-2 示范现场

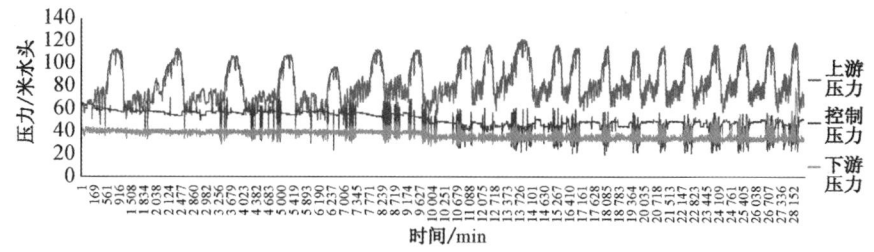

图 12-3　系统监控的压力数据

从图 12-3 可以看出,每天都会重复出现一个压力高峰,阀前峰值压力达到 12 bar,但经过智能压力系统管理后,阀后压力能调控到一个很稳定的水平,由于没有峰值压力和压力波动的出现,能有效保证管网安全。

压力管理的控制算法有两种模型,一种是基于时间的压力控制方法,就是在供水低峰期自动调低供水压力;另一种是基于流量的压力模型,根据流量的变化自动调节供水压力,以保证最不利点的压力满足需求。本次示范采用基于时间的压力管理模型,自动在夜间调低供水压力。图 12-4 表示了将阀后压力从 4.2 bar 调到 3.0 bar 的过程。

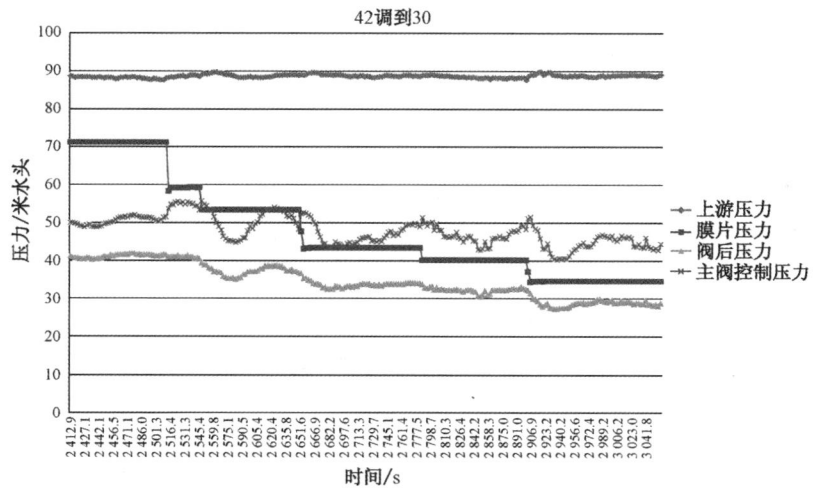

图 12-4　调压过程

图 12-5 和图 12-6 说明了安装智能压力管理系统前后的压力波动对比。从数据可以看出,智能压力管理系统将压力波动调控在非常好的水平。

采用 DCT1288i 超声波流量计测量过阀流量,远程自动上传到服务器平台,结合前述结果及服务器上的数据,可得到以下结论:

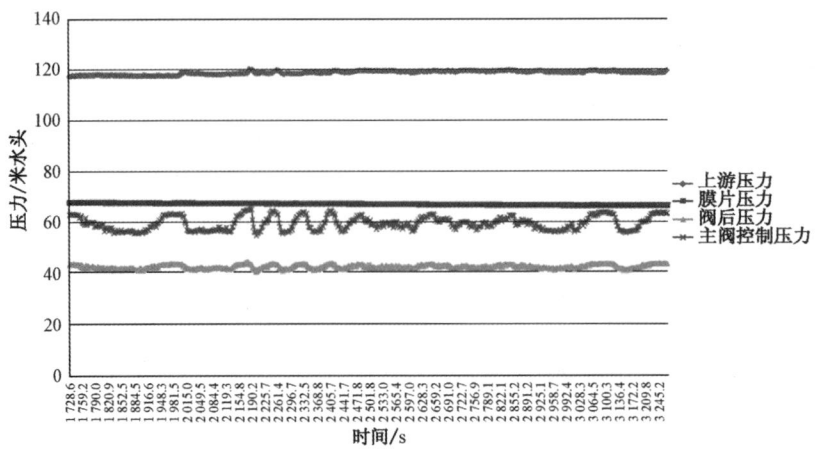

图 12-5 压力管理系统阀后波动

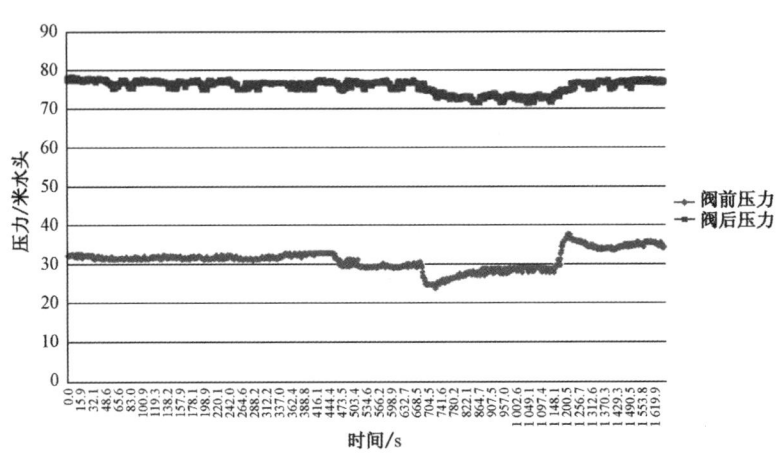

图 12-6 未安装压力管理系统阀后波动

(1) 采用智能压力管理系统有效地减少了管网的压力波动,由 ±10 m 减少到 ±3 m,降低了 70%;

(2) 安装智能压力管理系统前,夜间的流量为 380~463 m³/h,安装智能压力管理系统后,降低为 308~378 m³/h,晚间的流量下降了 19% 左右;

(3) 压力管理设备运行稳定,工作噪声小,运行噪声<75 dB(A),符合环保要求。

根据运行效果综合评价,智能压力管理系统对稳定阀后出口压力、降低漏损起到了积极的作用。下一步应重视以下几个方面的工作:

(1) 控制器的供电单元进行改进,以改进供电的可靠性。利用外置电源或清洁能源技术,确保电池供电周期大于五年。

(2) 采用流量-压力(最不利点)的模式进行评估测试,与基于时间的压力模式进行对比,以验证对控制漏损和稳定压力的作用。

(3) 研究人工神经网络等智能算法在压力预测中的应用,根据管网流量和压力波动最不利点的压力波动趋势,提前进行干预,以将最不利点的压力波动控制在阈值范围内。

通过智能压力管理系统的示范,看到压力管理工作对供水企业提质增效方面起到了积极的作用。国外从20世纪80年代开始实施DMA管理技术,如在澳大利亚黄金海岸、希腊雅典、津巴布韦管网取得了一定的效果。未来,可以在供水管网合理分区的基础上,以点为基础,建立起供水管网的智能压力管理系统和压力决策模型,通过水量平衡法、夜间最小流量法和管网的水力模拟等方法,实现供水管网压力的科学决策和合理调度。

(作者单位:湖南省特大口径阀门工程技术研究中心)

13 球墨铸铁管在输水管材中的优异特性

李晓明　王　宁　殷　乾

随着国家大口径、长距离输水管线的逐步增多,球墨铸铁管在全国各地得到广泛的使用,特别是近几年随着国家对于管材材质质量及输水管线的安全重视度的提高,以及项目质量终身追责制度的实施,业主也提高了对管线施工及后期维护的费用、安全及抗地震等级性的对比,逐步接受了或转向了对输水管材整个生命周期成本的比较。

13.1 管材的接口安全性

依照我国建设部行业标准 CJJ 92—2002《城市供水管网漏损控制及评定标准》规定:"新敷管道接口应采用橡胶圈密封的柔性接口。"但不同形式的柔性接口适应不均匀沉降的能力是不同的。

(1) 球墨铸铁管 T 形滑入式接口

T 形胶圈含硬胶支撑部分和软胶密封部分(图 13-1),球墨铸铁管承口密封形式属于承口滑入式密封,胶圈预先置于承

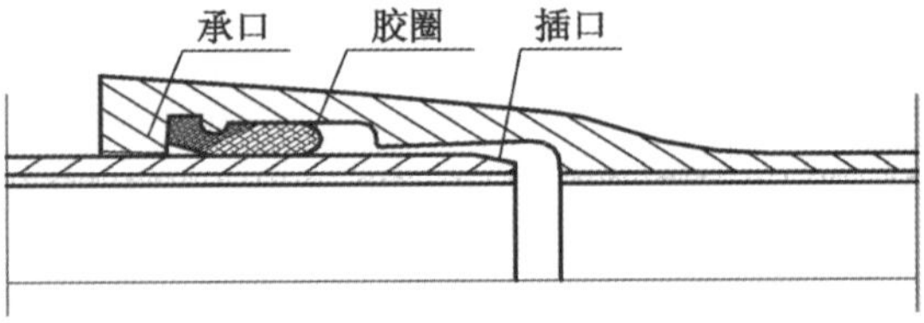

图 13-1　球墨铸铁管 T 形滑入式接口示意图

口内,承口外端部同插口有很精密的配合,既保证胶圈能被卡在承口内,又可使胶圈不受到过分的压缩;胶圈断面尺寸较大,承口做得较深,在各种不利条件叠加下仍能保证胶圈处于受压反弹状态,因此对不均匀沉降和高内压有极好的适应能力;承口不是向外张开而是向内收拢,所以接口发生转动或轴向位移时,胶圈不可能被挤出承口,且内压有使胶圈压缩量增大倾向;这种接口只要安装合格,运行中难以找到使接口失效的理由。且承口做得较长,如 DN2000 的 T 形接口,承口长度达 300 mm 以上,DN1600~2000 接口的允许转角均在 2.0°以上,能够很好地适应管道的地基不均匀沉降。

(2) 管材漏水率统计

从世界各国统计的资料显示,供水管线无论是在正常运行工况还是地震等特殊情况下,球墨铸铁管的接口泄漏率都远低于其他管材(表 13-1,表 13-2)。

表 13-1　　　　各国 PE 管和 DIP 管接口泄漏率比较表

国家	欧洲 PE 管漏水频率 /(10 km/y)	欧洲 DIP 管漏水频率 /(10 km/y)
丹麦	1.2	0.4
瑞典	1.8	0.8
德国	1.0	0.3
匈牙利	10	1.8

注:数据来源于国际水协会(IWSA)。

表 13-2　　　　绵阳市管干管主要破坏维修记录表

序号	管材	维修记录数	破坏部位	
			接口	管材
1	铸铁管	19	8	11
2	钢管	3	2	1
3	水泥管	3	3	0
4	PE 管	4	0	4
5	球墨铸铁管	0	0	0

13.2　管材的抗腐蚀性

球墨铸铁管的锌+外防腐涂层(图 13-2)方案评价:

(1) 球墨铸铁材料的耐腐蚀性强于碳钢材料,平均腐蚀速率是该管的 1/3~1/2。海水和自来水对不同管材的腐蚀量如表 13-3 和表 13-4 所示。

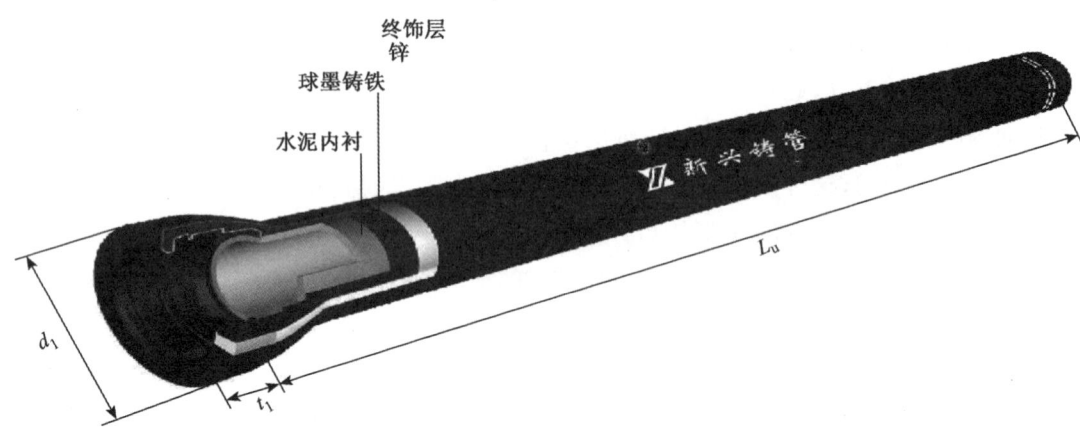

图 13-2　球墨铸铁管的锌+外防腐层

表 13-3　　　　　海水中不同管材不同浸入时间腐蚀量对比表

试验用管材	不同浸入时间腐蚀量					
	mg/(dm² · d)			mm/y		
浸入时间	90 天	180 天	360 天	90 天	180 天	360 天
球墨铸铁管	24.0	16.1	13.2	0.122	0.081	0.066
钢管	30.2	21.7	27.3	0.140	0.097	0.130

表 13-4　　　　自来水水流对不同管材的腐蚀量试验对比

材质	腐蚀量/[mg/(dm² · d)]	
	45 天后腐蚀	90 天后腐蚀
球墨铸铁管	0.389	0.583
焊接钢管	1.905	2.566

（2）防电蚀性能优异（表 13-5）。

表 13-5　　　　　钢管与球墨铸铁管的电阻比较

管材	钢管	球墨铸铁管
性能	10～20 $\mu\Omega/cm^3$	50～70 $\mu\Omega/cm^3$

从表 13-5 可看出：球墨铸铁管材料的电阻率高，约为碳钢材料的 3 倍；由于球墨铸铁管接口橡胶密封圈的隔离作用，球墨铸铁管管线不会形成长线电流，故不需要做阴极

防护。

(3) 锌层优异的主动防腐特性。

锌层的防腐原理:①电化学保护:铁的电位是 -0.440 mV,而锌的电位是 -0.763 mV,比铁的电位低,氧的电位为 1.4 mV。这样锌氧之间的电位差较大,更易形成原电池,从而铸铁管壁得到保护。②形成稳定的保护层:当与土壤接触过程中,金属锌缓慢地转变成不可溶解的锌盐,这层保护膜紧紧地粘结在管壁上,形成一层致密连续、不可溶解的、不可渗透的保护膜。③锌层损伤的自我愈合性能:在管道运输或安装过程中,可能会发生局部损伤。锌在原电池的作用下迅速转变成锌离子。锌离子通过密封层毛孔的作用迁移并覆盖损伤部位,形成稳定、不可溶解的保护膜(图 13-3)。

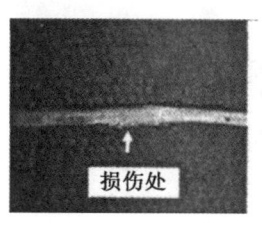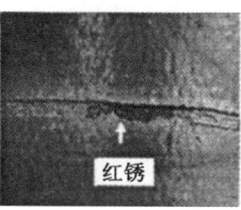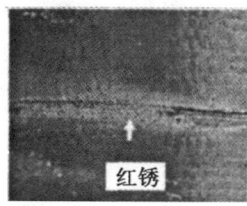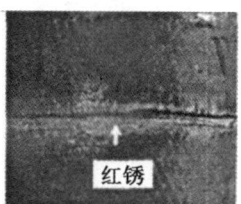

(a) 沥青试样

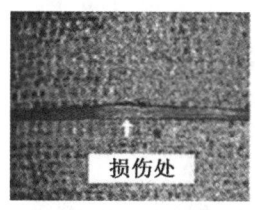

(b) 喷锌试样

图 13-3 不同涂样损伤处的形貌演变图

球墨铸铁管一般采用锌+环氧树脂漆的防腐模式,锌层在防腐性能上扮演着极其重要的作用:一方面,形成致密的不溶解保护膜附着在管壁上,可以很大程度地减少电化学和微生物的腐蚀;另一方面,金属锌还具有抗冲击的塑性变形能力,加强对管道的保护。锌+沥青防腐能力还反映在两者相互间的作用上:锌与铸铁之间以及锌与沥青之间具有很好的黏合性,给管道与外界筑起了一道完整的保护屏障,并预防防腐失效。锌还会通过沥青媒介作用,促使锌盐的转变以及自我愈合性的迁移,进一步扩大防护能力,使得可能出现的创伤得到及时的修复,所以锌与沥青的有机结合产生了完美的防护效果。

13.3 管材的施工速度和便捷性

①接口采用胶圈密封柔性接口,且具有较大的偏转角度,使其可以很好地适应和抵

抗管道地基的不均匀沉降。②管身外防腐采用了主动防腐（锌）和被动防腐（环氧树脂漆）相结合的防腐模式，使其能很好地抵抗外部土壤腐蚀，即使管身出现小的防腐层划伤，由于锌层的主动防腐作用，也不会影响整个管道的使用寿命周期。③采用滑入式承插连接，安装快速便捷。故对与管道基坑基础要求简单，可以实现原土回填和即时开挖和回填作业，且不易受外部天气影响。④球墨铸铁管在供货时，都配有不少于10%的任意可切割铸管，可以很好地保障管道实际安装长度调整的需要。球墨铸铁管管件配套种类齐全，完全可以满足各种管道设计的需要，有效地保障了整个管道安装的快捷和安全（图13-4）。

图 13-4 球墨铸铁管施工图

（地质差淤泥层大于 2.8 m 深管基处理采用钻孔浇铸 Φ0.6 m 水泥梅花桩，桩与桩间距 1.5 m 的方法，管底铺垫一层块石，试压运行正常）

13.4 管道的改造或抢修

①球墨铸铁管管身具有较高的刚性，且管道配套管件（含抢修或改造）种类齐全（图13-5），一般采用哈夫节对破损管道进行抢修，管道抢修时小的破损不需要完全停水，可以实现带水作业。②若管道抢修配件（哈夫节）、闸阀与管道带压开孔设备配套使用，还可以实现管道的不停压、停水对管道进行支管增设改造作业。③常用规格（DN1200以下）各地的钢材市场几乎均有销售，非常容易采购，针对大口径管道（DN1400以上），由于应用较少，市场还不常见，可以通过管道厂家定购，业主少量备货得到弥补。

图 13-5 球墨铸铁管管道配套管件图

13.5 管道的后期维护费用对比

离心球墨铸管本身具有较高的内外防腐措施,且采用胶圈密封,克服了长距离电化学腐蚀,使用寿命可达 70～100 年,是钢管的 3～5 倍。后期维护费用接近于零。

钢管和 PCCP 管均需要采用阴极保护措施,特别是长距离、复杂地形埋设的管道,需要设专人定期进行检测和监控,管道后期运行中,需要人力和物力的不断投入,来确保管线的安全运行。目前各国离心球墨铸铁管道占供水铸铁管道的比例如图 13-6 所示。

表 13-6　　各国离心球墨铸铁管道占供水铸铁管道的比例(%)

国别(地区)	美国	英国	法国	德国	日本
球墨铸铁管所占比例(%)	81	83	95	90	98

注:以上数据来自国际标准化委员会铸管委员会。

对于球墨铸铁管普遍存在质量好但价格过高的误读,实际随着国内钢材价格的大幅度下调,以及球墨铸铁管市场竞争的日趋激化,球墨铸铁管的价格也逐步进入一个合理的良性循环区间。针对钢管、PCCP 管,单论管材价格在 DN1600 以下已非常具有竞争力,DN1600 以上规格虽然单论管材价格仍然要略高于其他管材,但若考虑施工、后期维护及配件等费用,也具有相当的竞争优势,特别考虑管道全寿命周期成本,其优势会进一步放大和凸显。

(作者单位:新兴铸管股份有限公司)

14 市政供水管道施工过程的漏损控制

梁卫东

市政管网运行过程中发生漏水,究其根源,绝大部分是前期城市管网建设工程中对施工质量控制不严格从而产生漏水隐患造成的。为降低无收益漏损量,应该在工程建设周期中的设计阶段、材料采购阶段和施工阶段中进行控制,做好提前控制和预防工作。

14.1 设计造成的漏水

在管网建设活动中的设计阶段,设计人员一般是根据建设单位的技术要求、水文气象和地质勘查情况并依据设计规范进行设计,往往对管网工程中的各种管材实际特性了解较为片面,这样设计出的施工图一是无法有效地指导施工,二是对后期的管网运行产生安全隐患。

就从图 14-1 来说,桩号 0+312.073 至桩号 0+320.073 段坡度为降坡,坡度 $i = 0.0747$,桩号 0+320.073 至 0+328.073 段为平坡,桩号 0+328.073 至 0+345 段为升坡,坡度 $i = 0.0689$,其中桩号 0+312.073 至桩号 0+320.073 段,为避让雨水管长度仅 8.01 m 长的管线就要降坡 0.6 m,一般一根 6 m 长的 DN300 球墨铸铁管最大借转范围也就只有 0.2 m 左右(管径 DN600 以下管道最大借转角度为 3°,管径在 DN600 以上的管道最大借转角度为 1°),按照设计要求采取管道借转是无法实施的。如若真的按图实施,要不管道借转角度加大,要不就是截管增加承口数量,上述两种方法均会增加漏水隐患。后来在跟设计人员沟通后在该处采用 DN300×11.25°弯头进行借转。

再举个例子,在市政管网工程中,闸阀作为控制流体方向、压力和流量的设备,在管道运行过程中,需要带压开启和关闭。因一般市政管网管道采取的是柔性胶圈接口,在压力作用下,阀门井两侧的胶圈接口会出现脱口漏水现象。设计人员设计时往往会忽视后期运行过程中对管道造成的影响,从而造成漏水事故。建议在设计阀门时应考虑在阀门的来水方向加设止推翼环短管,浇筑镇墩,以防止阀门被推动。

在管道设计过程中的一些意见:

(1) 多一道接口,就多一分漏水风险,故设计过程中,应优化设计,尽量减少管道接口数量。

(2) 在设计过程中支墩设计应与沟槽开挖断面相联系,确保支墩后背与原状土紧贴。

(3) 在设计过程中过河段管道尽量采用钢管或机械接口的球墨铸铁管,防止因河底渗水产生软基,管道发生不均匀沉降造成漏水。

(4) 在管道缩颈处应设计支墩。

(5) 在阀门井的来水方向设置镇墩。

(6) 现在一般市政管网过路施工时会采用水平定向钻拖管施工,高程不易控制,后期极易与其他管线冲突,不建议使用。

(7) 在管道变坡点的高点设置排气阀。

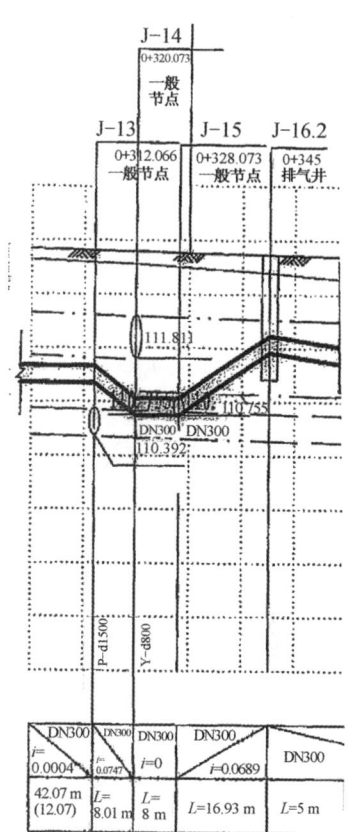

图 14-1 某给水工程纵断面图

14.2 材料造成的漏水

给水管网建设活动中,材料也是造成管道后期漏水的隐患之一。给水管网能够使用的管材包括有铸铁管、球墨铸铁管、钢管、UPVC 管、PP-R 管、PE 管、水泥管、PCCP 管、玻璃钢管等。其中 UPVC 管、铸铁管、水泥管现已很少使用,PCCP 管和玻璃钢管一般使用在长距离输水管线中。城市市政管网中一般采用的是球墨铸铁管、钢管和 PE 管。

采用合格的管材管件大家都有共识,这里无需多述。这里说一下在一个工地使用不同厂家的管材管件产生的漏水情况。郑州市郑东新区某内环道给水管道施工过程中，在采购材料时，管材和管件选用的是不同厂家的管材管件，管道敷设完毕后，在进行管道试压过程中，发现多处管材与管件胶圈接口处，都存在不同程度的漏水现象，原来考虑是管材和管件的质量问题造成漏水，对管材和管件进行第三方检测后，上述管材管件的质量均符合国家标准。对其尺寸检测后发现，上述管材管件在国家标准上一个存在上偏差，一个存在下偏差，导致管材和管件接口之间的间隙过大，胶圈不能有效地受压，导致漏水。

鉴于该项目是与市政道路工程同期施工，如若拆除重新更换管材施工成本过高，且现场条件也不允许，故计划对每个管材管件连接处采取补口处理。胶圈接口的管材间隙比石棉水泥接口的管材间隙要小，采用石棉水泥补口錾子过大无法有效地进入施工。对其进行环氧树脂掺"水不漏"进行补口。补口前，先要将缝隙处清扫干净，并涂一层快速挥发的丙酮，待拌好的堵漏胶泥微微发硬时，搓成细条状，迅速用端头磨细的錾子打入接口缝隙内，直至与管道承口端部平为止。

材料采购的一些意见：

(1) 在施工过程中，胶圈接口的管材管件必须采用同一厂家生产的管材管件，不得已的情况下采用不同厂家的管材管件时，在转换处必须采用法兰连接形式。

(2) 材料采用大厂家供应的管材管件。

(3) 胶圈优先选择三元乙丙胶圈。

(4) 在后期管网运行过程中，PE 管材与其他管材转换处会经常发生漏水现象，不建议在市政管网建设中使用 PE 管材。

(5) 加强材料库存管理，防止管材管件在保管和使用的过程中发生损伤。

14.3 施工造成的漏水

施工质量是控制管道后期运营过程中漏损发生的最直接原因。控制施工质量也是控制施工成本及后期维护成本的一个重要因素。

1. 施工过程中的质量控制防止管道漏水

施工过程中控制管道安装质量是漏损控制的一个重要环节。

(1) 管道基础为软基的情况下极易造成管道漏水，故施工过程中一定要检测管道基础，看管道基础是否能够满足承重要求。施工过程中要严格按照设计和施工验收规范组织施工。采用机械开挖沟槽时，一定要注意槽底预留 20 cm 厚的土采取人工开挖和清底，既可避免沟槽超挖，也可避免雨季施工过程中不能及时回填沟槽造成雨水将槽底浸泡成软基的现象发生。

(2) 因管道中的水流不是稳定状态的，管道会随着管道压力的变化而发生震动，管道周边若存在砖、石等硬物时,极易因震动对管道造成损伤发生漏水事故。故施工过程中一定要控制好管顶50 cm以下范围内采用素土进行回填。

(3) 管道安装过程中,应采用吊装带吊装管材和管件,禁止使用钢丝绳,避免损伤管材和管件。管材和管件发生损伤的情况下,应检查是否能够继续使用,不能继续使用的,应及时清退出现场,若能继续使用的,应对损伤部位进行修补和防腐后方可使用。

(4) 柔性胶圈接口的管道,安装胶圈前,应先检查胶圈质量,胶圈不得有气孔、裂纹、杂质,表面应光滑平整,胶圈必须有弹性,不得老化。前期使用过但无质量问题胶圈,可悬挂在阴凉通风的地方,让其自然回弹一段时间后方可继续使用。橡胶圈应均匀、平整地安装在承口中,不得扭曲和断裂。

(5) 胶圈安装前,应用工具将管道上附着的黏结物(例如砂子、泥土和松散的涂层等可能污染水质或划破胶圈的附着物)清除干净。

(6) 一般球墨铸铁管道在插口端部绘制有2条白线,无论是直敷或借转,管道安装后,首先应检查管道承口外沿是否控制在两条线中间,不得超越。然后用塞尺检查管道接口部位,看塞尺是否均匀塞入,如若不均匀,则说明该管道安装存在质量问题,应立即返工。

(7) 法兰连接时,应注意法兰上的水纹线应清晰。上螺栓时应逐步均匀对称地拧紧螺栓,螺栓拧紧后应伸出螺帽1~3丝。埋入土中的法兰,应在螺栓位置涂抹黄油,并用塑料布缠裹后方可回填。

(8) 在回填过程中,在管顶以上0.5~1 m位置铺设警示带。

(9) 试压完成后,不能及时冲刷消毒并与现状管网碰头的施工段,应在管道内保水保压。

在成品保护阶段,应注意定期巡检,有其他单位施工时,应及时跟其联系,并向其提供管线高程和位置,避免其在施工过程中损伤管道。

2. 管道发生漏水时的处理

一般管道发生漏水时,小口径管道不停水的哈夫三通配合法兰盲板进行处理,停水需要截管的用K形套筒或短管甲配合双盘短管进行处理。大口径管道采取外包箍或内包箍进行处理,内包箍形式和外包箍形式一样,但管道排水时会产生缩颈,现很少使用。

例如,哈尔滨市磨盘山水库输水管线工程(图14-2),采用的是双胶圈DN2200PCCP管,在施工过程中进行管道接口试压时,验收合格。但在进行整段管线试压时,有一处管道接口处发生漏水,分析原因,是由于有一处管节基础为软基,未进行处理,导致两管节之间发生不均匀沉降,造成漏水事故。

鉴于该段管道已充满试压水,管线随地形高低起伏,排水不易,故对该漏水点采取钢制外包箍带水处理。外包箍的内径比PCCP管内径应该大4 cm左右(即外包箍与PCCP管之间的间隙控制在2 cm),外包箍宽度为50 cm,采用16 mm厚的钢板制作。包箍底部焊接一个DN50的钢制单法兰短管,连接上DN50的闸阀泄水。内侧焊接Φ8钢筋。

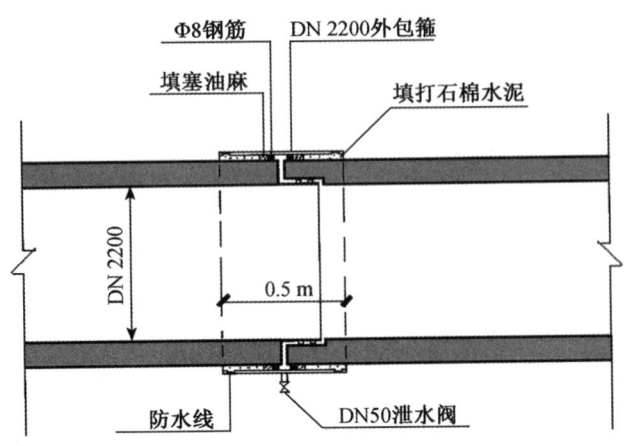

图 14-2　PCCP 输水管外包箍补口修漏断面示意图

该接口处理采用石棉水泥进行处理,先用錾子将油麻填塞入承口内,然后将石棉水泥逐层填打至管口部位,每一层石棉水泥填打到颜色发青时方可合格。

3. 试压标准的建议

试压是检验管材质量和施工质量的一个重要环节,是检验管道是否漏水的一个重要指标。《给水排水管道工程施工及验收规范》(GB 50268—2008)中球墨铸铁管道的试压标准如表 14-1 所示。按此标准,管道压力小于 0.45 MPa,试验压力将小于 0.9 MPa,不能有效地检验管道安装质量和管材质量,建议工作压力≤0.5 MPa 的管道试验压力按照"$2P$,且不小于 0.9 MPa"执行。且规范中判定试压合格的标准较低,"停止注水补压,稳定 15 min;当 15 min 后压力下降不超 0.03 MPa,将试验压力降至工作压力并保持恒压 30 min,进行外观检查若无漏水现象,则水压试验合格"。

表 14-1　　　　　　　　压力管道水压试验的试验压力(MPa)

管材种类	工作压力 P	试验压力
球墨铸铁管	≤0.5	$2P$
	>0.5	$P+0.5$

建议试压采取如下标准:

① 预试验阶段:将管道内水压缓缓升压至 0.6 MPa 后,进行排气;排气完成后,继续注水补压。注水升压过程按照每升压 0.1 MPa 排一次气的频率进行,直至升压至试验压力,预试验阶段完成。在补水升压过程中,随时检查管道接口、配件等处有无漏水、损坏现象;有漏水、损坏现象时应及时停止试压,查明原因并采取相应措施后重新试压。

② 主试验阶段:停止注水补压,同时关闭所有排气阀,再观察 1 h,当1 h压力下降不超过0.02 MPa时,则水压试验合格。若允许压力值超过0.02 MPa 时,需增加严密性试验。若实际渗水量在允许渗水量范围内,仍可判定为合格。

(作者单位:河南路城建设工程有限公司)

15 大口径管道检漏及视频检查技术

王五平

15.1 概述

漏水检测是降低供水管网产销差的一种重要手段。音听检漏法是常规的管道检漏方法，包括阀栓听音法、地面听音法和声相关法，这些方法不适合埋设较深的大口径、非金属管道检漏。除了检漏，了解管道内部状况，可以为管道风险管理及管网改造提供一手资料。CCTV[①] 可用于检查管道内部状况，但需要管道停运及排水，这一点通常难以满足。

为解决大口径管道的检漏及内部状况检查，加拿大 Pure Technologies 公司研发了两种大口径管道检测系统——SmartBall® 自由行进式管道检漏系统（国内也称智能球）和 Sahara® 系缆式管道检漏及视频检查系统。这两种系统为内检测设备，传感器进入管道，直接从漏点处经过，所以不受管材、管径及管道埋深影响，能检测出很小的漏点。

---

① 闭路电视。

15.2 SmartBall® 自由行进式管道检漏系统

1. 技术简介

SmartBall® 检漏系统包括主机、智能球（SmartBall®）、声接收器（SBR）及 GPS 接收器（图 15-1）。智能球为该检漏系统的核心，是一个直径约 60 mm 的防水铝合金球，内部元器件包括微处理器、声传感器、旋转传感器、温度传感器、声脉冲发射器及存储器和电池组等。铝合金球装在海绵套内，海绵套起到增大智能球表面积，降低总体密度以及减少球体与管道碰撞产生的低频噪声的作用。声接收器与粘贴在附属设施（如排气井、检修井等）处金属管道上的传感器相连，跟踪智能球在管道内的位置。

智能球可由主管上一个不小于 100 mm 口径的孔口（如闸阀）放入，再从同样口径的收球点取出。智能球由专用收球网回收，收球网底部安装摄像头，确保收球网安装正确，并在智能球到达时确认收球成功，然后将智能球及收球网一起从管道内取出。

智能球放入管道后，在水流推动作用下向管道下游滚动。在此过程中，智能球内的声传感器收集管道内所有的声音信息，包括漏点、气囊等任何管道内的异常声音。

导出智能球内的数据，使用专门的软件进行分析，判断是否有漏水以及漏点位置。当球进入收球网内后，还可通过收球装置上的球阀人为改变泄漏大小，得到泄漏的标定曲线，利用这条曲线可以估计检测到的实际漏点的漏量大小。

图 15-1 SmartBall® 检测系统

2. 技术特点及适用条件

（1）智能球适应性强，可在管道中自由行进，不受地表结构物及管道埋深的影响，适用于 DN300 及以上的各种类型管道，包括钢管、铸铁管、PVC 管、混凝土管、玻璃钢管、HDPE 管等。

（2）智能球经过漏水位置并接收漏水信号，行进过程中无噪声，因此检漏精度高，能探测出低至 0.1 L/min 的小漏点。当传感器安装间距不超过 500 m 时，定位误差可控制在 ±2.5 m。

（3）智能球尺寸小，可以轻松穿越阀门及其他障碍。设备使用方便、效率高，一次投放智能球可以连续工作 21 h，单次穿行距离可达 20 km。

（4）智能球检测要求的水流速度为 0.15～1.8 m/s，最佳流速为 0.6～1.2 m/s，流速及管径均较大时需要使用特殊的回收网。智能球适合 0.1 MPa 至 3.4 MPa 之间的管道检测。

（5）检测前需要收集管道上的支管及排空阀信息，检测期间需要关闭 DN75 以上的支管阀门，以防智能球进入支管，位于管道底部的排空阀需经仿真计算以便确定智能球能否通过。

3. 工程实例

成都市自来水六厂（包括 A，B，C 厂）的总供水能力为 140 万 m^3/d，担负着成都市每天用水总量的 80%以上，与之配套运行的 5 根输水管线则是城市正常供水的命脉。2011 年采用智能球技术对一、二期输水管线进行了检测。一期输水管线检测长度为 19.1 km，共发现 16 个漏点。二期输水管线检测长度为 17.473 km，共发现 7 个漏点，4 处滞留气囊。图 15-2 为二期输水管线 1♯漏点的声功率及频谱曲线。

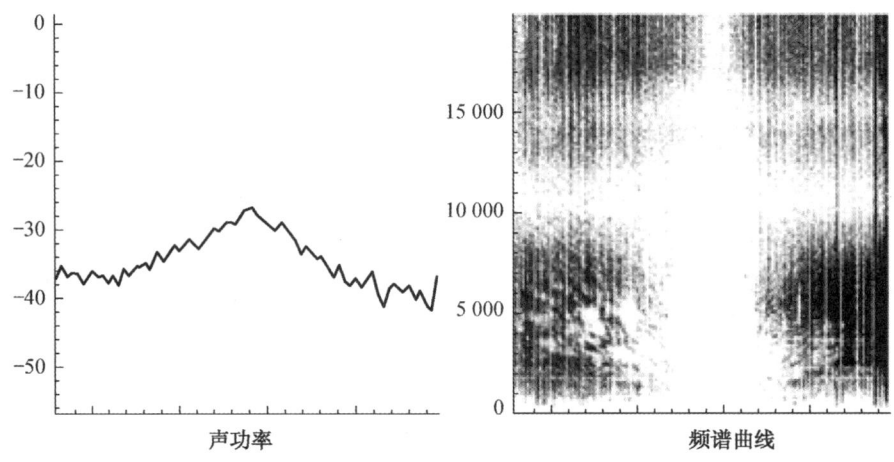

图 15-2　1♯漏点的声功率及频谱曲线

成都水司对二期管线的 1♯漏点（SBR♯8 上游 634 m 处）进行了开挖验证，实际的漏点位置满足±2.5 m 的精度要求，经目测估计，漏量在 40～50 m^3/h（图 15-3）。

图 15-3　1♯漏点开挖验证

15.3 Sahara® 系缆式管道检漏及视频检查系统

1. 技术简介

Sahara®检测系统能够检测泄漏、滞留气囊,并能通过内部摄像检查管道内部情况。该系统包含串式传感器、跟踪定位器、插入组件、光缆卷筒、电子设备(用于处理声学和可视化数据)。图 15-4 为典型的 Sahara® Ⅱ 检测系统配置图。

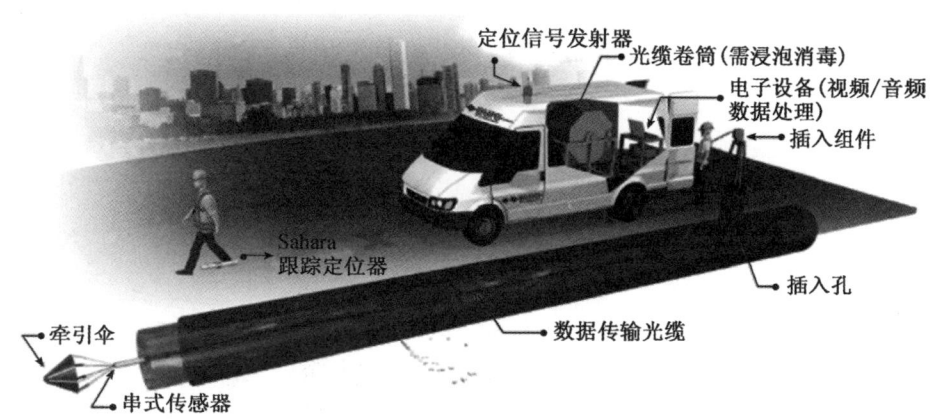

图 15-4　Sahara® Ⅱ 系统总体配置图

Sahara® Ⅱ 的串式传感器由多个模块组成,模块间采用柔性连接,以方便插入管道及通过弯管。最前端为摄像头,摄像头后面的牵引伞经特殊设计,为串式换能器及光缆在管道中前行提供动力。牵引伞的尺寸根据管径及流速选择。

跟踪定位器是一种频率极低的声波发射器,串式传感器中的微型接收器能收到其发出的信号。所使用的频率使得两者之间能精准通信,可跟踪 10 m 埋深的金属管道中的传感器。

插入组件安装在客户提供的检测口闸阀上,在带压条件下将串式传感器插入运行中的管道内。

光缆卷筒用以控制光缆的前进及后退,光缆在卷筒内使用 500 ppm 的次氯酸钠溶液进行冲洗消毒。

使用插入组件将带有牵引伞的传感器通过不小于 100 mm 的孔口插入到运行的管道中。牵引伞依靠水流的推力拉着传感器在管道中前行。操作人员通过操作声波信号处理设备和软件,实时监测和分析管道中 Sahara 传感器所采集的数据,这样可近乎实时获取压力管道中的声音事件。声信号处理软件能将声音信号转换成可视化形式,显示信号的幅度、频率、传感器位置以及前行速度等信息。除此以外,操作人员还可通过摄像头检查管道内部情况,视频文件保存在计算机中。

当发现异常时,将传感器固定在管道内不动,在地面上将跟踪定位器移动到管内传感器的上方,传感器捕捉极低频信号并将信号经光缆传输到地面操作员,同时将信号返回到定位器操作员,以此精确定位异常位置。检测过程中所检测到的任意一个值得关注的异常声事件(泄漏或者气囊)及可见异常,都在地面标记其位置。定位器的另外一个作用是在正常检测时,每隔一定距离追踪一次传感器所在的位置,以确认传感器的行进距离以及仔细检查光缆是否有卷曲。

2. 技术指标及适用条件

(1) Sahara® Ⅱ设备不受地表结构物及管道埋深的影响,适合 DN400 及以上的各种材质管道的检测。与 SmartBall 相比,具有更高的灵敏度及定位精度,能探测出低至 0.016 L/min 的小漏点,异常点定位误差可控制在 ±0.5 m,且可以通过视频检查管道内部情况。

(2) Sahara® 设备另一大优势是实时提供检测结果,当发现有漏点、气囊及可见异常时,可以通过定位器定位这些异常的位置。特别是漏点,可以当天检测当天开挖维修。如果需要,可以使用定位器的精确定位功能绘制管线图。

(3) 在流速较大且没有弯管的情况下,单次插入在管道中前行的最大距离可达 1.5 km。有弯管的情况下,单次检测长度将减小。在金属管道内,可以通过的弯管累加角度不能超过 270°;在混凝土管道内,可以通过的弯管累加角度不能超过 130°。

(4) Sahara® Ⅱ检测要求的最小水流速度为 0.3 m/s,最佳流速为 0.6~1.2 m/s,更快的流速意味着牵引伞具有更大的牵引力,可以帮助光缆克服更大的阻力,但在回收光缆时困难会增加。由于牵引伞是根据管径及流速选定的,因此检测期间流速应尽量保持不变。SaharaⅡ适合 0.1 MPa 至 1.7 MPa 之间的压力管道检测。

(5) Sahara® Ⅱ不能穿越蝶阀,因为回收光缆时很容易缠绕在阀板上,但可以通过全部打开的闸阀。传感器经过支管时需要短暂关闭支管阀门,一旦传感器移动到安全距离(最小 10 m)范围外,支管可以再次打开。

3. 工程实例

2017 年 4 月上海城投水务(集团)有限公司选择了 5 条管道,采用 Sahara® Ⅱ系缆式管道检漏及视频检查系统进行检测。这 5 条管道有的怀疑有漏点,有的为穿河管道,有的已投建成使用多年。检测发现了 1 处漏点及几处异常,其中一条金属管道存在严重的管瘤(图 15-5)。穿河管道内未见明显淤积。这些信息为管网的管理及维修提供了第一手资料。

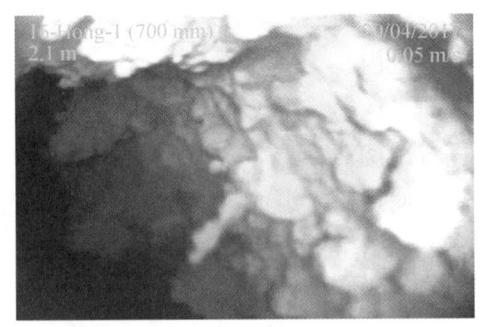

图 15-5 Sahara® 视频检查发现严重管瘤

(作者单位:蓬勃(上海)工程技术服务有限公司)

16　斯里兰卡某市自来水用户调查样表

陈洁　译

调查日期		时间		表号	
调查团队					
DMA 编号		GND 编号		GND 名称	
街道名称					
街道	从		到		
A. 用户概况					
A1. 户主姓名					
A2. 地址					
A3. 用户类型（选择合适的选项）	别墅（单栋住户）		学校		
	公寓、街区（住户单元号）		宗教场所		
	私有机构		公共机构		
	商业地产		其他		
	酒店		(………)		
A4. 建筑物的层数					

续表

A5. 主要饮用水来源（选择合适的选项）	与水表相连			
	不与水表相连			
	不与水表相连,但与有计量的主干管相连			
	来自有计量的水站			
	大口井		其他	
	管井		(………)	
A6. 每日大约用水户数			A7. 房产内供水设施附件大约的数量	
A8. 未来发展(按年统计,预期需水量增加量)(m^3/d)				
A9. 合同号		A10. 用户类型	户主	(租户/房东)
A11. 疑似的非法连接管	是		否	

B. 用户连接类型

B1. 用户名称:(只填写与A1不同的地方)	
B2. 用户地址:(只填写与A2不同的地方)	

B3. 用户连接类型	10. 居民	51. 水站	72. 航运	
	11. 总部	52. 花园龙头	73. 工业/建筑业	
	12. 学校	54. St. Post 花园	79. 免税商业	
	13. 政府大楼	60. 政府机构	80. 其他商业/私营	
	14. 花园	61. 军队	81. 宗教场所	
	15. 技校	62. 警察局	82. 国家供排水委员会房产	
	18. 公寓	63. 医院	83. 宗教场所2	
	19. Non_Vat 公寓	64. CMC 房产	84. 房管局	
	20. Samurdh 公寓	70. 商业机构1	92. 零售（Halga-hakubura)	
	24. Samurdh 花园	71. 旅游业	95. 零售(Sp. Inst)	
B4. 如果是商业的,用水性质	酒店	制造业	建筑业	商店/社区	服务站	办公室	零售店	其他
B5. 连接管直径(DN)	1/2″ (DN15)	3/4″ (DN20)	1″ (DN25)	1 1/2″ (DN40)	2″ (DN50)	3″ (DN80)	4″ (DN100)	其他……
B6. 连接管管龄(年)								
B7. 月均用水量(来自水表账单)(m^3/d)								

C. 关于供水服务的数据收集

C1. 供水时数	24 小时	18~24 小时	12~18 小时	6~12 小时	<6 小时

续表

C2. 供水中断是否频繁	是		否	
C3. 二次供水系统	直接供水		高位水池供水	
	水泵供水		水泵-水池联合供水	
	水池供水		直供-池联合供水	
	直供-水泵联合供水		备注：	
	其他水源联合供水			
C4. 用户连接管水压的便利性	满意		不满意	

D. 图表

a. 总图		参考图号：
b. 水表位置		参考图号：
c. 刻度盘读表		参考图号：
d. 其他		参考图号：

E. 其他相关备注

F. 水表状况

F1. 水表尺寸 (DN)	1/2″ (DN15)	3/4″ (DN20)	1″ (DN25)	1½″ (DN40)	2″ (DN50)	3″ (DN80)	4″ (DN100)	其他……
F2. 安装位置	屋外		建筑物前		后院		建筑物一边	建筑物内
F3. 刻度盘读数								
F4. 读表便捷性	可接受			备注				
F5. 水表位置	地上		地下		水覆盖			
F6. 保护结构	可进入		不可进入		损坏			
F7. 水表朝向	垂直			水平			倾斜	
F8. 水表类型	容积式		涡轮式		速度式		活塞式	难以识别
F9. 水表状况	工作正常				有缺陷			
F10. UNION 有效性	a. 国家供排水委员会 (NWSDB)一边		是			否		
	b. 用户一边		是			否		
F11. 水表铅封 是否有效	a. 在水表和活接头之间		是			否		
	b. 在水表表体自身		是			否		
F12. 截止龙头 有效性	a. 国家供排水委员会一边		是			否		
	b. 用户一边		是			否		
F13. 截止龙头 状况	a. 国家供排水委员会一边		正常工作			不正常工作		
	b. 用户一边		正常工作			不正常工作		

续表

F14. 截止龙头类型	a. 国家供排水委员会一边		b. 用户一边	
	PVC 截止阀		PVC 截止阀	
	PVC 球阀		PVC 球阀	
	铜截止阀		铜截止阀	
	铜球阀		铜球阀	
	带锁球阀		带锁球阀	
	难以识别		难以识别	
F15. 水表品牌				

G. 观察到的可见漏失

G1. UNION 至阀门井之间的水表	来自水表表体自身		是		否
	来自活接头（NWSDB 一边）		是		否
	来自活接头（用户一边）		是		否
	来自阀门井（NWSDB 一边）		是		否
	来自阀门井（用户一边）		是		否
G2. 来自直到供排水委员会截止阀的道路	来自截止阀自身		是		否
	来自分水器		是		否
	来自阀门井的连接		是		否
	来自管网		是		否
G3. 任何其他可见的漏失的备注					

H. 参照点

H1. 可选择的参照点

I. 必要的草图

J. 数据库准备（备注）

J1. ACCESS 数据库准备	J2. GIS 数据库准备

本资料由上海积成慧集信息技术有限公司提供

（译者单位：郑州华沃太科信息技术有限公司）

17 大口径水表技术及管理

申　峰　朱蕾丽

水表是一种专门用于测量管道水流累积体积的流量仪表，是流量测量中使用最广泛的仪表之一，是重要的资源和能源贸易结算计量仪表，也是涉及面最广的法制计量仪表之一，在国计民生的计量中有着重要的地位；水表也是供水企业用于贸易结算最主要的计量仪表，它是供水企业与用户（顾客）之间链接的"硬件"纽带，是物联网的终端，它与千家万户和企业的切身利益密切相关；它又是"一杆秤"，是供水企业高质量服务的"秤"，是用户满意的"秤"，也是供用水双方合法维权、维护自身利益的"秤"。

"计量就是计钱"这句老话在某种意义上说明了计量在企业经济核算、提高经济效益上所起的作用，供水企业后端的计量就是结算计量工作，就是要依靠企业成千上万只水表的准确、可靠的计量和稳定的运行，以及优质的服务来保证的。

供水企业用于贸易结算计量的大口径水表数量占企业结算水表的比例少，但"二八"现象突出，即20%的比例，担负着80%左右的水量计量。所以，大口径水表技术和管理对于供水企业的运营，显得尤为重要和突出。

17.1　DN50以上大口径水表的分类及技术性能

DN50以上大口径水表的分类及技术性能如表17-1所示。

表17-1　　　　DN50以上大口径水表的分类、结构与性能对比表

序号	名称	结构特点	性能特点
1	LXS 50～150 多流束旋翼式水表	(1) 小口径户用旋翼式水表的放大。 (2) 水流低进高出,全流量检测。 (3) 多束切向水流冲击直平板式叶片,叶轮轴带动计数器转动。 (4) 体积大,重量重	(1) 流通能力差,压力损失大,达0.1 MPa。 (2) 流量低区性能较好,始动流量相对较低。 (3) 流量范围窄,适合用在相对流量较低的管道。 (4) 由于技术经济指标比较落后,目前正在逐步被淘汰过程中
2	WPH(LXLG) 50～200 水平螺翼可拆式水表	(1) 螺翼轴线与管道轴线平行。 (2) 水流轴向通过螺翼(涡轮),涡轮轴通过蜗轮副带动计数器转动。 (3) 绝大多数为局部取样,模拟检测。 (4) 机芯为可拆式结构,便于更换与维修。 (5) 体积小,重量轻	(1) 流通能力大,压力损失小,为0.02～0.03 MPa。 (2) 流量高区性能较好,流量低区性能较差,始动流量相对较高。 (3) 流量范围一般,适合相对流量较高的管道。 (4) 安装时对表前后直管段要求较高。 (5) 水表前需安装滤水器
3	WPHD 50～200 水平螺翼可拆式水表	(1) 按国标 GB/T 778—2007/ISO 4064—2005 要求,开发的水平螺翼式水表。 (2) 可拆式机芯前后两端与壳体内腔密封组成一个整体。 (3) 壳体内腔带有整流功能。 (4) 可选多种发讯计数器(脉冲或无源直读)	(1) 大流量,宽量程,是 WPH (LXLG)水平螺翼式水表升级换代产品。 (2) 水平轴流式,压力损失小,量程比 $Q_3/Q_1 = 160$。 (3) 可耐高流量的冲击,提高低流量的计量准确度。 (4) 有效降低水表前后干扰件对水表计量准确度的影响,抗扰流性能达到最高等级 $U_0 \times D_0$。 (5) 配上相应二次仪表,可实现远程数据监控管理。 (6) 对水表前后的直管段无特殊要求。 (7) 表前需安装滤水器

续表

序号	名称	结构特点	性能特点
5	WS 50～200 垂直螺翼可拆式水表	(1) 螺翼轴与管道轴线垂直。 (2) 水流低进高出,全流量检测。 (3) 水流轴向通过螺翼(涡轮),涡轮轴直接驱动计数器,取消了蜗轮副传动。 (4) 内置不锈钢滤网,使机芯得到保护。 (5) 相对于旋翼式水表,体积小,重量轻,机芯为可拆式,便于更换与维修。 (6) 可选磁传干式或液封湿式计数器。 (7) 可选多种发讯计数器(脉冲或无源直读)	(1) 流量范围宽,尤其突出的是始动流量低,适合于流量变化大的管道。 (2) 安装时无需在表前后安装直管段。 (3) 目前我国一、二线城市水司大量用于工矿企业、居民小区、机关事业单位用水的结算用表
6	WPV 50～200 组合(子母)式水表	(1) 母表为 WPHD 水平螺翼式水表,子表为旋翼式水表。 (2) 母表后段装有流量控制阀,子表为旁路计量表。 (3) 管道中小流量时,流量控制阀为关闭状态,流量由子表计量,当大流量时,流量控制阀自动开启,母表、子表同时计量	(1) 流量范围大,从子表的 Q_{min} 到母表的 Q_{max}。 (2) 流通能力、压力损失比水平螺翼式水表大
7	CD 50～100 单流束旋翼式水表	(1) 小口径户用单流束旋翼式水表的放大。 (2) 单束切向水流冲击直平板式叶片,叶轮轴带动计数器转动。 (3) 机芯为可拆式,方便更换与维修	(1) 始动流量低,计量等级可达 C 级。 (2) 压力损失较大,流通能力差。 (3) 叶轮轴承受单边磨损,使用寿命不如上述水表
8	WI 50～200 插入式水表	(1) 叶轮插入管道中,其转速经蜗轮副传动带动计数器计量。 (2) 结构相对简单,机芯部件通用性好,且为可拆式,方便更换与维修。 (3) 叶轮直径小,且转动方向与水流方向相一致。 (4) 可选多种发讯计数器(脉冲或无源直读)	(1) 流通能力大,压力损失很小,≤0.01 MPa。 (2) 计量等级仅能达到 A 级。 (3) 对未经净化的水中的杂物通过性好,不易堵塞

续表

序号	名称	结构特点	性能特点
9	DN 50~200 带电子装置机械水表 一体式	(1) 该类水表流量检测部件为机械式,指示装置为机械式或电子式。除了测量流量信号外,还有些会带有水压测量信号等。但都带有有线或无线通信装置,可分为一体式和分体式。 (2) 指示装置主要仍是采用传统的字轮指针式,也有少量采用电子计数 LCD 液晶显示。 (3) 流量计量上大体上分为脉冲式和直读式两大类,脉冲式有单、双、三干簧管(或霍尔元件)。直读式目前多是采用光电直读传感器,多带有 RS-485,或 M-BUS 通信接口。 (4) 无源直读式计数器可避免脉冲式计数器信号累积误差。 (5) 电子装置与水表都在多水潮湿甚至有时水淹环境下工作,电子装置必须达到 IP68 防护等级。 (6) 一体式的电子装置与基表一体化设置,无任何表外线缆连接	(1) 脉冲式计量需注意防信号抖动,及传输过程中外界干扰。三干簧管可实现正反向流量计量。 (2) 目前多是采用锂电池供电,无线通信方式通过公共通信网络(移动、联通)GPRS 或 GSM 进行数据传输。以 GSM 短信方式比较简单,但信息量较小,信号有时会丢失,数据不完整,需要防止垃圾短信,且费用较高,目前大多采用 GPRS 传输,包括流量、流速、水压等多方面信息。 (3) 可防止恶意干扰破坏。 (4) 可像普通水表一样安装
9	分体式	电子装置单独组成一个电子单元,可附着在基表上,也可拆下移到另外适于安装的地方,两者之间由线缆连接	优点是电子单元可避开恶劣的工作环境,缺点是安装相对复杂,两者间的线缆易被破坏。 带电子装置机械水表共同的特点是: (1) 计量准确,抗干扰性好,具有正反向流量计量功能。 (2) 可设置流量压力异常、反向流量、恶意干扰等多种报警。 (3) 后台管理软件可以实现:掌握和分析用户用水流量曲线和用水压力曲线,提高服务质量。具有营业收费系统接口,可将抄表数据自动送入营业收费系统。 (4) 多种形式的报表便于抄表及用水量分析、故障分析等。 (5) 用户可自行远程设置数据采集,保存间隔和数据传输间隔等

续表

序号	名称	结构特点	性能特点
10	电子水表 电子水表目前多指电磁水表和超声波水表 电磁水表	（1）电磁水表依据法拉第电磁感应定律，当导体做切割磁感线运动时，导体内将产生感应电动势。 （2）内置电池供电。 （3）管段式结构，液晶显示，显示累积用水量和每小时瞬时用水量。 （4）可采用 GPRS/GSM/CDMA 进行数据远程传输。 （5）可带压力数据采集和远程传输数据	（1）表体内没有机械转动和传动机构，表体相当于一个直管段，流通能力好，压损可以不考虑。 （2）准确度高，可达1.0级，量程宽，始动流量低。 （3）能够解决大口径水表小流量不计量问题，大水量冲坏水表的问题。 （4）实现数据无线传输功能更方便。 （5）成本高。 （6）供电电池的寿命问题
	超声波水表	（1）超声波水表利用超声波在流动水中传播时产生的"速度差法"原理，该速度差与水流速成正比。目前多采用双声道超声波水表。 （2）超声波水表由超声流量传感器（由换能器和测量管组成）和转换器组成。 （3）内置电池供电。 （4）管段式结构，液晶显示显示累积用水量和每小时瞬时用水量。 （5）可采用 GPRS/GSM/CDMA 进行数据远程传输	（1）超声波水表容易受表内流体夹杂的气泡、固体颗粒等杂质的影响，影响计量准确度。 （2）带测量管段的有单声道和双声道及以上，管径大，准确度要求越高则声道越多。 （3）上下游同样需要必要的直管段。 （4）内部没有机械可动部件，始动流量小，流通能力好，压力损失可以不考虑

WS 垂直螺翼式水表，LXS 旋翼式水表，WPH（LXLG）水平螺翼式水表和 WPHD 水平螺翼式水表，主要技术参数如表 17-2 所示。

表 17-2　　　　　　　　　　　　　四种水表主要技术参数对比

公称口径 /mm	最大流量 $q_{max(Q_4)}$ /(m³/h)				常用流量 $q_{p(Q_3)}$ /(m³/h)				分界流量 $q_{t(Q_2)}$ /(m³/h)				最小流量 $q_{min(Q_1)}$ /(m³/h)			
	WS	LXS	WPH	WPHD	WS	LXS	WPH	WPHD	WS	LXS	WPH	WPHD	WS	LXS	WPH	WPHD
50	30	30	30	78.75	20	15	15	63	1.5	3	3.0	0.63	0.3	0.45	0.45	0.394
80	110	60	80	125	55	30	40	100	3.0	6	8.0	1	0.6	0.90	1.20	0.625
100	180	100	120	200	80	50	60	160	4.5	10	12.0	1.6	0.7	1.5	1.80	1
150	350	200	300	500	200	100	150	400	9.0	20	30.0	4	1.5	3.0	4.50	2.5
200	550	/	500	787.5	320	/	250	630	25	/	50	6.3	3.5	/	7.50	3.94

公称口径 /mm	压力损失(≤) /MPa				始动流量 q_s /(m³/h)				长　度 /mm				重　量 /kg			
	WS	LXS	WPH	WPHD	WS	LXS	WPH	WPHD	WS	LXS	WPH	WPHD	WS	LXS	WPH	WPHD
50	0.06	0.10	0.03	0.04	0.09	0.09	0.18	0.18	280	280	200	200	14.5	11.8	10.6	10.6
80	0.06	0.10	0.03	0.04	0.20	0.30	0.45	0.30	370/225	370	225	225	29/20	37.5～46	16.3	16.8
100	0.06	0.10	0.03	0.04	0.22	0.40	0.75	0.35	370/250	370	250	250	31/24	43～49	17.8	19.4
150	0.06	0.10	0.03	0.04	0.45	0.55	1.50	1	500	500	300	300	78	90～96	31.5	32
200	0.06	/	0.03	0.04	1.00	/	2.50	1.5	500	/	350	350	120	/	46.0	56

从上表对比可以看出，WS 垂直螺翼式水表性能除压力损失一项外，全面优于 WPH(LXLG)水平螺翼式水表 ISO4064 B 级。同时与 LXS 旋翼式水表相比，在量程范围，即从最大流量到最小流量区域，以及始动流量，压力损失等指标都优得多。而 WPH 水平螺翼式水表升级为 WPHD 水平螺翼式水表后，量程比提高的最大($R=160$)，除了流量高区保持有 WPH 的优势外，低区的性能分界流量(Q_2)、最小流量(Q_1)和 WS 垂直螺翼式相接近，重量和 WPH 水表接近，体积小，便于安装和运输，但表前需安装过滤器，WS 水表自身带有过滤器。WPHD 水表和 WS 水表一样，对水表前后直管段均无特殊要求。

下列六条流量带可以清楚看出 WS 垂直螺翼式、WSRP 垂直螺翼式、LXS 旋翼式、WPH(LXLG)水平螺翼式、MAG 电磁水表的量程范围区别(图 17-1～图 17-4)。

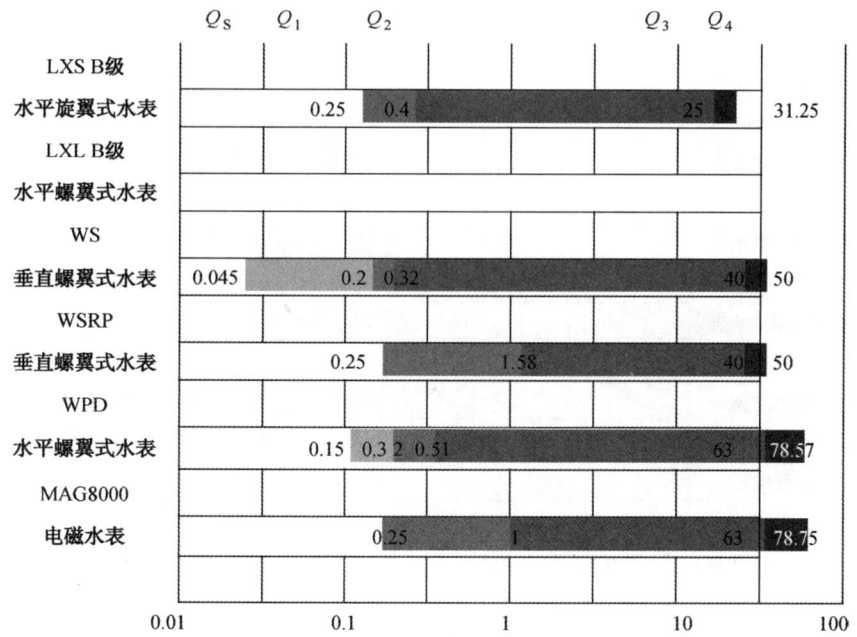

图 17-1　DN50 不同类型水表量程对比图（m³/h）

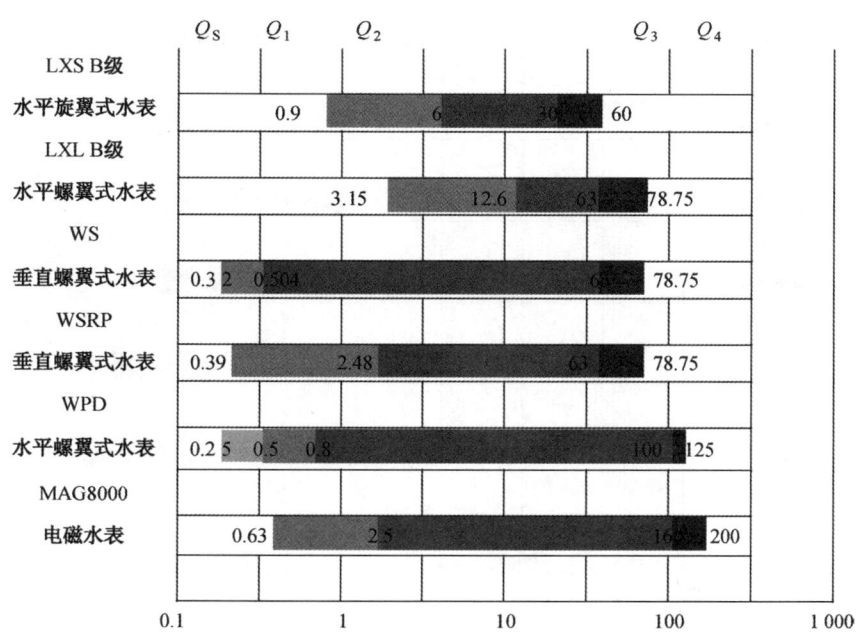

图 17-2　DN80 不同类型水表量程对比图（m³/h）

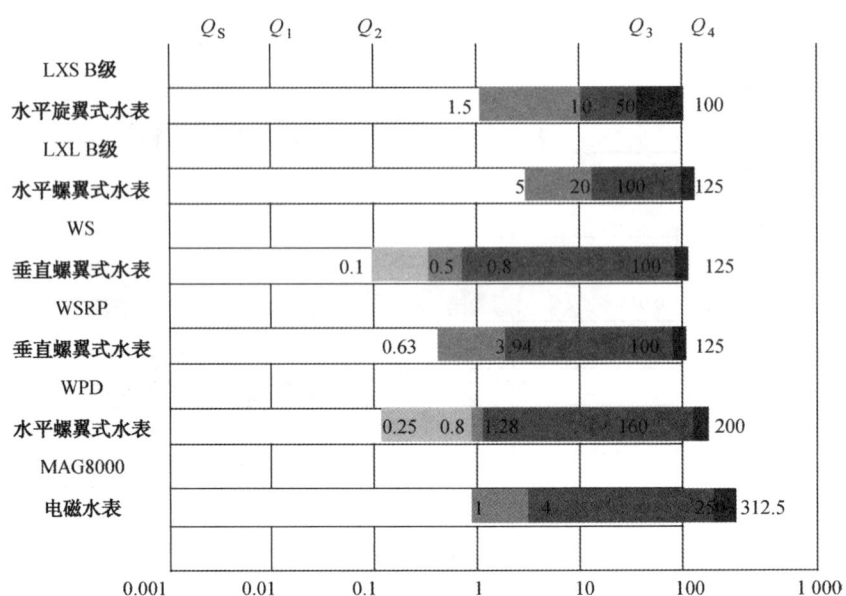

图 17-3　DN100 不同类型水表量程对比图（m^3/h）

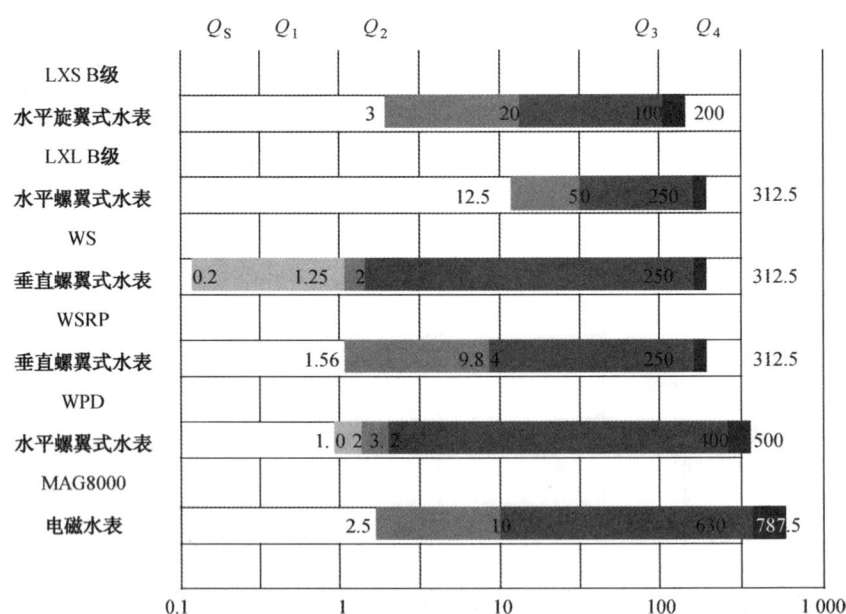

☐不计量范围;■开始计量,但无精度要求;■流量低区,±5%计量区间;■计量高效区,±2%计量区间;■易损区,±5%计量区间。

图 17-4　DN150 不同类型水表量程对比图（m^3/h）

17.2 大口径水表的应用和管理

上述各类大口径水表由于结构不同,其流量性能也有很大差别,任何计量仪表都有其局限性和缺陷性;LXS 旋翼式水表的技术经济指标全面落后,逐步被淘汰,水表的选用"没有最好的,只有最合适的",需要科学合理地选型。

水表的选型要了解和考虑多个因素。了解所选型水表的结构特点和使用范围;考虑水表的稳定性和准确性,稳定是第一位的;考虑安装管道的流量特点以及安装条件;考虑水表的计量特性和用水户的用水特性;考虑和结合本地和企业的实际情况。

1. 从计量的流体流量方面考虑

(1) 对于供水干线上计量用水表,如果压力损失大的话,将对表后整个管网压力产生影响。由于绝大多数时间处于流量高区运行,且流量相对稳定,所以必须考虑选择流通能力大、压力损失小的一类水表。因流量低区计量能力基本上用不到,对其流量范围要求不高,所以选择时对最小流量、始动流量等指标,不用过多考虑。可选择电磁水表、超声水表和 WPHD 水平螺翼式水表。

(2) 对于具体的生活小区、工矿企业、事业单位,用户供水管道上安装的贸易结算用水表,由于流量变化大,但稍大些的压力损失(≤0.06 MPa)不会影响正常供水,选择时可考虑始动流量足够低、流量范围宽,且自身带有内置滤网而对前后直管段没有特殊要求的 WS 垂直螺翼式水表;对于有条件安装表前滤水器的也可选用 WPHD 水平螺翼式水表;工矿企业的用水大户和重点用水户可考虑电磁水表和超声水表。

(3) 对于流量变化非常大的特殊场合,如日常实际用水量非常低,但考虑消防等特殊需要,安装大口径进水管的仓库等一些特殊场合,可选择 WS 垂直螺翼式水表、WPHD 水平螺翼式水表、组合(子母)式水表。组合(子母)式水表由于该型水表结构复杂,故障率相对较高,不宜不分场合,大面积推广。

(4) 输送纯净直饮水时,用于贸易结算的水计量,其流量相对较小,但直饮水价格昂贵,可考虑试用 CDDN50~100 单流束旋翼式或 MeiStream Plus DN40~150 水平螺翼式 C 级水表等高计量等级水表。

(5) 对于未经净化处理的源水计量及农业灌溉用水的计量,主要考虑的是不易堵塞、流通能力强,而始终处于高区运行的 WI50~200 插入式水表。

(6) LXS50~150 旋翼式水表所有技术经济指标已被 WS 垂直螺翼式水表超越,该型水表为国内第一代大口径水表,目前各地已逐步被安装尺寸相同的 WS 垂直螺翼式水表所取代。

(7) 选择水表的口径,绝大多数都是按管道直径来确定,现在成了一种惯性思维,这是一个误区。正确的选择应该是按管道中水流量的大小来确定,即在使用中用户的正常流量应达到该水表的常用流量 Q_3 的标准,同时兼顾最小流量,水表不能长期运行在最小流量下。按管径定水表口径,多数是"大马拉小车",不但造成资源浪费,而且长时间在低区运行,容易产生计量失准。

2. 从安装条件适应性方面考虑

按照国家标准 GB/T 778.1—2007 的规定,水表的示值最大允许误差:

$Q_1 \leqslant q < Q_2$ 的流量低区为 ±5%;

$Q_2 \leqslant q \leqslant Q_4$ 的流量高区为 ±2%。

上述流量特性的要求均指实验室条件下测试的结果。但现场实际安装的水表,往往达不到这些规定的安装条件,所以实际误差往往比上述要求大得多。速度式水表受水流速度分布畸变和漩涡的扰动影响示值误差最大,实际安装时,以前往往采取水表前后安装直管段来解决。而不同类型的速度式水表对水流扰动的敏感程度是不一样的,因而所需直管段的长度也不同。抗扰流性能达到 $U_0 \times D_0$,特别适合于无法安装直管段的位置。图 17-5,表 17-3,表 17-4 给出不同类型水表安装时对前后直管段长度的要求。选择水表类型时,也要考虑安装现场的实际情况,来选择相应的水表。如果受安装条件限制,无法达到直管段的要求,则应避免选择有直管段要求的水表,而应选择对前后直管段无特殊要求的水表。这个问题,往往没有得到足够的重视。

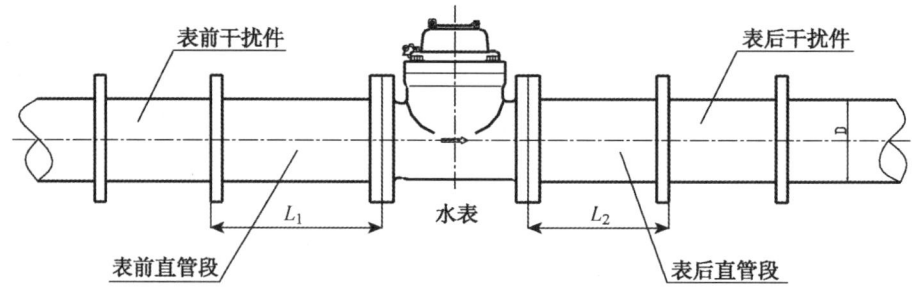

图 17-5 水表安装示意图

表 17-3　　　　　　　　　表前干扰对直管段要求

	DN50～300 水表	DN400～500 水表
弯头,T 型接头,滤水器,急促缩径	$L_1 = 3 \times D$	$L_1 = 5 \times D$
止回阀,减压器,急促扩径	$L_1 = 10 \times D$	$L_1 = 12 \times D$
2 个弯头,T 型接头+弯头,水泵,控制阀	$L_1 = 15 \times D$ 或 整流器+$3 \times D$	$L_1 = 20 \times D$ 或 整流器+$5 \times D$

表 17-4　　　　　　　　　　表后干扰对直管段要求

	DN50～300 水表	DN400～500 水表
弯头,控制阀,变径管	$L_2 = 3 \times D$	$L_2 = 5 \times D$

注:直管段应该安装在水表前后,直接和水表连接。

3. 从适用性、经济性方面的考虑

(1) 国内各地水质不同,铁质管网道使用多年后,管内锈蚀产生的磁性杂质难以避免。磁传干式水表容易把这些磁性杂质吸附在表内磁钢表面,影响计量准确度,严重时往往会使水表失效;还有一些用户,采用强外磁场来干扰磁传干式水表的准确计量。如果出现这类困扰,可以采用非磁传的液封式计数器的水表。

(2) 适合的水表就是最好的水表,不要片面追求过分的计量精度或多余的流量范围。因为这些性能很可能在水表的整个使用周期中,没有用武之地,造成浪费。只有从实际需要考虑水表的性能与功能,选择性价比最优的水表才是正确的。

(3) 选择大口径水表还应考虑供应商的技术服务水平和商业信誉。技术服务水平包括销售前解答咨询,如解决用户提出问题的能力,向用户提出合理的建议和选择方案、技术培训;售后故障处理质量,如响应速度、处理能力和备品配件提供保障能力等。

(4) 对于用水大户,需要实时监控的重点用户,为了确保供水公司和客户利益,应该选用带电子装置的机械水表、电子水表等具有远传实时监控功能的水表。

(5) 经济性方面只考虑水表的购置费是不全面的,因为同类水表,由于生产厂家不同,其质量水平有很大差异,到货验收检验时,一般均能达到相关标准,但劣质水表短期运行后,就会产生计量失准,甚至损坏,造成的水费损失及产生经常性的维修费用,将大大超过便宜的那一点购置费。

(6) 随着基表技术、传感技术、无线通信技术、网络传输技术、电源技术的发展与成熟,技术不断进步,具有无线传输功能的大口径电子水表(电磁水表和超声水表)及带电子装置的大口径智能水表的使用,将是今后的发展方向。

(7) 水表的动态管理。在多品种前提下,每一场所的水表种类并不是一成不变的,应根据用水量的变化、水压的变化、水费的调整、水质的改善、管理能力的增强,及时调整水表的类型。在最需要的场合、最适当的时机、选用最合适的水表,从而取得最大的经济效益。

4. 安全性和使用维护

(1) 在新铺设的管道上安装水表前,必须将管道内的杂物冲洗干净后再安装,以免损坏水表,或通水后影响水表的正常工作。

(2) 水表安装的场合,必须考虑现场的水压和水温,都在水表的最大使用压力和最大使用温度之内。

(3) 安装水表的位置,还应避免腐蚀气体的侵蚀。

(4) 工业用水表如安装在锅炉附近,表后应加装止逆阀,以防热水倒回,损坏水表零件。

(5) 对带有较长输出信号线的远传水表,布线时应考虑防雷击。

(6) 水表安装的位置尽可能方便抄读查表,还要考虑维护和换表的便利。

(7) 对安装在室外的水表,选择干燥、防泥沙、防地下水浸没、防虫类进入的位置是十分必要的。

(8) 水表使用维护的方式基本为定期检查。定期检查一般的内容为:

① 水表各部接头有无渗漏,有渗漏的应立即处理。

② 水表运行是否正常,灵敏限指针是否转动。

③ 水表表玻璃是否需要清洁擦拭,使其不妨碍正常读数。

④ 计量原水的大口径水表和水中含悬浮物和杂质多的水表,应定期对进水口前端安装的填料滤水式过滤器和滤网,进行彻底的排污和清洗。

⑤ 水表井内的各种阀(包括放水阀)应定期进行开闭检查,确定其功能正常。

⑥ 对室外安装的水表检查防冻措施。防止水表结冰要避免水表处于0 ℃以下的环境。水表标准 GB/T 778.2—2007 第 8.3.2 条"应采取特别措施防止水表受冻",水表安装位置的气候环境应防止水表结冰或采取必要的保暖措施防止水表结冰,通过在水表外面敷设保温层,为水表穿衣防冻减缓能量的散发。

(作者单位:郑州自来水投资控股有限公司水表厂)

18　电磁水表对减少表观漏损的作用

詹益鸿　辛　萍

表观漏损作为漏损水量的重要组成部分,也是形成供水企业无收益水量的关键因素。随着国内供水行业自动化技术水平不断提高,在贸易结算方面对计量仪器测量的稳定性和精确度要求越来越高。过去的一段时间里,测量性能优越、安装环境要求低、流量压力远传一体化的电磁水表得到了各供水企业较为普遍的应用和推广。

对于大多数供水企业而言,大用户供水的水表在数量上只占总水表数的微小部分,但其计量的水量却是绝对不容忽视的一部分,可占供水企业计量售水量的40%～60%甚至更高。因此,对于供水企业来说,在有限资源的条件下,针对大用户供水用户进行表具选型,选用合适的表具进行计量,具有投入小、见效快、易实施等特点,是控制供水产销差的一种有效措施。同时,大用户水价较高,通过计量效率的提高,降低无收益水量中表观漏损部分,也能有效提高计量售水量,给供水企业带来较高的经济效益。

国际水协针对表观漏损的因素主要有用户水表的误差、非法用水、抄表错误、数据处理和账面错误等。与真实漏损水量不同的是,表观漏损是看不到的,这就使得一些供水企业也在解决漏损水量问题的时候重视真实漏损,容易忽略表观漏损。然而,实际情况中,与真实漏损相比,相同的漏损水量下,表观漏损造成的损失(售水水价)比物理漏损

(制水成本价)更高。供水企业要控制表观漏损,减少经济损失,通过采用带远传的高精度、高灵敏度、宽量程、长寿命的电磁水表作为计量监控终端,可以有效解决引起表观漏损的各项因素,变结果管理为过程管理,起到立竿见影的效果。

  首先,处理用户水表的误差。所谓用户水表的误差就是水表计量的不准确和水表本身的性能局限造成。而大部分误差会造成对售水量的低估,尤其是用水量较大且价格较高的大用水户,计量器具精确度产生的误差大大减少了供水企业的收益。目前,供水企业选择的测量器具一般包括机械水表、一般电磁流量计、电磁水表三种,计量效果如图18-1所示。

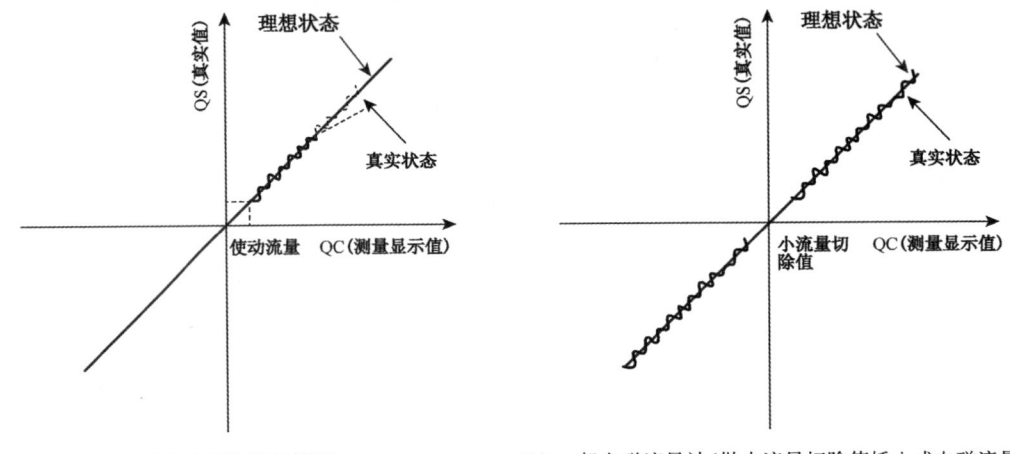

(a) 水表的测量情况   (b) 一般电磁流量计(做小流量切除值插入式电磁流量计)

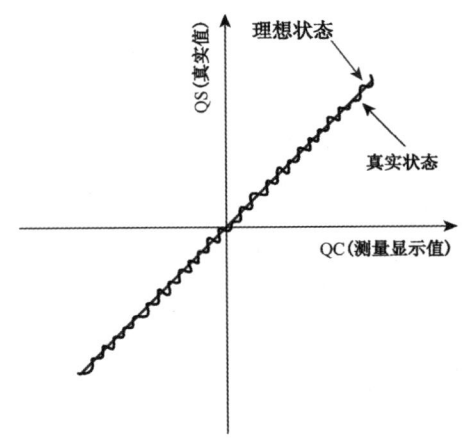

(c) 分区计量、大用户计量涉及的电磁流量计(电磁水表)

图 18-1 计量效果

  图18-1(a)描述的是机械水表测量情况,对于小流量而言,机械水表的灵敏性不够高,需要一定的始动流量才能计量,从而使得一部分售水量无收益;对于大流量来说,机械水表内部的叶轮很容易因水流的冲击而损坏,需要经常更换从而增加成本;机械水表

因其内部的物理结构,容易造成叶轮机件损坏、砂石卡住叶轮、计数器故障等。在实际的应用中,因大用户用水的特性也很容易出现"大马拉小车"或者"小马拉大车"的情况,加大了表观漏损量。

图 18-1(b)描述的是一般电磁流量计测量情况,在供水企业中也有一定的应用,效果显著。电磁流量计一般采用钢外壳,传感器内部采用全通的结构,无可动部件,超宽量程几乎在没有压力损失的情况下进行流量检测,但是一些厂家会做小流量切除,造成有类似机械水表那样的始动流量。一般的电磁流量计在使用过程中,运行、管理和维护方面的问题和工作量不少。首先,外部电源的持续供电有些地方得不到保证,尽管已加装后备电源也不能防止因有意停电或者错峰停电、供电线路故障等而造成供电不正常从而测量不准的情况发生;其次,其防雷能力较弱,直击雷或感应雷能通过电源线、信号线及底线引入仪表,从而使仪表遭到破坏,无法准确计量。而大用户一般用水量比较大,仪表一旦无法准确计量,对于供水企业来说,损失通常都很大,而且还有可能造成与客户的纠纷。

图 18-1(c)描述的是电磁水表测量情况,电磁水表除了继承电磁流量计的优点外,特别提高了灵敏度,能够更好地进行小流量测量;电磁水表通过内置锂电池供电,无需外供电源,很好地解决了供电不正常而无法计量的难题,也避免了因为电线和信号线而引起的雷击,最大限度地从根源上减少了表观漏损,从源头上保证计量的高精度和计量的稳定性,使得供水企业对大用户用水进行准确计量。

图 18-2 大用户计量效率升级更换的电磁水表

目前电磁水表在供水企业中的测量效果越来越得到认可(图 18-2)。以华东某水务集团实施为例,以国内华东某水务集团供水分公司为例,该企业单位用户水表约 4 万多台,约占总表数(430 多万)不到 1%;其单位用户用水量超过 4 300 多万吨,占当月计量售水量的超过 43%。2014 年底,在该供水分公司某示范区进行了大用户更换电磁水表 45 只,更换近一年水量较历史同期增收达 18.49 万吨,同比增收比率达 7.65%。

随后,该供水分公司在 2015 年度共完成更换电磁水表 1 642 只。截至当年年底,供水分公司已经更换的 1 421 只且可统计使用效果的电磁水表,对比去年同期水量增收 254.11 万吨,同比长达 3.45%,具体情况如表 18-1 所示。

表 18-1　　各区域更换电磁水表后水量增收效益

区域	台数	水量(吨)		同比	
		去年同期	更换后至今	水量(吨)	比率
HP	178	9 950 265	10 454 507	504 242	5.07%
XH	130	6 972 335	7 591 465	619 130	8.88%
CN	93	4 296 354	4 335 186	38 832	0.90%
QD	138	6 334 309	7 089 203	754 894	11.92%
ZB	167	8 914 763	9 208 918	294 155	3.30%
PT	157	6 590 177	6 371 999	-218 178	-3.31%
YP	102	6 243 164	6 388 132	144 968	2.32%
HK	106	5 737 384	5 762 906	25 522	0.44%
BS	86	5 261 604	5 187 753	-73 851	-1.40%
MH	155	11 391 993	12 080 452	688 459	6.04%
SB	109	1 860 699	1 623 609	-237 090	-12.74%
合计	1 421	73 553 047	76 094 130	2 541 083	3.45%

从投资回报周期来看,因安装进度不一,该供水分公司 2015 年更换的 1 421 只电磁表当年平均使用时间约为 4 个月,以同期增收的水量,该批水表的投资回收期仅为 9 个月。

高精度水表的更换有利于提高用户水表的计量精度,从一定程度上提高了计量售水量。在 2016 年,该供水分公司继续增加更换电磁水表约 1 000 台,截至当年年底,水量较同期增长达 129.35 万吨,增幅 5.31%,带来了良好的经济效益。

电磁水表除了具有精确计量功能外,还可以进行 GPRS 通讯实现流量、压力的数据远传,结合配套的 ThinkWater® 大用户监测系统,实时在线监测仪表的运行,建立用水模式,通过预测模型和实际比较后及时掌握流量突变及异常,有效地防范和发现包括非法连接、加设旁通管绕过水表、非法使用消防栓和低效率的抄表收费系统等各种偷盗水现象,解决表观漏损中"非法用水"的难题;同时,传输数据和现场显示数据保持一致,可以与营收系统进行对接数据,减少较多人工操作及中间环节,直接作为开账收费的依据,有效地降低表观漏损中"抄表误差"及"数据处理和账面误差"等问题。

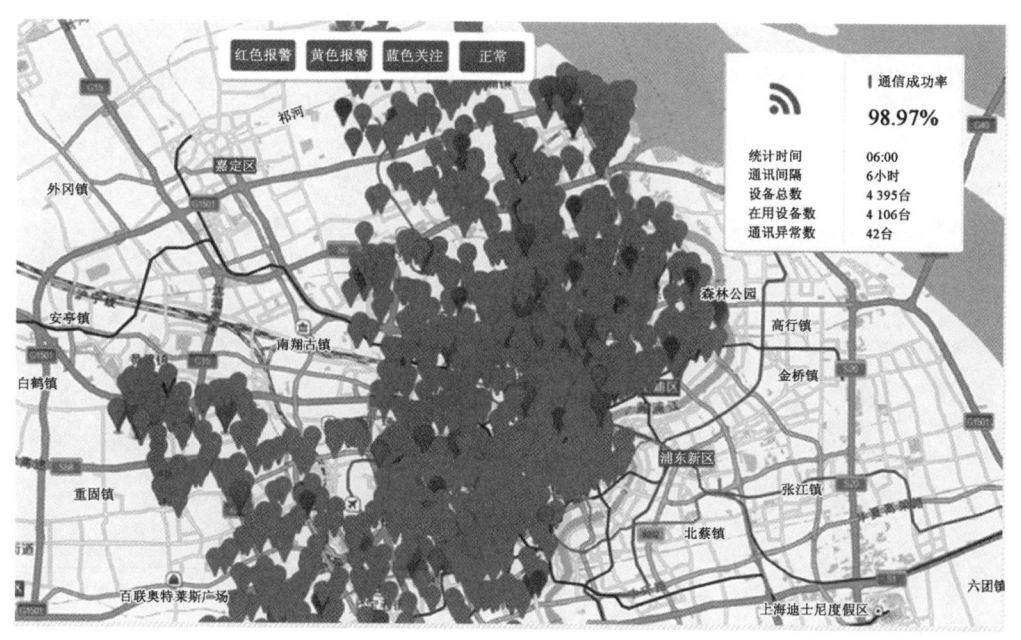

图 18-3　ThinkWater® 大用户监测系统保障大户计量数据

水是人类社会生产、生活不可缺少的元素，随着环境不断的污染，水资源也显得越来越宝贵。2015年国务院"水十条"颁布，政府现正在大力倡导水资源保护与节约，作为供水行业来说，在"节水优先"条件下，要保证水量计量的准确性，就必须处理好供水管网的漏损。在这其中，大用户的管理对降低表观漏损方面尤为关键。

电磁水表作为供水行业优质计量器具，在保持电磁流量计优良测量性能同时无需外接电源和避免雷击；流量压力远传一体式，全不锈钢直通结构，没有压力损失，节省电能，保障用户用水压力；宽量程，高精度，计量长期准确稳定，减少人工周期换表等操作，避免和减少贸易纠纷；数据实现在线监控，为表务管理信息化准备完整信息资料，从结果管理转换为过程管理，防范人为影响和偷窃水现象，提高综合计量效率，创造更好经济效益。电磁水表作为供水企业用于大用户计量和监控的最佳选择，据国内用水企业使用经验统计，在供水企业大用户使用中综合提高计量效率3%~8%，是供水企业实现节能降耗、提高经济效益、降低无收益水量的有效途径。

（作者单位：深圳安信计控仪表有限公司）

19 智能消火栓取水监控系统

刘俊彪

19.1 智能消火栓取水监控系统

FENIX智能消火栓取水监控系统（图19-1）采用物联网技术和无线通信技术，通过智能消火栓监测器对消火栓用水、撞倒、水压、漏损进行实时监控，将消火栓状态、用水情况、管内水压等数据通过SMS/GPRS/LORA/NB-IoT等无线传输方式实时发送给监控中心，监控中心针对需要及时处理的信息实时通知自来水公司巡查人员进行现场取证、制止、恢复，自来水公司也可以通过监控中心的专用数学模型对信息进行统计、分析，结合现场取证的资料对现场情况进行分类，分别采取不同的相应措施，从而减小自来水公司的综合产销差，并消除因违章用水给消火栓带来的安全隐患，满足消防局对灭火救灾的水压要求。

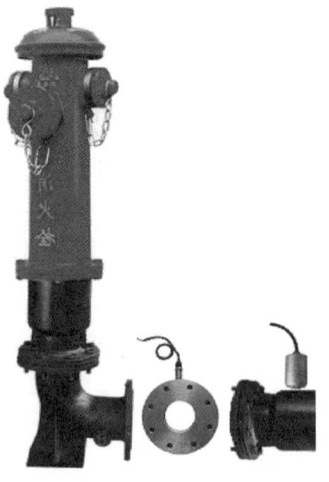

图19-1 智能消火栓取水监控系统

19.2 系统原理

智能消火栓取水监控系统 FENIX 基于传感器、嵌入式系统和无线通信物联网技术，应用于自来水行业，实现在消火栓监测方面的信息化管理（图 19-2）。

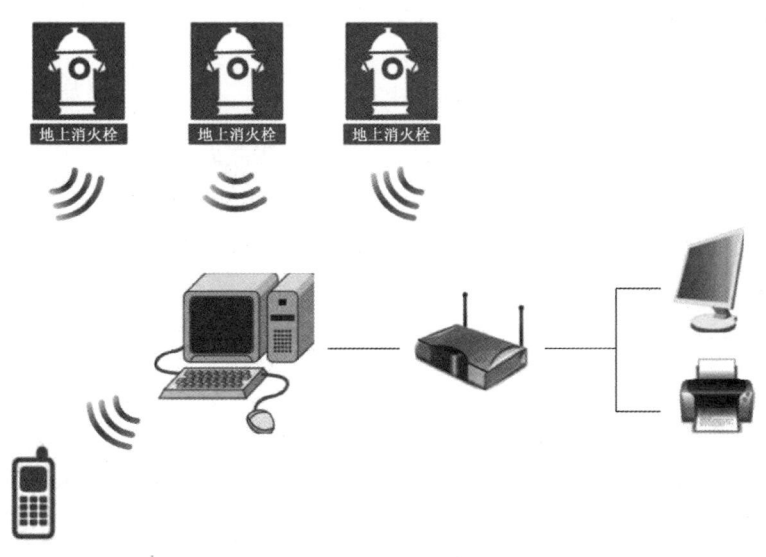

图 19-2 消火栓信息化管理示意图

消火栓监控系统分三个组成部分，智能消火栓监测器（用水、撞倒、水压、漏损）、监控中心和客户端，三部分通过无线通信进行数据交换，形成一个完整、有效的信息链。

第一节信息链为智能消火栓监测器与监控中心之间的无线通信，每个智能消火栓监测器直接将消火栓的状态信息发送至监控中心，形成一个多对一的通信网络。监控中心的主要功能是将收集的消火栓信息进行存储、统计、分析，并通过地图、表格、报告等形式有效地展示给监控中心工作人员。

第二节信息链为监控中心与现场巡查工作人员的通讯。每个现场巡查工作人员配备一个手持设备，用于更新监控中心的数据信息，便于进行现场有效管理。

1. 智能消火栓监测器

智能消火栓监测器，内置高灵敏度传感器、高性能 ARM 处理器、无线通信模块、大容量电池，按功能作用分为三类。

（1）智能消火栓塞帽（FENIX-G）

用于消火栓的用水、撞倒监测，安装于消火栓顶帽或者出口塞盖处。

主要功能：

① 用水状态监测：当消火栓上有用户取水时，智能消火栓塞帽进行记录并通过

SMS/GPRS/LORA/NB-IoT 等无线通信方式把消火栓编号、消火栓开启时间和关闭时间等数据发送到监控中心。

② 撞倒报警：当消火栓受到撞击发生倾斜时，智能消火栓塞帽将被撞倒的消火栓编号、时间等数据发送给监控中心。

③ 其他塞帽信息定时发送，协助建立消火栓日常管理档案。

特点：全天候、无遗漏实时监测；无人值守；安装方便；不影响正常消防取水；养护费用低；无堵塞风险；适用于所有型号的市政消火栓；防水等级：IP67。

（2）智能法兰（FENIX-Y）

用水消火栓的水压监测，安装于消火栓转弯管的法兰处。

基于消火栓的特性，转弯管的上方为消火栓的活塞开关和余水排水装置，平常该上方处于无水状态，因此压力传感器必须安装在转弯管处或者其下方。

主要功能：

① 定时数据采集：每隔 1 h（具体时长可按客户要求定制）启动一次水压值采集，通过无线通信发送到监控中心。

② 实时报警：根据客户需求设置当前管网位置的水压上下限，当水压值超过设定范围时，智能法兰将水压值实时发送到监控中心，由监控中心及时对相关人员进行短信报警、地图闪烁等手段进行提示。

③ 防水等级：IP67。

（3）智能漏水监测器（FENIX-L）

用于消火栓附近管网的漏水监测，监测器自带强力磁铁，吸附在金属管道或管网金属配件上。

基于消火栓的安装特性连接于供水管网，漏水点的高压水与管壁摩擦产生的噪声会随着管壁进行传播，智能漏水监测器可以很方便地监测到附件管网的漏水噪声，并进行有效判断。

主要功能：

① 定时数据采集：每天 1:00—3:00 启动噪声数据采集并进行判断，通过无线通信发送到监控中心。

② 可存储 15 d 采集数据。

③ 监控中心通过噪声数据判断漏点的准确性。

2. FENIX 软件平台

FENIX 软件平台安装于监控中心，也可基于云平台，采用 SQL 数据库结构，结合 ArcGIS，具有多用户有效权限 Web 登陆、完整数据记录以及 GIS 实现等功能。

主要功能：

① 对数据进行分类、转化、记录、存储；

② 数据统计、分析；
③ 根据需要建立相应的数据模型；
④ 将相关信息进行报警转发；
⑤ GIS 功能；
⑥ 提供数据接口，可方便进行数据的读取及应用。

特点：原始数据安全性高；多用户使用，可根据用户需求不同进行分级管理；操作简单方便、响应速度快；可根据不同的需求建立多种数据模型；使用简单、查询便捷。

管理员可以设置用户权限，通过内部网络多用户登录系统，便于系统的使用、维护和管理（图 19-3）。

GIS 功能，用户可以方便地查询指定设备的地理位置信息，并实时显示当前被使用消火栓的位置信息，供巡查人员方便有效地到达目标位置。

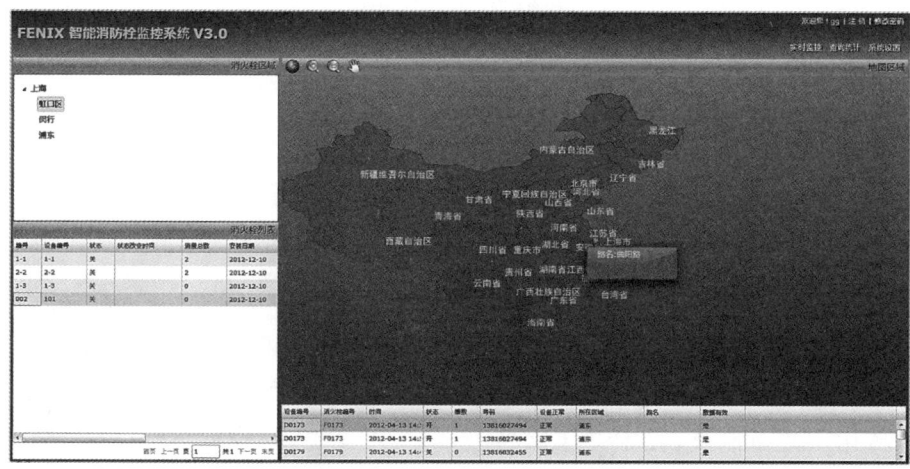

图 19-3　FENIX 界面示意图

19.3　应用案例

1. 市政消火栓的产销差分析

江南某市 7 月份，对 13 km^2 区域内的 330 个消火栓全部安装智能设备进行监测。

通过系统数据统计，分析整月的消火栓用水次数和用水时长，根据该区域的总用水量，计算得出产销差率。

监测过程中，还得出区域内消火栓的使用率，高温天气对道路浇洒和绿化浇洒的对应关系，区域内使用频率最高的路段，结合现场巡检情况，掌握用水类型，分析每个用水用户的用水量和用水时间段。

结合以上情况,为自来水公司收取各用户水费提供了完善的数据及证据支持。

图 19-4 为结合当月天气变化状况和最高温度变化曲线,得到的气候因素和用水次数的影响关系。

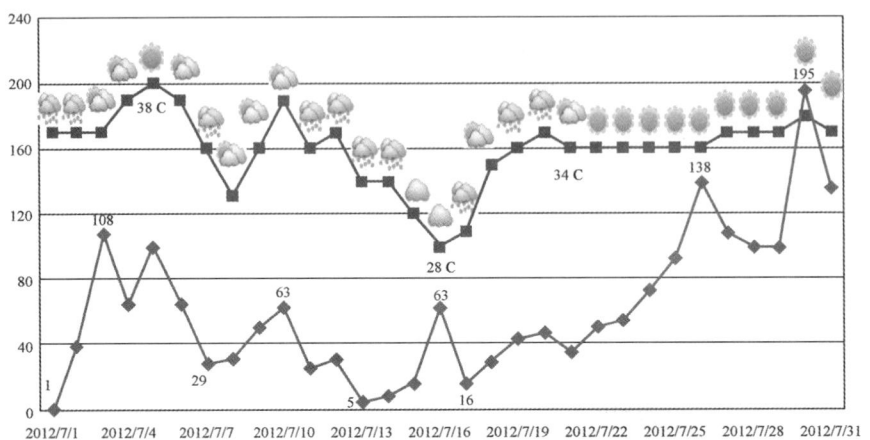

图 19-4 气候因素和用水次数的影响关系图

2. 水费回收

系统的实时报警和数据统计功能,可以实现快速、准确地赶到消火栓使用现场,以及通过数据分析,在某时间段、某地段实现蹲守用户用水(图 19-5)。

自来水公司制定巡查制度,寻找用水大户,宣传用水规章制度,设定全年水费收取金额总目标。通过智能消火栓系统的安装,巡查人员的现场取证,稽查部门与用水用户商定全年水费金额,并办理用水证,对于不缴纳水费的违章用户,采取现场制止、教育、罚款及补交水费等形式进行用水规范纠正,从而减少自来水公司损失,控制产销差。

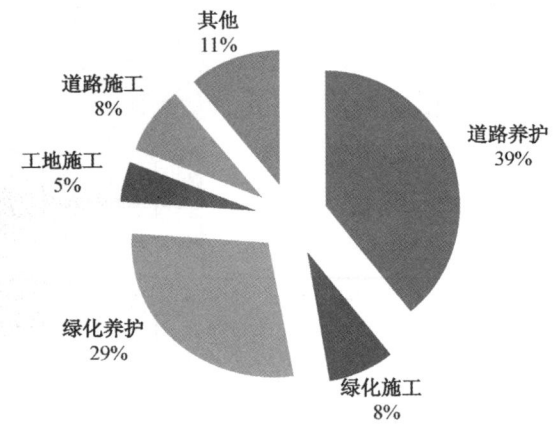

图 19-5 现场取证的用水类型比例图

2014 年以服务外包形式通过该设施帮助某日供水量 150 万吨的城市实现水费增收 180 万元,规范用水 40 余家用户,登记记录近 200 辆用水车辆,并引导一批违章用户使用河道水源、地下管道水源。

(作者单位:上海乌迪电子科技有限公司)

20 水资源合同管理的若干关键问题

侯煜堃

20.1 水资源合同管理的缘起

国外自 2000 年后,逐渐出现了水资源合同管理的提法和模式。这是管网漏损控制的新实践。一方面,作为业主的供水企业,一时拿不出过多的资金投入到漏控咨询、管网改造、设备购置和技术服务,但对漏控的需求迫切;另一方面,管网漏损控制作为新兴"产业"初步展现,众多的服务商意识到原有的土建承包和设备销售模式不能满足供水企业需求,需要"打包"提升自身实力,并统合资源,向集成提供商转变。在这种情况下,仿效能源合同管理模式的水资源管理模式出现,并由国外向国内转移。

20.2 什么是水资源合同管理

一般来讲,水资源合同管理模式,就是供水企业作为业主,发包水资源管理合同,尽管不预付初期款项,但提出明确的漏控目标和实施阶段;承包商作为投标方,响应该合同,罗列具体的漏控措施,在授权范围内主导漏控行动,达到业主要求。最终以漏控绩效考核为指向，从水资源节省成本中按照约定份额，获取费用（或酬金）。

20.3 业主对水资源合同管理的考虑因素

（1）漏损的现实状况

尽管业主自身看似了解，但建议请第三方咨询进行整体评估。既评估现状管网状况、漏损程度、水表精度情况，也评估维修流程和表务管理情况。最重要的是得出漏损控制的行动计划，以费用效益分析为手段，核算漏控措施的投资金额。

（2）预期达到的目标与阶段划分

一般按照短期、中期和长期划分，在每个阶段内，漏控的目标不同，主要着力点也不同。按照先易后难、循序渐进的原则推进。水资源合同管理模式着重考虑短期和中期实施与效果；长期的话应以构建自身坚实的漏控能力为目标。

（3）业主承担的工作

根据现有资源，承担应承担的工作。例如抄表、维修、管道更换等。业主也可承担检漏任务。承担的工作越多，水资源合同管理的金额越小，但可能影响漏控的效率；业主承担的工作越少，整体漏控的效率越高，但除了多出让利益外，业主可能丧失漏控的主导权和能力构建的良机。

（4）欲出让的利益

水资源合同管理主动释放的是漏控的潜力，挽回的是水资源流失的成本。基于共识，合同双方共同协作，达成预期漏控目标。在业主少有前期投入情况下，投标方希望尽快收回成本，得到利润。业主实际上是以"漏控潜力"作价，吸引投标方眼球，借此推迟投资行为并达成预期目标。但终究是要"补偿"承包商的投入，部分出让自身"潜在的利益"。这就需要双方的商讨、博弈。预期目标、合作期限、节省的每立方米水的价格、支付方式等均能成为谈判的焦点。

（5）技术方案的审查

漏控方案最终需要实施。这种情况下，尽管业主不负责方案制定，但需重视方案审查。好的方案不仅能提高漏控成效，还能降低双方合作的风险。方案应立足于技术可行，经济合理。除了考察承包商的业绩和实践经验外，着重看漏控是否有成套的科学的理念与方法、明确的绩效指标和可操作的业务流程。需提醒的是，单一的方法、技术、设备、软件本身并不一定能带来漏控明显的成效。漏控是一项系统工程，深入的理解和细致扎实的实践才是通往成功的关键。

20.4 业主在水资源合同管理中的主要风险

业主，也就是供水企业或水务公司，管控是否能达到预期漏控目标，是水资源合同管理的主要风险。双方利益分配的问题、设备可靠性的问题、工作协调协作问题均可制约水资源合同管理的实施,但终究要落实到预期目标能否实现。其他一切均围绕它展开。欲奠定达成目标的坚实基础,选择合作伙伴(承包商)至关重要。从某种形式上讲,水资源合同管理模式是一种基于绩效和运营服务的特殊 PPP 模式,需要双方互相信任,通力协作,利益共享,风险共担。一旦通过选择,双方在合作期限内即为战略合作伙伴,并有一定的排它性。

业主选择的合作伙伴,即漏控整体方案的提供商,一定是业界口碑优良、技术方案成熟、具有成功案例、拥有整合资源能力,且有一定资金实力的企业。双方不仅对项目本身,而且对未来发展方向、模式推广、战略布局能产生共鸣。没有相似"价值观"的合作伙伴,是不可能长远走在一起的。

20.5 承包商在水资源合同管理中应注意的问题

首要的问题是明晰业主的需求。尽管多数业主均有控制漏损的现实需求,但业主希望如何满足或实现该需求,有不同的路径可选。最简便的话,是通过技术咨询和服务,提升水务管理的能力。通过机制重构、人员培训、参观考察等迅速统一理念,落实责任,学习提升。其次,该需求可表现为通过招标、部分外包形式,解决漏损控制的瓶颈问题,例如检漏外包,设备购置等。最后,业主才考虑一揽子解决方案,通过水资源合同管理方式,将资金、技术、管理有效统合,寻求长期合作伙伴,实质性改善漏损管理。承包商应明晰业主对于漏控需求处于何种阶段。

另一个关键问题是,承包商如何核算水资源合同管理的成本,这直接关系到投标报价。简单来说,该成本主要包含以下部分。

$$C = C_1 + C_2 + C_3 + C_4 + C_5 + C_6$$

式中 C ——水资源合同管理总成本;
C_1——硬件(设备成本,亦或包括安装与施工费用),例如流量、压力仪表、减压装置、自控系统等;
C_2——软件成本(漏损涉及的软件系统),包括水量平衡计算、绩效评估、DMA 管理、数据预处理等;
C_3——运行维护成本,包含软硬件的维护、数据分析技术服务、技术咨询、检漏服务、现场测试等;
C_4——管理费用,如人员差旅费和管理费等;
C_5——每年管网更新改造费用(如果发生);
C_6——减少的收益,相当于增加的成本,例如实施压力管理后,用户的水量少了,实行精确计量后,用户端漏损降低,用水量减少等。

承包商核算清楚投入成本后,面临的下一个问题是了解漏损降低的空间有多大,产生的收益有多大。这需要通过详尽的现场调研、数据收集、整体漏损评估、水量平衡计算、漏损绩效指标横向、纵向对比、行动计划拟定等一系列步骤完成后,才可对未来一段时期内分阶段实施、资金投入和技术措施做出判断,核算出降低到理想漏损水平的平均综合成本。需要注意,各地区自然环境差异、不同的水价、管道管龄材质状况及管网改造力度,当地水务管理的效率,乃至用户类型和分布水表抄收方式等因素均有可能对成本大小产生影响。

最后,承包商面临的也是最大的风险是,由业主周边环境、政策法规和人事的变动产生的履约风险。水资源合同管理与之前模式最大的不同是,双方摆脱了"你付费,我提供产品"的商务模式,尝试"我先提供一揽子方案措施,用后付费,且是以长期、分期的方式履行"。合同双方均要有适应的过程和心理准备。但相对来讲,对承包商一方的压力更大。不仅有先期提供软硬件的投资压力,更重要的是,基于对业主的信任,是否因环境的变化,能长期维持下去。

20.6 漏损控制经济学

控制管网漏损产生的效益(收益)B 有以下部分组成:

$$B = B_1 + B_2 + B_3 + B_4$$

式中 B——控制漏损产生的效益、收益;
B_1——减少漏损水量产生的收益;
B_2——减少的管网维护成本;
B_3——计费水量增加多出的收益;
B_4——延迟投资建设产生的间接收益,通过提高供水能力,延迟或减少了借贷成本。

通过简单的成本与效益对比 B/C,给潜在的漏损控制方案划分等级,进而可确定最大效益的方案。

也可绘制漏损控制频率的成本效益图,确定最佳的漏控介入时机。

图 20-1 展示了漏损控制的频率越高,则暗漏的持续时间越少,但投资越大。当达到某点,即总成本曲线上最低点,项目花费与产生的效益相对均衡。

决定漏损控制经济水平的关键参数是水的边际成本和每年新增暗漏的平均数。当漏

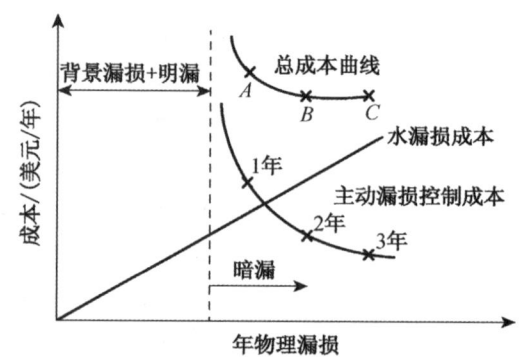

图 20-1 漏损控制频率的成本效益比较图

损价值总和与控制漏损的成本相等时,即为进行漏损控制的最经济的介入时机。

20.7 水资源合同管理对以往投资建设模式的理念冲击

建设项目未经充分论证,仓促上马,投资追加,运营低效,工程效益难显现是目前项目建设的通病。水资源合同管理模式强调了"投资需要见到效益"的理念,是对现有粗放建设与管理模式的冲击。不管是水资源合同管理项目细致核算 B/C,投资回收期、内部收益率等,还是将投资与建设运营两张皮捏合在一起考虑,高风险低效益的项目运作对于水资源合同管理模式是不可接受的。水资源合同管理模式自身就要求项目见实效,需要回报的,可持续发展。

20.8 两个容易忽视的问题

漏损控制是一项节约水资源、节省投资的优质项目。但这并不意味着其不需要投资。基于资产管理的管网改造投资是必需的。缺乏管网改造资金,很容易陷入漏损控制的"恶性循环"。不进行任何管网改造投资的漏损控制是不可持续的。

管网改造投资缺口巨大,如何合理衡量投入,分步实施改造计划,是每一个水务公司面临的棘手问题。

水资源合同模式下,管网维护和改造费用一般由业主负担(若不是,需特别注明)。由管网改造降低的漏损,该部分收益不能由承包商独享,是双方均需要明确的。但是承包商可提出优化改造方案,提高改造效果。

另一个容易忽视的问题是,漏损目标的确定与核算中,未基于详实的数据分析、不切实际的漏控目标是双方合作的风险爆发点。即使目标设定合理,双方在合同期内,对产销差的理解和算法不同,极易产生分歧。需要注意的是,在合同执行开始阶段,产销差往往偏高;随着时间推移,漏损水量逐渐降低,当供水量没有明显增长情况下,产销差的计算需特别注意细节的变化。

例如,如果初始阶段,漏损水量为 20 m^3,供水量为 100 m^3,则产销差为 20/100 = 20%;一年后,漏损量降低至 10 m^3,此时若供水需求没有增加,则供水量变为 90 m^3,产销差为 10/90 = 11.1%,而不是一般"认为的"的 10%。

如何厘清降低的漏损水量与变化的供水量之间的关系,是水资源合同管理双方均需注意的问题。

20.9　世界银行基于绩效合同(PBC)模式的漏损控制经验

世界银行(WB)早在 2006 年就发布报告,通过对巴西圣保罗、爱尔兰都柏林、马来西亚雪兰莪州和泰国曼谷四个案例的深入分析,推荐基于 PBC 模式的漏损控制模式,鼓励私人企业参与该领域的项目。要点如下:

(1) 发展中国家若每年斥资 29 亿美元,降低 50% 的真实与表观漏损,就能释放 80 亿立方米的水,供给 9 000 多万的人口。

(2) NRW 控制不成功的主要原因在于:员工具有容忍或漠视漏水、偷水等现象的潜在风险;供水企业管理者出于政治原因更乐于新建水厂和铺设新管道,以突出政绩;公共事业单位内部缺乏机制灵活性和激励机制。

(3) 多数的漏损控制活动均首先指向表观漏损控制,例如水表更换,这是发展中国家表观漏损所占比例较高的实际情况决定的,也是目前见效较快,实施较便利的措施。从一个侧面也解释了,为什么国内水表的生产商积极参与漏损控制的宣传与活动。

(4) 四个案例表明,挽回 1 m^3 漏失水量所花费的成本是 215～500 USD/day,平均 250 USD/(m^3 · day)。这说明漏损控制是需要花费大量投资的。若仅看到漏损控制产生的效益或潜力,对所投入人、物、财等因素未考虑充分,可能陷入漏损控制的误区。

(5) 较高的漏失率和较低水价使得这几个案例的投资回收期在 4～8 年。同样的节水价值情况下,投入越大,回收期越短;同样投入情况下,节水价值越高,投资回收期越短(图 20-2)。

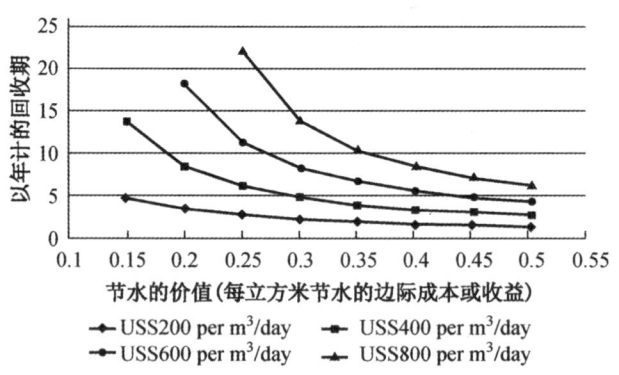

图 20-2　取决于成本的漏控活动的回收期

(6) 漏损控制是一项长期的工作,大体上涵盖了控制下降期和稳定维护期。NRW 控制活动应首先清醒认知目前管网的现状,做出科学的评估;然后仔细规划,考察多种策略在各个阶段能挽回的水量,精准计算效益成本比 B/C,衡量经济的漏失水平,选取最优的策略并加以执行(图 20-3)。

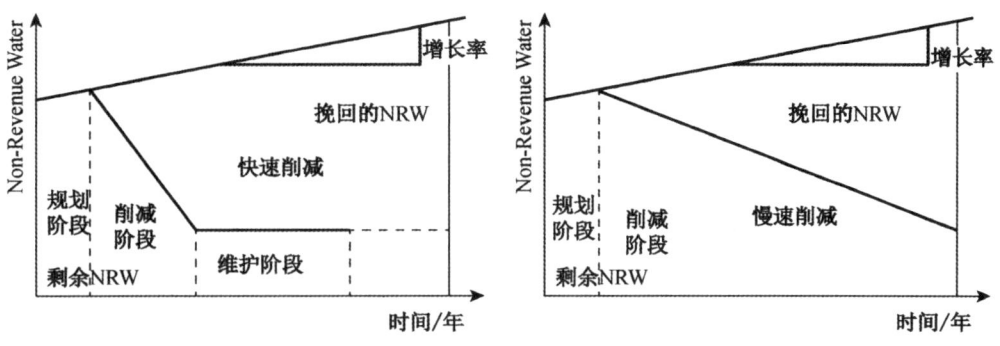

图 20-3　NRW 管理项目的财务分析框架

（7）随着漏控阶段的深入，降低每立方米漏失水量所花费的成本将越来越高。

（8）部分服务外包（例如检漏、抄表外包）的形式，并不能根本是解决漏损控制问题。原因在于缺乏整体的评估与漏损绩效优先的理念，而是简单以业务模块切割。咨询模式能在一定程度上弥补上述短板，但若没有投资与项目支撑，还是难以显现漏控的效果。故漏损控制呼唤一个全链条、闭环运行、绩效优先的良好的商业模式——PBC。

（9）真正的 PBC 模式是削减的水量越多，获得的回报越多；而不是简单设定一个目标，达成后以固定回报形式体现。后者不是真正的 PBC，易造成漏控活动进展到一定阶段后，可能止步不前。

（10）PBC 模式是 PPP 的深化形式，也是支持公用事业单位与私营企业合作的双赢模式；PBC 模式是可行的。应鼓励公用事业单位利用 PBC 开展 NRW 降低活动，并改善自身的管理和运营。

20.10　NRW 项目的设计与 PBC 结构

基于 PBC 交易的 NRW 产生与执行阶段如表 20-1 所示。

表 20-1　　　　基于 PBC 交易的 NRW 产生与执行阶段

	阶段	目标	典型的开展的活动
准备阶段	早期评估	• 审视利益相关者的承诺； • 编辑数据，尝试做水平衡； • 确认价值驱动，处理存在问题之处； • 拓宽视角，估计成本	• 案头审查与数据分析； • 管网检查； • 与利益相关者讨论
	基准与诊断	• 根据 IWA 水量平衡，确立漏损的程度； • 确认根本原因；现实削减的目标和关键行动	• 夜间流量和压力测试； • 检查管网和记录； • 建立临时的 DMA； • 用户调查； • 评估计量的准确度； • 评估抄表和收费的管理流程

续表

阶段		目标	典型的开展的活动
准备阶段	NRW项目的产生与投资计划	• 扩展关键行动成为具体的规划;需要的输出和输入及时间进度; • 制定计划的预算	• 审查行动的选项; • 确定行动措施、输出及需要的资源; • 计划和组分的财务成本效益分析
	交易设计与投标	• 在NRW项目和投资计划框架内确定目标和范围,以分派给私人承包商; • 确定分配的风险和补偿结构; • 产生设计准则和最低标准; • 估计标的成本; • 产生招标策略; • 产生合同文本	• 产生商业案例,评估资金价值; • 技术和法律的尽职调查; • 做财务预测; • 市场分析; • 投标,评估、合同授予
执行阶段	削减阶段	• 执行表观漏损削减计划; • 执行真实漏损削减计划(建立DMA;积极的漏失探测与管理;压力管理); • 建立控制系统	• 用户调查,非法用户的规范,拖欠水费的收集; • 水表更换与安装; • 建立DMA; • 建立积极的漏失控制系统与管理制度; • 管网(水池)的修复; • 建立GIS
	维护/维持阶段	• 维持降低的NRW或驱使朝向更低的经济漏失水平	• 使NRW成果在水务公司组织层面制度化; • 漏失监测,探漏和管理活动制度化; • 表观漏损削减活动制度化; • 特定职能的手把手培训; • 资产管理
	国家层面的放大	• 加强NRW的规制; • NRW管理方面,加强公用行业的激励	潜在的活动可能包含: • 对监管者和水务公司的能力构建,建立经济的漏失水平; • 产生全国的NRW计划; • 建立NRW绩效激励基金

(作者单位:华北水利水电大学)

21 亚洲开发银行供水项目中的NRW管理

侯煜堃[1]　赵春会[2]

21.1 亚洲开发银行(ADB)的项目流程

亚洲开发银行(ADB)的项目流程如图21-1所示。

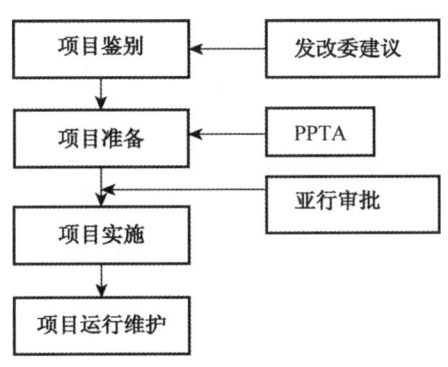

图21-1　亚行项目的推进流程

21.2　PPTA(项目前期技术援助)的内容

PPTA 为亚行项目贷款融资做准备,其产出是亚行内部行长报告的基础,包含以下内容:

(1) 技术分析。主要阐述项目的尽职调查,论述项目的合理性,对可行性研究报告提出建议,优化设计等。

(2) 环境影响(EI)。进行环境影响评估,提出缓解措施,拟就环境管理计划。

(3) 经济分析。进行项目的成本效益(Cost-Benefit)分析、支付能力分析和成本回收机制分析等。

(4) 财务分析。进行财务可行性分析和财务能力的评估,也包括融资计划。

(5) 机构分析。进行机构能力的评估,提出机构建设需求和计划。

(6) 社会移民。在问卷调查和入户座谈的基础上,进行社会影响评估、征地拆迁影响评估,制定移民计划。

(7) 采购计划。进行采购能力评估,完善合同包和实施计划。

(8) 其他。含风险管理计划和项目绩效监测与评估。

PPTA 审核、指导、优化可研报告,提供、协助使其既满足国内建设程序要求,也同时满足亚行要求。

21.3　可行性研究报告(FSR)的国内外审查要点对比

可行性研究报告的国内外审查要点对比如表 21-1 所示。

表 21-1　　　　　　　　国内外可研阶段审查要点对比

国内可研审批的前提	亚行可研审查要点
(1) 项目建议书	(1) 项目必要性
(2) 水土保持方案/水资源论证	(2) 需求预测
(3) 环评、供电方案与节能评估	(3) 方案比选
(4) 地址灾害危险性评估	(4) 环境、移民、民族等
(5) 项目规划选址意见书,建设用地规划许可	(5) 成本估算
(6) 土地预审意见、地勘	(6) 项目运营与可持续性
……	(7) 气候变化、碳减排等

其中需关注项目是否符合亚行的理念和业务战略。对于供水项目来说,亚行的支持除了提供资金外,对项目有无其他方面的贡献(例如在消除贫困、节约水资源和环境保护方

面），是否兼顾经济效益和社会效益，水资源是否有效利用，改善供水的运营和服务，特别是对于乡村供水、妇女儿童用水、贫困地区用水是否享受均等服务等，予以特殊的重视。

21.4 亚行项目管理的特点

亚行项目的申报有其标准程序，相比于国内来说时间跨度长，部分环节国内相对生疏，需要一段过程熟悉和把握。

亚行项目要求有明确的实际需求，当地政府在贷款项目政策上有可行的制度、法规支撑，并有一定比例的资金配套。供水工程作为城市基础设施的重要组成部分，可与城市规划、道路、桥梁、交通、雨污水、防洪、生态建设等分项建设内容打包申报；亦可在一省范围内集中几个地市的供水工程需求组团申报。

多数亚行项目都经过技术援助（PPTA）。即在项目准备阶段，项目执行机构充分利用亚行技术援助资金，聘请外部专家进行指导和帮助下，开展项目前期管理咨询和技术培训。

亚行项目特别重视能力建设，以增强受体自身运营管理水平为目标进行相关的考察、技术培训和管理机制重建。

亚行项目的工程招投标严格按照 FIDIC 合同条款进行，一般为国际采购，行为更加规范。

技术方面，亚行强调水资源利用与供水规模的确定，应与经济发展水平相协调，符合实际用水需求；技术方案与工艺选择需进行多方案对比，重视节能降耗；重视对先进技术的应用；注重企业运营绩效的提升和改善。

总之，亚行的项目不仅进行了投资与建设，更注重项目的运营和管理改善，使业务流程控制严格，运营能力和管理水平提升；投资成本趋于合理，也能实现可持续的回报。

21.5 亚行项目中的 NRW 管理

亚行项目在 PPTA 阶段，只要涉及供水工程，即使不进行水厂建设，大都要求基于国际水协的漏控策略进行 NRW 评估，提出削减 NRW 的策略；在项目实施阶段，部分项目需要深入开展有关 NRW 的技术应用与工程实施，一般按照设备、工程和咨询的分类，在相应的合同包中，履行相关的招投标程序。

PPTA 阶段的 NRW 管理咨询，要求实现以下内容：

（1）现场踏勘，调研与座谈，资料收集；

（2）对收集到的水厂计量、管道数据、水表信息、压力与调度运行数据、水费等进行分析；

（3）与相关部门进行座谈交流，了解 NRW 管理现状与问题；

(4) 必要的现场测试；

(5) 根据收集的数据与分析结果，评估 NRW 管理的现状、主要问题及产生的影响；

(6) 基于计量与收费数据、夜间流量、远传数据及漏点探测与维修等数据，进行水量平衡的计算；

(7) 校验水量平衡表；

(8) 评价该地区的 NRW 水平；

(9) 削减 NRW 的成本效益评估；

(10) 制定漏损行动计划，涵盖真实漏损控制、表观漏控控制、机构增强和能力建设；

(11) 咨询结论与其他针对性的建议；

(12) 培训；

(13) 提交评估报告及其附件。

亚行 PPTA 阶段的供水咨询不仅限于 NRW 管理，也包括水安全计划的评估，这样的话 NRW 作为其中的子项出现。

21.6 参与亚行项目的体会

首先，亚行项目在工程前期重视调研与数据收集，考虑多方面因素影响（例如环境、社会、移民等），在此基础上形成专家咨询报告，再细化为工作大纲（TDR）。前期工作时间充裕、考虑因素齐全、形成的咨询报告细化且便于落实。更重要的是，亚行不仅仅是进行投资，其推行的包括环保、社会、经济财务、安全以及可持续发展方面的视角与标准流程，是国际上通用的做法，这有利于科学地进行规划，营造工程项目公平公开的竞争环境，实现工程项目良性运营。

其次，国内工程建设领域存在一些问题，其一表现为积极争取投资，匆忙上马建设，忽视前期细致了解需求和专业咨询，可行性研究报告不扎实；其二表现为片面追求项目的"高大上"和专利、技术的简单追踪模仿，不深入进行工程应用与推广。二者造成的后果是技术成果转化率低，工程规模虚高，实际运行状况不理想，投资浪费。亚行推行的工程咨询为先的国际通用的模式，搭建了技术成果推广与工程应用之间顺畅沟通的桥梁。

再次，亚行推进的有关绩效提升、能力构建与环境生态改善的理念契合了国内外发展的潮流。经过三十多年改革开放，国内经历了快速发展阶段，也出现了一些发展中的问题。例如运营绩效低下，生态环境恶化，唯 GDP 主义等。急需技能培训、效率提升和先进理念等"软实力"的引进，粗放式的增长已然不可持续。亚行通过自身项目，灌输和引进的先进的理念与工程示范，在某种程度上来说胜于直接地投资拉动。

（作者单位：1 华北水利水电大学，2 郑州华沃太科信息技术有限公司）

22 国际最新管网漏损控制技术掠影

侯煜堃[1]　赵春会[2]

2016年9月27至29日,经国际水协(IWA)李涛博士引荐,国内水务公司、高校、设备厂家组成的国际水协中国漏控专家组(筹备)部分人员在英国伦敦参加了"8th Globe Leakage Summit"会议;会后与原国际水协漏控专家组秘书长Malcome Farley进行了座谈,并与英国Anglian Water公司针对漏控软件应用进行了交流;随后赴英国Redhill学习了Sutton and East Surrey Water (SESW)水务公司的漏控管理技术,参观了典型DMA的现场。

笔者有幸参加了五年前的"Globe Leakage Summit"会议(图22-1)。与五年前的会议相比,此次会议的参会人数还是保持在100人左右,但参会国家、地区范围有所扩大,除了英国几大水务公司的参与,会议主持和演讲者涵盖了孟加拉、美国、葡萄牙、埃及、中国、西班牙、丹麦、

图22-1　大会场景

加拿大、爱尔兰、约旦、伊朗、芬兰、加纳等多个国家。除了大的 Suez 和 Veolia 水务公司外，英国的水务公司演讲次数最多，而东南亚、南美洲国家相对来说参与度偏少。会上清华大学刘书明教授做了"走向国际水协最优漏控实践：中国的案例研究"的报告。

参会厂家数量增多，且均为国际上知名的大的厂家，其中 ABB 公司为主赞助商，HWM，Innovyze，SmartWater4Europe 等公司也做了产品介绍。厂商包括相关漏控产业的咨询、规划设计、硬件、软件和水务运营商。部分软硬件产品具有创新性。

"Globe Leakage Summit"虽不是 IWA 例行的会议，但属于高端的管网漏控方面的国际会议，聚焦于给水管网漏损控制和管理这个领域，每年均在伦敦举办，具有高度的实用性和前瞻性。会议分为"影响漏损管理的投资、监管环境在内的因素""为实现持续的水管理而理解有效的漏损管理的作用""Suez 通过智慧管网系统削减漏损最新的进展""从用户读表计划和高级水表更换制度产生的数据应用中驱动漏损控制走向未来""明晰商业漏损——漏损不仅仅是漏失！""创新的漏损监测和探测技术""从国际上决策者角度进行的案例研究中引入漏损管理""外部影响——气候、干旱和移民潮""DMA 设计的挑战"等几个专题。

与国内漏控会议注重检漏和水表应用不同，此次会议从"适合当地的最好的 DMA 实践""试点经验推广过程中 DMA 应用的挑战""干管漏失的分析"等真实漏损控制措施，到"从大商业用户中获取最大化的赢收""读表数据中察觉背景漏失和未计费水量"表观漏损控制措施；再到"大规模布设远传的漏失噪声记录仪""示踪气体用于漏失探测""利用卫星图像技术确认潜在的地下漏失点"等新技术新设备，均有所涵盖。特别是 Anglian Water 公司和 Sutton and East Surrey Water 水务公司介绍了漏控分析管理软件和数据管理在漏控中的应用。由漏损控制延伸到"分区"的可靠性和效率、系统优化、智慧水网的构建、改善用户体验等议题；进而结合各地的不同情形，从水务管理者和监管者的角度看待漏损控制问题，尤其提出了投资和监管措施因素对漏控产生的显著影响，升华了此前多从技术和设备角度讨论、理解与实施漏控的认识。会议专设的"全球气候变化、干旱和移民潮对水资源短缺的影响"专题提升了漏控的重要程度和紧迫性。

总体上讲，此次会议涵盖管网漏损控制的议题比较广，涉及的部分技术属世界领先，提出的管理理念和方法令人深思。其中真实漏损控制措施虽不是新事物，但个别水务公司做的案例研究深、流程细、应用广；表观漏损控制国内与国外情况有所不同，但其数据分析与管理模式同样极具借鉴性。体会最深的一点是，多数作为市场经济国家的与会代表，首先是从监管者和投资者的角度出发，以提高用户对供水服务的满意度为第一优先考虑，以价格为杠杆，以提升投资效率为目标，通过政策、法律和财务等多种手段，督促、管控水务公司主动进行漏损控制工作，为其管理和技术提升打下坚实的基础。

随后参观的 Sutton and East Surrey Water 水务公司（图 22-2），位于伦敦南部的 Redhill 小镇附近的丘陵地带，始建于 1862 年，属于合资的股份公司，其 2015—2016 财年的基本情况如表 22-1 所示。

图 22-2　SESW 水务公司供水范围

表 22-1　　　　　　　　　SESW 水务公司基本情况表

供水面积	834 km²	干管长度	3 500 km
人口	69 万人	供水量（平均）	16.1 万立方米每天
连接的用户	286 000 户	供水量（高峰）	20.3 万立方米每天
其中居民	269 000 户	漏损	2.4 万立方米每天
商业	17 000 户	员工	264 人
水厂	8 座	营业额	6 300 万英镑

Wholesale Services 主任（相当于水务公司副总经理）Lester 先生首先介绍了英国水业的架构和法律框架：英国共有 10 家供水与污水的公司，其中仅有 8 家有供水业务。每一家均具有地域垄断性；公司属于垂直整合的架构，拥有水源、水处理厂、配水管网，并提供诸如用户收费这样的服务；主要适用的法律是"水工业法 1991（通过水法 2003 修订）"和"水法 2014"。每一家公司都拥有特许经营权；目前的状况还是限制大的用户和新的发展，从 2017 年 4 月 1 日起，所有商业用户将能选择他们的供水服务商。

Lester 先生其后介绍了下属的三个业务板块——制水、管网和工程（含维修、水表和招标）。其中漏损管理，会同调度、管网服务、用水管理和效率、水资源管理和规划和运行数据管理一起，属于管网板块。

随后参观了 Sutton and East Surrey Water 水务公司的调度室、管网管理办公室、数

据处理和 DMA 现场(图 22-3～图 22-8)。以下几点印象深刻:

图 22-3　压力管理 PMA 现场

图 22-4　内部交流讨论

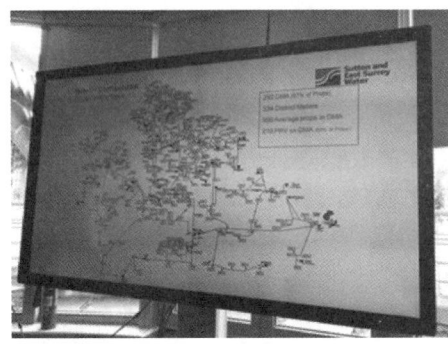
图 22-5　SESW 水务公司主管网图

图 22-6　井室内的减压阀

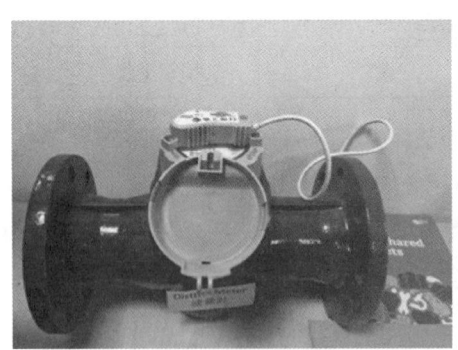
图 22-7　SESW 所使用的远传水表

图 22-8　SESW 所使用的减压阀

(1) 总共建立了 292 个 DMA,每个 DMA 平均 900 户,安装了 334 块计量水表。其中在 210 个 DMA 安装了减压阀。广泛应用 DMA 进行真实漏损管理和监控分析,可能由于面积大,地势起伏大,大量应用减压阀,使 DMA 成为 PMA。参观的 DMA 现场压力从 0.7 MPa 减至 0.3 MPa。

（2）使用的软硬件设备并非最先进，而是最适用（可能也不昂贵）。减压阀是普通的膜片式减压阀，流量计量使用普通水表外加远传装置（但为高精度机械水表），没有使用电磁流量计。数据分析软件仅使用 Excel 表格分析，但人员素质高，应用方法正确，效果显著。

（3）检漏外包，基于漏损降低的实际绩效进行费用结算。

（4）OFWAT 对 Sutton and East Surrey Water 水务公司漏损方面的绩效考核主要是漏失水量指标，不是 NRW（无收益水量），可能该地区表观漏损有限；并且核算经济的漏控水平（ELL，不是越低越好）；未见百分比（产销差）的考核指标。

英国水务管理办公室（OFWAT）最终给 Sutton and East Surrey Water 水务公司确定的 2015—2020 年 Wholesale 面基于绩效的产出包括：成果 1：可靠地、充足地提供安全、优质的饮用水；成果 3：增强管网应对干旱、洪水和设备失效的弹性；成果 5：当寻求产生积极的提升质量的效果时，减少对环境的影响。漏失水量 2015 的限值是 2.44 万 m^3 每天；2020 年的限值是 2.40 万 m^3 每天。确定的 2015—2020 年 Retail 方面基于绩效的产出包括：成果 2：给资金提供好的价值，并且保持收费在公正和合理水平上；成果 4：提供一致性高水平的服务。

全局目标是成为一个良性运转、受尊敬的成功的商业企业。Sutton and East Surrey Water 水务公司自身的愿景是"成为一个提供卓越服务，出众的水务公司"！

通过参会和调研，中国漏控专家组成员开拓了视野，交流了国际最新的漏控经验，见识了实际的工程案例，学习借鉴了国外水务公司管理方式，将为中国区漏控专家组正式启动和国际水协漏控策略在中国的推广普及提供绝佳的契机……

（作者单位：1 华北水利水电大学，2 郑州华沃太科信息技术有限公司）

23 非开挖的原位热塑成型技术

23.1 技术特点

（1）原位热塑成型管道修复技术的最大特点是高度的工厂预制生产。和传统通过开挖方式埋设的管道相似，衬管的各项性能，包括材料力学参数、化学抗腐蚀参数、管壁厚度等都是在严格控制的工厂流水线上决定，现场安装只是通过热量和压力对生产出的管材进行形状上的改变（使其紧贴于待修管道的内壁），而不造成任何材料形态变化，不改变管材的力学参数，从而大大提高非开挖管道修复的工程质量。

（2）适用于管径小于 1 200 毫米的管道修复，管道的形状可为圆型、椭圆形、马蹄形、梨形等。

（3）现场安装设备简单，速度快，现场技术要求低。

（4）现场安装之前可以进行产品质量检测，杜绝不合格产品的应用。

（5）现场安装过程中出现问题（如安装后的检测发现质量问题），衬管可以通过非开挖的方式抽出，大大降低工程风险和成本。

(6) 衬管的维护和保养与传统高分子材料管材基本一致。

(7) 衬管安装前可常温长时间储存,储存成本低。

(8) 强度高,在需要结构性修复的情况下,可以满足全结构修复的强度要求。

(9) 管道的韧性好,抗冲击性能卓越。

(10) 抗化学腐蚀性能好,高分子材料的抗腐蚀性能远高于其他金属类和水泥类管材,材料的抗化学腐蚀性适用于常规水环境。

(11) 产品的安装过程中不产生任何污染物,属于绿色施工。

23.2 适用范围

(1) 母管管材不限,可应用于任何材质的管道修复;

(2) 可应用于管道管径有变化的管道修复;

(3) 可应用于管道接口错位较大的管道修复;

(4) 可应用于有 45°和 90°弯转的修复;

(5) 可应用于接入点难于接近的管道修复;

(6) 可应用于动荷载较大、地质活动比较活跃地区的管道修复;

(7) 可应用交通拥挤地段的管道修复。

23.3 工艺原理

自高分子材料发明之后,高分子材料的热塑成型技术广泛地应用于各个领域。本技术是工程现场中应用热塑成型工艺将工厂生产的衬管安装于待修管道的内壁。衬管的强度高,可单独承受地下管道所有的外部荷载,包括静水压力、土压力和交通荷载。有些产品可以应用于低压压力管道的全结构修复。由于管道的密闭性能卓越,在高压管道的母管强度没有严重破坏的情况下,可以用于高压压力管道的修复。

原位热塑成型非开挖修复工艺在待修管道的内部,以原管道为模子,通过热塑成型工艺新建一条管道,从而达到修复的目的。图 23-1 为修复现场工程示意图。修复效果如图 23-2 所示。

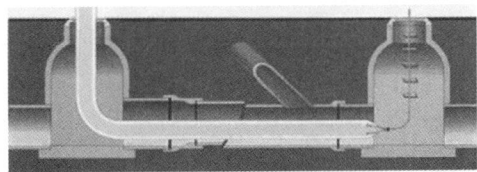
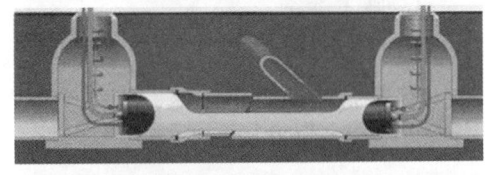
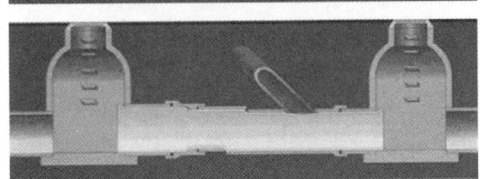

图 23-1 原位热塑成型法管道修复现场工程示意图

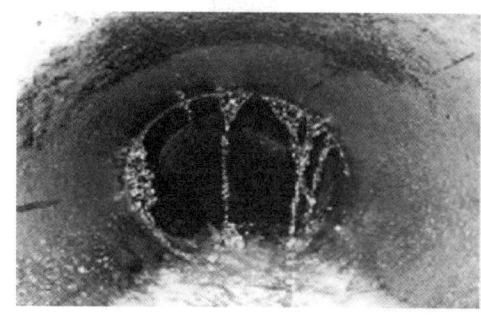

图 23-2　原位热塑成型法管道修复前后对比

23.4　施工工艺流程及操作要求

23.4.1　施工工艺流程

病害管道进行预处理修复施工完毕后,即可开始进行原位热塑成型修复施工。现场施工步骤包括以下要点:

(1) 管道清洗;

(2) 衬管现场预热;

(3) 衬管拖入待修管道;

(4) 衬管加热加压,保证衬管紧贴于待修管道内壁;

(5) 快速冷却;

(6) 切去多余衬管,修复后的检测。

23.4.2　操作要点

1. 施工准备

(1) 搜集以下资料:

① 搜集检测范围内道路管线竣工图及相关技术资料,应将管线范围内的泵站、水处理厂等附属构筑物标注在图纸上;

② 搜集检测范围内其他相关管线的图纸资料;

③ 搜集检测范围内水管理部门、泵/厂站负责人及值班人员的联系方式,并制成表格以便联络;

④ 搜集检测范围内道路排水管道检测或修复的历史资料,如检测评估报告或修复施工竣工报告;

⑤ 搜集待检测管道区域内的工程地质、水位地质资料;

⑥ 搜集评估所需的其他相关资料；

⑦ 搜集当地道路占用施工的法律法规。

将搜集到的资料整理成册，并编制目录。

（2）根据管线图纸核对阀井位置、编号、管道埋深、管径、管材等资料，对于阀井编号与图纸不一致或混乱的应重新编号，并用红笔标注在图纸上。

（3）查看待检测管道区域内的地物、地貌、交通状况等周边环境条件，并对每个阀井现场拍摄照片。

（4）根据检测方案和工作计划配置相应的技术人员、设备、资金，整理施工设备合格证报监理审批。

（5）施工前项目部进行书面技术交底，明确各小组的任务，检测视频质量要求，施工质量控制过程程序、相关技术资料的填写和整理要求，各技术人员应在书面交底记录上签字。

（6）施工前进行书面安全交底，明确各环节安全保障措施及相关安全控制指标，责任到人，各技术人员应在书面交底记录上签字。

（7）各组施工人员对配置的设备进行试运行，确保设备能正常运行。

（8）人员进场后应立即摆放围挡，围挡采用路锥及警示杆。

（9）将所用工具依次卸下，并整齐摆放在指定位置。

2. 通风

（1）在清洗过程中，如需人员井下作业，井下气体浓度应满足相关规定。

（2）井下作业前，应开启作业井盖进行自然通风。

3. 清洗

（1）待修管道主要是通过高压水进行冲洗，根据管道本身的结构情况和腐蚀情况来调节清洗压力。

（2）清洗通常需要高压冲洗设备自动完成。图 23-3 为现场清洗图片。

（3）清洗后的管道要求可以保证衬管顺利通过。

4. 衬管的运输、储藏和现场预加热

原位热塑成型法管道衬管在工厂生产后，缠绕在木质或钢质的轮盘之上，根据管径的不同，一段可为几十米，甚至上百米。其卷盘方式和通常电缆的卷盘方式类似，如图 23-4 所示。

图 23-3　高压水冲洗

图 23-4　原位热塑成型法衬管卷盘

卷盘后的原位热塑成型法衬管的一个优点是运输便利，一辆卡车可以运送数公里的衬管到工程现场。在运输过程中，衬管不需要任何遮盖或低温保存等特殊处理。图 23-5 和图 23-6 为原位热塑成型法管道衬管装车和运输。

图 23-5　原位热塑成型法管道衬管装车

图 23-6　原位热塑成型法管道衬管运输

衬管的现场储存也可以在常温下长时间储存,短时间可以露天储存(图 23-7)。如需要长期储存,建议室内储存,或者用蓬布遮盖,以避免长期日光照射。

图 23-7　原位热塑成型法管道衬管露天储存

在单端管道的修复施工中,与其相应的单个轮盘运到工程现场。施工当天,在对待修管道进行清洗的同时,开始对在轮盘上的管道衬管进行预加热(图 23-8)。通常可以将衬管轮盘放入预制的蒸箱或是用塑料布覆盖。

图 23-8　工程现场对原位热塑成型法衬管进行预加热

根据所需预加热的衬管的长度和管径,预加热时间一般需 1 到 2 小时。当衬管触摸柔软后即可准备拖入待修管道。

5. 衬管的拖入

当待修管道的清洗和预处理结束,且衬管的预加热结束之后,可以开始向管道拖入衬管。

衬管在生产过程后的形状为扁形、C 形或工字形,其目的是减小衬管的横截面积,从而使拖入待修管道成为可能。图 23-9 显示生产成工字形的衬管与变形后管道横截面积的对比。

在拖入过程中,下游的卷扬机通过铁链和上游卷盘上的衬管连接,上下游的施工人员通过步话机联系相互配合,保证将衬管顺利拖入待修管道之中。图 23-10 为上游施工人员在拖入过程中。图 23-11 为下游卷扬机拖拽衬管。

图 23-9 工字形衬管和待修管道的横截面对比

图 23-10 上游施工人员配合将衬管拖入

图 23-11 下游通过卷扬将衬管拉入待修管道　　图 23-12 管塞用于在上下游塞住管道

6. 衬管的成型

当衬管完全拖入后,在上游用水蒸气继续对衬管加热(衬管在拖入的过程中会冷却硬化),在衬管再次加热并软化后,用专用塞堵在上游和下游,分别将衬管的两头塞住(图 23-12)。

管塞的中部有可通过气体的通道。

在管道的上游通过管塞中间的通道向管道内吹水蒸气,管道下游的管塞中接阀门、温度和压力仪表。下游的阀门根据温度和压力的情况逐渐关小,衬管内部的水蒸气压力将衬管吹起。衬管首先将恢复到生产时(变型前)的圆形。然后在水蒸气的压力下继续膨胀,直至紧贴于待修管道的内壁。

在成型过程中,下游的温度一般不会超过 95 ℃,而压力则由管道的长度和管道的直径而决定,一般不会超过 0.15 兆帕。图 23-13 为原位热塑成型法修复时下游的照片。

在管道的上游也观察到衬管紧贴于待修管道后,则可停止输入水蒸气(图 23-14)。

图 23-13 管道下游管塞处吹起成型　　图 23-14 试验中衬管被吹起成型

7. 成型后的冷却和端口处理

在原位热塑成型法管道被吹起紧贴于管道内壁之后,在保持压力的情况下,通过塞堵的气体通道向衬管内部输入冷空气冷却衬管。当下游的温度表显示出通流气体温度降到 30 ℃ 之下时可以释放压力,将两端多余的衬管切掉,安装结束。

衬管一般伸出待修管道大于 23 厘米,其伸出部分呈喇叭状,如图 23-15 所示。

如有必要,衬管末端可翻边至原管道的端口(图 23-16),这样的端口处理有助于压力管道的接口密封处理。

图 23-15　衬管末端伸出母管且呈喇叭状　　图 23-16　衬管末端的翻边处理

（本资料由杭州畅达管道工程有限公司提供）

附录 D 无收益水量管理中可能发生的 12 条关键错误

（1）没有建立水量平衡表；
（2）错误的绩效指标；
（3）不切实际的目标；
（4）糟糕的漏控策略；
（5）低估了需要的预算；
（6）达到精确测量的监测不到位；
（7）准备阶段时间不足；
（8）不能实现机构改变（例如未组建 NRW 部门）；
（9）缺乏专职的、熟练的 NRW 工作人员；
（10）缺乏经验（涉及所有层级）；
（11）缺乏员工激励；
（12）NRW 管理方面不愿意外包。

来源：Roland Liemberger：Water Loss 2014，Vienna

附录 E DMA 管理层级

侯煜堃

表 E-1　　　　　　　　　DMA 管理的级别一览表

层级	名称	描述性定义	备注
0	DMA 计量	DMA 进口安装计量设施	
1	DMA 封闭性验证	进行零压力测试、供水边界确认	
2	夜间最小流量监测	实现破管漏失与合法夜间流量分离,并进行 T 因子校正	
3	与 NRW 的比对	实现真实漏损与表观漏损分离	
4	根据 DMA 的主要问题采取控制措施	真实漏损的措施(分步测试、探漏、维修、管道更新等);表观漏损的措施(用户调查、计量误差评估与改进、非法连接的查处等)	
5	DMA 漏损预警	制定干预界线,通过数据动态监测与分析,实现主动的漏损预警与控制	
6	DMA 规划与模式设计	规划阶段即通过水力模型合理划分 DMA,并进行 DMA 的模式设计	

(作者单位:华北水利水电大学)

附录 F DMA 的 NRW 管理流程图

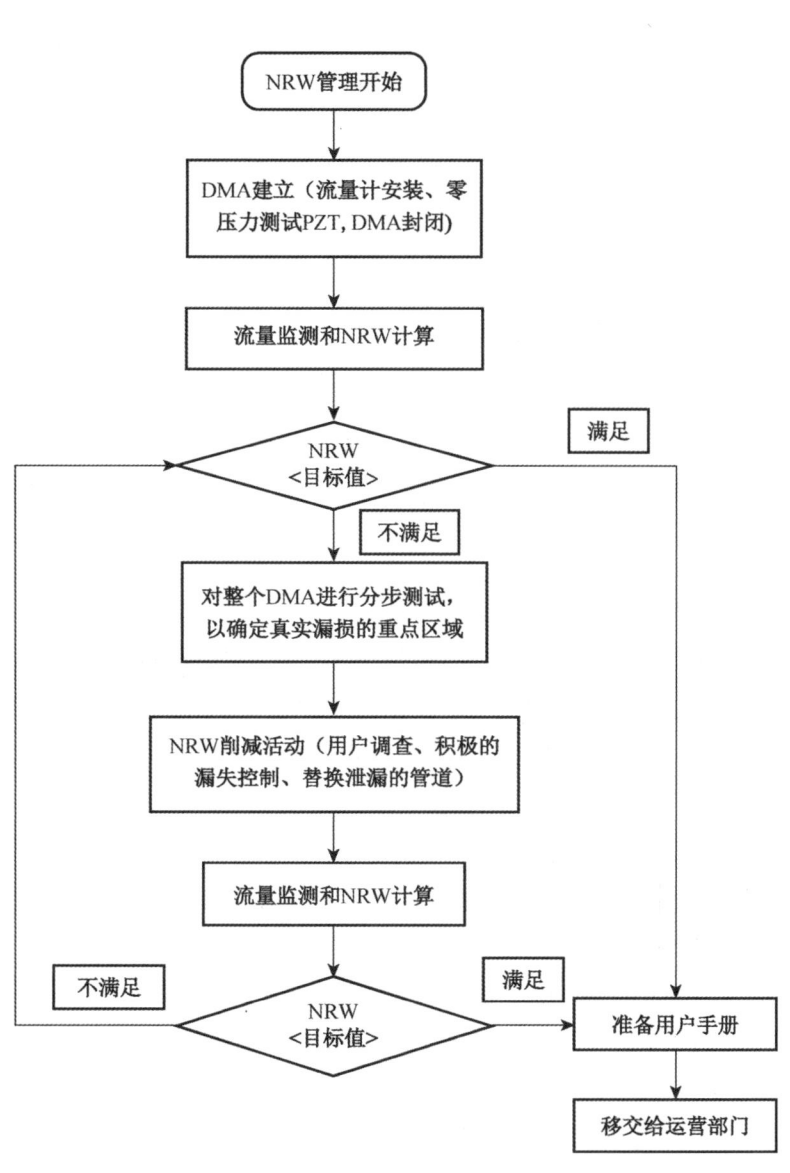

附录 G 基于 IWA 漏损控制策略的技术导则

侯煜堃[1]　赵春会[2]

G.1 水量平衡计算与管网漏损的评估

（1）制定水量平衡表（在美国，也称为"水审计"），可以从整体上认识供水系统，这是减少无收益水量（NRW，即产销差水量）的第一步。这个过程可以帮助供水企业的管理人员认识 NRW 的大小、来源和成本，并根据构成要素，查明漏失的具体原因，为下一步决策方案的优先顺序提供可靠依据，使供水企业能够更加有效地组织资源，更加准确地评估整个进程。

（2）确定一个研究期。推荐用一个完整年作为水量平衡表的研究期，因为它包括了季节性变动。考虑到获取和分析数据所需时间，在后期实施阶段对漏损控制效果进行跟踪监测时，按季度进行无收益水计算和报告是合理的。

（3）选择一个正式的度量单位。在整个水量平衡计算过程中需使用统一的单位。可以在每一个测量设备上注释使用的单位。在从设备上读数时，同样需注释使用的转换系数。

（4）数据同步处理。在数据处理过程中应该考虑时间滞后问题，尤其是用户抄表水量，需要采取数学方法进行数据同步处理，保证水量平衡表中采用的所有水量数据的计量周期(或估量周期)和审计周期保持一致。

(5) 系统供给水量,是指研究期内流入供水系统的水量。需要确认所有供给配水系统的水源,包括与其他系统的相互连接,是否为间歇水源或应急水源。考察每一个水源并记录使用的测量设备,记录测量设备的基本信息,包括类型、读数周期、安装日期、管道尺寸和最后校准日期等。需要记录每个水源整个审计期间的供给水量,并确定其误差范围。若水源流量计位于水库和蓄水池的上游,则蓄水量必须在水量平衡表中进行计算。

(6) 收费的合法用水量,包含了向外管网的趸售水量,收费计量用水量和收费未计量用水量。需要确定研究期内趸售的总水量,以及计量设备的类型和计量精度。

(7) 收费计量用水量可以从供水企业营业收费系统中将不同用水类型的水量数据(如生活、商业、工业)筛选出来,对特大用户要重视,单独进行分析。根据水表厂家使用手册或实际校验结果,确定水表精度。

(8) 收费未计量用水量需要从供水企业的营业收费系统将数据进行处理、筛选。可以在未计量用水点安装插入式流量仪表,或者通过对小区进行未计量水量的测试,根据一段时间的监测数据,确定未计量生活用水量。

(9) 未收费的合法用水量,包含了未收费已计量用水量和未收费未计量用水量。和确定收费计量用水量相似的方法,来确定未收费计量用水量。

(10) 未收费未计量用水量,一般包括供水企业生产运行水量、绿化、消防、街道冲刷等水量。应该确定其组成元素,并逐个估计,例如,干管冲刷水量,需要了解一个月冲刷多少次,管道多长等;消防用水需要了解有没有大的火灾,平均每次火灾耗时多长,用了多少水量等。

(11) 表观漏损,包含对非法用水量和因用户计量误差和数据处理错误造成的损失水量的估计。采用通用的方法来估计表观漏损是很困难的,因为环境因素变化多端,所以当地环境情况对估计这些元素将会是最重要的,但对发现的问题必须进行量化,并计算出这些元素每年的最佳估计值。

(12) 非法用水量可以通过以下几个方面进行考虑:非法连接、非法利用消防栓和消火系统、毁坏用户水表(或加装旁通管)、对水表读数的行贿事件和打开通往外部管网的边界联络阀(未知的向外输出水量)等。估计非法用水量往往是个难题,确定这些元素的计算方法至少应该透明,使以后这部分水量可以容易校核(或修改)。

(13) 估计数据处理错误造成的损失水量,可以通过对典型水表样本的测试来确定用户水表信息不准确(称为漏登记或重复登记)的程度和范围。可以在供水企业自己的试验台进行水表精度测试,也可以通过专业的测试商,基于测试结果,确定不同用户群的平均水表精度(作为计量水量的一个百分比)。通过对收费数据(一般是最近24个月)进行分析,有可能发现数据处理中的错误。

(14) 计算真实漏损。收费计量用水量和计费不计量用水量,两者相加为收益水量;从系统供给水量减去收益水量,得出无收益水量;确定的未收费已计量用水量和未收费未计量计量用水量,两者相加为未收费的合法用水量;将收益水量和未收费的合法用水量相加,得出合法用水量;从系统供给水量中减去合法用水量,得出漏损水量;从漏损水量中减去表观漏损,得到真实漏损的计算值。这样,就完成了水量平衡表"自上而下"的制定过程。

(15) 水量平衡表的校验。"自上而下"制定水量平衡表的方法快捷,可以作为供水企业进行水量平衡的开始,但是它的精确可靠程度却需要进一步核实,这就需要"自下而上"的方法来校验。主要是通过现场分区测量、探漏检漏、客户走访、系统建模型等手段对"自上而下"中估计的数据进行核实,这一过程可以获得较为准确的信息,持续时间较长,所需费用也较高。

(16) 目前常用的校验方法有真实漏损组分分析法,即将真实漏损按照发生的位置分为输配水干管漏失水量、供水企业水库的漏损和溢流和用户支管至计量表具之间漏失水量,或根据漏损类型分为明漏、暗漏和背景漏失。对各组分进行估算和量化所需要数据包括:按照材质和管径以及寿命等确定的管长、系统水压、报告和发现的爆管和泄漏次数以及维修小时数等有关数据。

(17) 基于供水系统水量平衡计算结果,利用国际水协(IWA)制定的供水服务绩效指标体系,可以建立符合供水企业发展现状的绩效指标考核体系,从而评估供水服务的有效性和效率,也为供水企业提供了一个以绩效指标为基础的管理工具。

(18) 无收益水量绩效指标是对供水企业内部状况及无收益水量减少措施的有效性进行衡量的指标。无收益水量常用的指标有:无收益水量比例;无收益水量的货币价值;单位用户连接管或单位公里管道的真实(物理)漏损;真实(物理)漏损的供水管网漏失指数;单位用户连接管的表观(商业)漏损及其占合法用水量的比例。

(19) 无收益水量比例的定义是无收益水水量占系统供给水量的比例,是最常见的报告指标,但是,由于系统供给水量会根据用户的需求随月份发生变化,不建议将其作为运行指标来评估配水系统的管理效率。因此,即使实际上未得到任何改善,提高系统供给水量仍可能导致无收益量水比例下降。

(20) 供水管网漏失指数(ILI)为年真实漏损水量漏损与不可避免年漏失水量之比,能够更好地衡量配水管网的建设和运行状况。供水管网漏失指数计算要求具备以下数据:主干管道长度(km);用户连接管数量;物业边界与用户水表之间服务连接管道的总长度(km);平均压力(m);以及当前年真实漏损水量。当前年真实漏损水量通过水量平衡表或夜间流量分析来进行估算。

(21) ILI是无量纲的。基于ILI绩效指标,世界银行组织制定了漏损控制优先顺序的技术绩效分类(A至D类)。如ILI大于8小于等于16,那么分类为C类,即漏损控制等级为中等优先度,说明只有在水资源丰富且价格低廉的前提下方可容忍目前的漏损程度;即便如此,也需分析无收益水量的大小和成因,并且提出无收益水量减少的措施。

G.2 漏损控制行动计划的制定

(1) 在水量平衡计算和绩效评估基础上,明晰漏控的主要矛盾,削减无收益水量的目标,进而选择适宜的技术路线。

(2) 首先应建立跨部门的漏损控制专责小组。组长由主管领导担任,相关部门负责人参与。专责小组定期开会,制定漏控策略、督促漏控措施实施、绩效考评等。

(3) 确定无收益水量削减目标时,需考虑实施的技术可行性和成本(合理的漏控水平ELL),其通常随着水费、电费、药耗成本及员工工资、投入的软硬件、设备费用和工程费用的改变而变化。

(4) 漏控控制行动计划需按照职能部门(例如设计、施工、管网管理、营收、检漏、调度、二次供水、稽查、计量等)划分,以现阶段漏损控制现状、存在的问题、削减目标、拟采取的改善措施、产生的收益、投入的成本(包括能力构建、设备购置和工程措施)等顺序罗列分析。

(5) 漏损削减优先顺序的确定原则是,在水量平衡表的基础上,减少同样的水量,充分关注付出成本较低的组分,进而指向归口的职能部门负责牵头落实,在漏控行动控制计划中列为优先等级。

(6) 通常情况下,减少的表观漏损水量以售水价格计算,体现的收益即时显现;而真实漏损的减少在财务上与制水成本相关。

(7) NRW 削减策略的基本前提是缩短引起关注 A(主动巡查或用户投诉)、定位 L(现场漏点确认)、和修复 R(维修)这三个阶段的时间,减小漏损流失的水量。

(8) 一般以 50%检漏周期的时间间隔核定漏量。具体漏量还应考虑土壤情况、埋深、漏口状况、压力、温度等诸多因素,参照相关公式,实测或根据经验计算取得。

(9) 真实漏损控制的措施有:加快管道抢修速度、加大管道更新力度、积极的漏损控制措施(检漏)和采取压力控制措施。

(10) 表观漏损控制的措施有:减小计量误差、消除水量数据处理过程中的错误、稽查未收费的水表用户和打击偷盗水等非法用水行为。

(11) 行动计划主要帮助管理者明晰漏控目标、预算及实施期限。漏损控制是一项长期的任务,一旦行动计划确定,各参与方均应按照既定目标,认真履行职责,长期不懈地把分管任务抓下去。

G.3 分区计量(Zone)与分区经营

(1) 分区计量的目的是把计量管理与管网管理结合起来,绩效指标直接指向漏损控制,在供水企业内部引入了竞争机制,是在市场经济推动下供水运营管理的有益尝试。

（2）一级分区最好参照原有供水区域、压力分区格局和供水管网营销站所布置，以水厂出口和各经营区域之间的供水、售水、转输水量为计量，建立各经营分公司，以进出平衡为依据核算该区域净用水量。大都考虑以现有的铁路、河流、桥梁和地形地势差异大的边界为临界。

（3）二级分区(含泵站加压区域)依据总的规划原则，由各经营分公司内部划分；三级分区，即各 DMA(或独立装表小区、二次供水小区)，参照示范 DMA 项目，按照标准流程实施。标准的三级 DMA，户数大约在 1 000 户左右。

（4）应对各分区方案进行综合评估，具体涉及方面可参考表 G-1。

表 G-1　　　　　　　　　　分区方案评估表

方案名称	A方案	B方案	C方案
方案描述			
安装流量计数量、费用			
各片区所占水量、用户数			
经济性综合比较			
是否需要维修与抄收的业务整合			
直接涉及业务人员数			
实施难度			
分区经营实施效果预估			
优缺点			

（5）分区流量计选择以区域边界明晰、安装设备数量最少、流速在合理区间、计量误差在可接受范围内等为原则；流量计选管段式电磁流量计，条件不具备接电时，可考虑太阳能电池板供电形式，或内置锂电。具备条件的地方宜安装流量计比对管段。

（6）安装流量计前，用便携式超声波流量计在拟安装流量计的管段上测流，流速过低的管道不宜进行安装，采取关闭管道阀门的方式进行隔离。分区方案应利用水力模型软件进行模拟，以不影响各分区的水力条件和水质为前提。

（7）流量计的安装除了考虑适合的位置外，还需考虑管段的材质、壁厚、安装地点的施工难易度、接电、远传、电磁干扰，直管段要求等因素。

（8）将出厂流量计、分区计量流量计和抄表系统整合在一起，建立综合的分区经营管理系统，并实现大用户的远传抄表功能，实时监控出厂流量计、分区计量流量计和大用户的水量变化，为实现分区经营打下坚实物质基础。

（9）在各分区在管网维修与营业抄收业务整合基础上，建立分区经营绩效考核系统。各分区之间的可选用的考核指标如下：

- 产销差(%)

- 无收益水量（m³）
- 无收益水量的价值（CNY）
- 每米压力下每天单位管长漏损水量（L/(c·d·mH₂O)）
- 平均水价（CNY/m³）
- 人均净效益（CNY/人）
- ILI（管网漏损指数）

各分区之间进行绩效核算，形成对标激励、末位淘汰的竞争格局。不以产销差指标为唯一考核手段，避免供水量波动产生的扰动影响。

分区经营绩效考核应结合各分公司情况，考虑现有管网状况、漏损水平、资源条件等因素基础上，以无收益水量为主要考核指标，辅以其他指标；未来过渡到单位压力单位管长漏损水量、ILI、平均水价、人均效益等指标。

（10）各分区净用水量的计算需有明确的公式，如某分区的净用水量 = 流量计计量水量 A+B−C−D 等……特别注意消除各级分区之间造成的计量误差传递的影响，或尽量缩小分区层级，减少流量计使用数量。

（11）在线流量计数据采集、存储的时间间隔应小于等于 15 min，有条件的可缩短此时间间隔；用户水表水量抄收、核算应与产销差统计的时间段一致，若不能做到完全一致，可通过"数据同步"方法解决，但要求产销差统计的时间稍有滞后。

（12）在线流量计所测管段的流速一般要求大于 0.3 m/s；小于 0.1 m/s 的管道建议关闭该管段上的阀门；流速在 0.1~0.3 m/s 的管段，注意水表特征参数匹配情况，并密切观察流量、流速波动对计量误差产生的影响。

在线流量计要求每半个月校验一次；校验误差超过 ±2% 的，视作异常；校验误差超过 ±5% 以上的，必须立即排查计量出现的问题。

（13）突发故障情况下，流量计水量缺失数据可通过科学算法补录，以此作为水量核算的依据。

（14）分区计量统计产销差时，应进行现场踏勘，处置因表具归属不清，漏计或者重复计入用户水量等问题数据。

（15）分区计量与分区经营试点工作完成后，欲从根本上扭转漏损居高不下的局面，还是要靠加大管网更新力度，提高检漏水平、维修速度、表观漏损控制、压力管理、打击偷盗水行为等细化措施来长效实现管网漏损的控制。

G.4 DMA 数据分析与预警监控机制建立

（1）DMA 管理的目标是在分区（Zone）基础上，继续划分较小的区块（DMA），评估各 DMA 漏损水平，从而使漏损管理总指向漏损程度较高的 DMA，提高检漏维修效率，降低漏控成本。

（2）首先应进行 DMA 的规划。在二级计量分区内，划分若干个小的 DMA。以安装流量计数量少、运行管理方便为原则，一般以居民小区，二次供水小区和单位家属区（典型的 DMA 连接 1 000～3 000 个用户）来划分 DMA。初次划分未必能实现完全封闭，可逐步推进实施。

（3）DMA 的大小也取决于地理因素。可将河流、铁路、道路作为 DMA 划分的边界；此外，划分 DMA 要考虑不能影响正常的用水和供水通畅，选择合适的最不利点或均压点作为控制点。

（4）尽量设计 DMA 为单路进水；若存在多路进水的情况，需在每一处进水处设置流量计进行计量，有条件时安装逆止阀；关闭边界阀门。

（5）零压力测试是 DMA 管理不可或缺的步骤。采取关闭进水阀门，在 DMA 内部和外部安装压力表，同时记录压力变化的方法。若内部压力逐渐降至零，而外部压力保持不变，则初步认为该封闭区域为 DMA 的边界。若零压力测试未通过，需进一步排查外来的水源。

（6）零压力测试后，可核定 DMA 内用户的数量。通过核查停水范围和边界，考察是否存在未知的应属于该区域的用户，从而准确确定该区域边界。

（7）收集 DMA 的基础信息样表如表 G-2 所示。

表 G-2　　　　　　　　　　DMA 的基础信息样表

DMA 信息类别	情形	备注
名称	DMA1	_____小区
位置		_____路_____号
数据文件（是或否）	有	格式（Shp 或者 Jpg，Dwg 格式）
面积		m^2
人口		人
平均楼层		层
管道总长		米，总计
其中管道（包括）		米，DN100
		米，DN150
		米，DN200
		米，DN300
用户支管的数量		个

续表

DMA 信息类别	情形	备注
平均用户支管(接户管)长度		m
记录数据统一的起止时间	___月___日起,___月___日止	至少一个抄表周期
用户水表(分表)总数		块
水表(分表)-1(包括—非户表)		DN15
		DN20
		DN25
		DN40
		DN50
		DN80
		DN100
		DN150
		DN200
水表-2(包括—户表)		块
水表-3(没有计量的用户)		块
水表—用户水表的总水量		m^3,经过数据同步处理
总表(进口表)水量		m^3,抄表起止时间内水量
DMA 平均压力		MPa
是否进行压力控制		
破管或维修事件		件,发生在起止时间段内
爆管或者大的破管事件发生时间		
爆漏事件平均响应时间		小时
边界阀门数量		台

续表

DMA 信息类别	情形	备注
边界阀启闭状态		开启或关闭
零压力测试是否通过		
原有进口水表口径与类型	DN_____，_____类型	
拟进行总表安装的台数		台
拟进行安装总表口径及类型	DN_____，_____类型	
进口水表记录的水量数据（含夜间最小流量）	_____Excel 文件	与起止时间对应，至少每 15 分钟一个数据
记录到的夜间最小流量		m³/h
最小夜间流量发生的时间	___月___日___时	发生在起止时间段之内

（8）一般采用电磁流量计或高精度的速度式水表，更换 DMA 进口的原水表；以不低于每 5 分钟 1 次，每天 2 次的频率采集、传送、记录流量数据；同时 DMA 应安装压力记录仪，通过 T 因子分析消除压力波动的影响。与此同时，校核 DMA 水表更换前后表观漏损的差异。

（9）通过同一记录周期内 DMA 总、分表数据，计算 DMA 产销差。同时，该周期内，核算出夜间最小流量、用户夜间用水量、计算净夜间流量，评估该 DMA 的真实漏损水平（表 G-3）。世界银行（WB）推荐的真实漏损目标矩阵显示了供水企业在不同水平、不同管网压力条件下，预期的供水管网漏失指数和真实漏损水量（l/(c·day)）。

表 G-3　　　　　　　　　真实漏损目标矩阵

分类		ILI	真实漏损（L/(c·d)）平均压力条件下				
			10 m	20 m	30 m	40 m	50 m
发达国家	A	1～2		<50	<75	<100	<125
	B	2～4		50～100	75～150	100～200	125～250
	C	4～8		100～200	150～300	200～400	250～500
	D	>8		>200	>300	>400	>500

续表

分类	ILI	真实漏损(L/(c·d)) 平均压力条件下				
		10 m	20 m	30 m	40 m	50 m
发展中国家	A 1~4	<50	<100	<150	<200	<250
	B 4~8	50~100	100~200	150~300	200~400	250~500
	C 8~16	100~200	200~400	300~600	400~800	500~1 000
	D >16	>200	>400	>600	>800	>1000

来源：世界银行组织。

供水企业的管理者可以根据该矩阵图指导远期管网的规划和改善：

- 类别 A——优秀。进一步减少漏损可能是不经济的，需要认真分析需求从而达到成本效益最优。
- 类别 B——具备明显改善的潜力。通过有效地压力管理、积极地漏损控制和有效的维修可以明显得到改善。
- 类别 C——差。只有在区域水资源充沛、价格低廉的情况下才可以容忍，即便如此，也要努力降低无收益水量。
- 类别 D——劣。这部分供水企业浪费水资源现象严重，采取措施降低无收益水量势在必行。

(10) 用户合法用水量作为 DMA 夜间最小流量组成成分，估算时居民用户一般为每户 2~4 L/h，此外还需考虑非居民用户的用水情况，不同地域、气候差异和用水习惯等因素影响。

(11) 若 DMA 产销差高，而真实漏损水平也高，即启动检漏、维修程序，重点考察修漏后 DMA 夜间流量降低的效果；若 DMA 产销差高，而真实漏损水平不高，则进行表观漏损排查，看是否存在数据不同步、水表计量误差和偷盗水等情况。

(12) DMA 漏损降至合理区间后，需建立长效的 DMA 漏损监控预警机制。通过动态观察 DMA 流量压力数据，分析评估现状的漏损水平，实现漏损预警和爆管报警，判断是否需要干预，从而实现主动的 DMA 漏损控制。

(13) 由 DMA 总、分表及压力变送器不断产生的数据，整合缺失补录、误差修正、数据同步、压力波动消除、用户用水影响因素分析、用水量预测等诸多功能，以"端采集、大数据、云分析"模式，建立起 DMA 漏损监控预警机制。

(14) DMA 管理的另一种途径是筛选出优先漏控的 DMA。通过横向对比不同 DMA 之间均净夜间流量等方式，初步筛选出漏损程度高的 DMA，优先进行漏控措施。这种方法简单便捷，可作为 DMA 管理简化手段。

G.5 压力管理技术

(1) 压力管理或控制的目标是通过选择合适的减压阀,以优化的策略调节进口压力,降低背景漏失和破管漏失,从而减小漏失水量。

(2) 实施压力控制的区域(PMA)选择原则:按照①供水边界清晰,系统独立;②区域供水压力较高,而同时漏损较大,有降低的空间;③具备合适位置安装减压阀,满足施工、接电、远传数据等条件。

(3) 压力控制前,应开展零压力测试;测试通过后收集相关基础数据。数据调查表如表 G-4 所示。

表 G-4　　PMA 压力管理数据调查表

1. 测量区域(Supply area) PMA		
数据(DATA)		单位(Unit)
居民(Inhabitants)		
入户连接数量(House Connections)		
面积(Area)		
管道材质(Pipeline material)		
管道使用时间(Pipeline age)		years
总管道长度(Total Pipeline length)		km
区域最大高程(Maximum sea level)		m
区域最小高程(Minimum sea level)		m
这个区域中管线的数量(How many supply lines are existing for this area)		
最不利点? 最低压力(Critical point? Lowest pressure)		
最不利点离供水端的距离是多少?(How far is the critical point from the supply intake point)		
2. 运行状况(Operation Conditions)		
数据(DATA)		单位(Unit)
供水端压力(Upstream Pressure/supply point)	$P1$	m.m.c
直径:供水管(Diameter:Supply line)	DN	mm
流量 最小/最大/考虑到季节变化(Flow min/max/Seasonal demand considered)	Q_{min} Q_{max} Q_{va}	

续表

供水端点高程(Sea level supply point)	H	
泵送压力(Pressure by pump)	说明	
重力流压力(Pressure by gravity)	说明	
进水量(Water intake)	Q	
计费水量(Revenue water)	Q	
漏损的水量(Water losses)	Q	
制水成本(Water production costs)		
水费费率(Water Tariff)		

(4) 开展压力控制之前,应进行 PMA 减压模式和效果的水力模型模拟;有条件的应在夜间尝试进行减压实验,通过数据分析得出减压与流量下降的关键参数 N_1 值。

(5) 压力控制的阀门主要有活塞阀和膜片式减压阀两种,其中活塞式减压阀能较好实现流量随阀门开度线性变化;控制方式主要有水力和电动控制。需根据不同目标、场景选择控压的设备和方式。

(6) 压力控制一般配套安装流量计和远传压力,便于观察控压效果。一般流量计安装在减压阀前,而压力传感器安装在减压阀后,或 PMA 的控制点处。

(6) 压力调节的策略主要有:①固定出口(减压阀)压力;②每天分时段设定出口压力;③根据最不利点设定的压力(保持恒定),以固定时间间隔例如每 5 min 一次的频率动态调节减压阀的出口流量和压力。

(7) 压力控制着重考虑控制夜间压力,因为多数城市夜间需水量减少,不需要额外过高压力,此时调控管网压力在合理区间,将有效减小背景漏失,遏制破管漏失水量,产生明显漏控效果。故城市夜间供水调度的压力优化调控是最大的压力管理措施。

(8) 压力控制特别注意不要影响用户用水(尤其在高峰时段),保证以不低于规定的最低压力(一般大于 0.14 MPa)供水;此外,压力控制形成的单路进水,可能引起区域水龄延长,必要时定期采取管道冲洗,死头放水措施。

(9) 压力控制需核算夜间流量降低的幅度、压力控制的成本和产生的效益、投资回收期等,进行技术经济分析。

(10) 较大的区域做压力控制更显漏控成效;最好的压力控制措施是优化调度的运行策略,平稳管网压力、减少爆管风险,消除冗余压力。

(11) 由减压阀、控制器、流量压力仪表、远传装置及之上的数据云平台形成的压力控制系统,组成了水业的局部物联网,集信号采集、传输、软件控制、设备驱动于一体,实现自诊断、自操作、控制策略优化,能有效降低漏损水量,是未来管网压力管理的发展方向之一。

(作者单位:1 华北水利水电大学,2 郑州华沃太科信息技术有限公司)

后 记

《无收益水量管理手册》于2011年出版，距今已经过去6年了。该书得到了业界的好评，早已售罄，不断有好友、同行索要书籍，逐渐有了再版的想法。

此书原本是国际水协（IWA）Water Loss Task Force原秘书长Malcolm Farley先生召集相关专家，为东南亚地区的管网漏损控制撰写，是主要面向管理人员的启蒙书籍。因其通俗易懂，便于快速掌握国际水协2002年推出的漏控策略，受到普遍欢迎。后来出版了非洲版。笔者在见到Farley先生后，才有了出版中文版的想法，并得到他和其他几位共同作者的大力支持。第1版出版过程中，王莹莹、许月霞和赵春会对相关章节作了翻译，台湾省弓铨企业股份有限公司黄佑仲校对了文稿，并得到江苏海安迪斯凯瑞探测仪器有限公司的资助。感谢蔡云龙博士于2011年10月在"华东六省一市供水管网漏损控制与NRW管理培训研讨会"上推广该书及给予大力支持。特别感谢同济大学出版社凌岚女士和李小敏女士的协助，在出版过程中多次沟通，澄清勘误文稿，推动了中文版付梓和再版。

此次再版之际，与6年前大家对IWA的漏控策略懵懂相识对比，国内水务市场已然风起云涌，智慧水务如火如荼。漏控既是水司的迫切需求，也是智慧水务的落足点之一。

但为不忘初衷,本书不准备言及其他,聚焦在漏控相关的技术流程和管理模式。

笔者有幸接触到原书作者之一的 Sher Singh 先生,与他在世界银行(WB)贷款的"Liaoning GEF LMC-2 Package B1—Capacity Building of Public Utility"项目中一同工作,理解、尝试、践行 IWA 的水量平衡、绩效评估和费用效益分析等,受益匪浅。

此次再版除了保留原书正文和少量附录外,新著了实践篇,深化了原书的漏控策略的应用,提供了相关样表和案例,加入了中外漏控的对比、表务管理、压力控制、漏控技术导则等内容。目的是深入理解,而不是浅尝辄止;批判性吸收,而不是照单全收 IWA 中先进的理念和方法,结合中国国情,致力于漏损控制技术的本土化、流程化、实用化。所以,此次再版与第一版专于翻译不同,后面篇幅为原创内容。

感谢部分供水企业和设备厂家对本书再版的支持并提供技术资料。再版得到了郑州华沃太科信息技术有限公司赞助,并对第 1 版翻译稿进行了再次校对和修正,其中前言与第 1 章、第 2 章由胡辉校对和修正,第 3 章、第 4 章由张晋校对和修正,第 5 章、第 6 章由陈洁校对和修正,第 7 章和第 9 章由赵春会校对和修正。侯煜堃、赵春会负责整体的校对。华北水利水电大学研究生郭宇超承担了部分校对和文字工作。为便于读者技术交流,可发邮件至 waterloss@163.com。

光阴荏苒,岁月如梭,中国的城镇化建设正向深入推进,并借助"一带一路"带动向外部扩展,管网漏控事业也借此大好东风快速发展壮大;与此同时,调结构,促增长,供给侧改革建设模式正从粗放式重投资建设,转向精细化管理和成本效益把控。在此过程中,水务运营中的漏损管理将大有作为。漏损控制正从不起眼的小角色走向前台,担负起应有的重任。让相关领域的供水企业、高校科研院所、设备厂家的同仁们携起手来,眼光向外与国际接轨,同时又立足国内脚踏实地,共同打造中国管网漏损控制事业美好的明天!

2017 年 5 月 26 日
于郑州